Craftsman Railroad car Maintenance

철도차량정비 기능사 필기

박태용·최상락 지음

 (주)도서출판 성안당

■ 도서 A/S 안내

머리말

2024년은 국내 고속철도가 개통한 지 20주년이 됩니다. 고속철도 개통 시 열차의 길이가 400여 미터가 되는 20량 1편성 300km/h급 고속철도차량으로 시작된 국내 고속철도는 국내 기술로 고속철도차량을 지속적으로 개발해 오고 있습니다.

현재 10량 1편성 KTX-산천 고속철도차량을 비롯하여 KTX-호남, KTX-원강, 동력분산 방식인 KTX-이음이 운행 중이며 EMU-320 고속철도차량은 운행 준비 중에 있습니다.

국가교통망의 중추적 역할을 하는 기간 산업으로 확고하게 자리 잡은 철도차량 산업에 용산 철도고등학교, 영주철도고등학교와 같은 철도 관련 특성화 고등학교가 전문인력을 양성해 오고 있습니다. 뿐만 아니라 충남기계공고에서도 철도차량 분야의 전문인력을 공급하기 위해 철도 차량과를 신설하여 운영 중에 있습니다.

이와 같이 철도차량 분야에 진출하고자 하는 학생들에게 필수 자격증인 철도차량정비기능사 를 취득하기 위해서는 본 교재가 필수 지침서로 큰 나침판 역할을 할 것으로 생각합니다.

첫째, 철도차량을 종류별로 구분하여 기술적인 내용을 정리하여 서술했습니다.
둘째, 단원별로 기출·예상문제를 수록하여 개념을 이해하면서 학습할 수 있도록 구성했습니다.
셋째, 이 책으로 철도차량정비기능장 시험도 준비할 수 있도록 구성했습니다. 철도차량정비 기능장 수험생은 안전관리 부분 대신에 공업경영을 따로 학습하시면 됩니다.

따라서 본 교재를 충분히 이해한다면 단기간에 자격증 취득이 가능할 뿐만 아니라 철도 산업을 이해하고 현업에서 활용하는 데에도 많은 도움이 될 것으로 생각됩니다.

한국교통대학교 교통대학원 원장 김재문

01 개요

철도 분야의 수송 수요 증가로 철도차량의 운전속도 및 운행횟수가 증가하는 만큼, 지속적인 차량정비를 통해 국민의 귀중한 생명과 재산을 보호하려는 노력이 더해지고 있다. 이에 따라 철도동력차의 원활하고 안전한 운행 및 성능 향상을 위하여 철도동력차 정비에 관한 지식과 기술을 겸비한 전문기능 인력이 필요하게 되었다.

02 수행직무

철도 기관차의 기관 및 객차, 화차를 정비하거나 전동차의 주요 기관 및 차체, 바퀴 등을 정비·점검하는 업무를 수행한다.

03 취득방법

- **시행처** : 한국산업인력공단(http://hrdkorea.or.kr)
- **관련 학과** : 대학 및 전문대학의 철도, 철도시스템, 철도차량, 철도공학 관련 학과
- **시험과목** : 필기 – 철도차량일반, 안전사항
             실기 – 철도차량정비 및 검사작업
- **검정방법** : 필기 – 객관식 4지 택일형 60문항(60분)
             실기 – 작업형(3시간, 100점)
- **합격기준** : 필기 – 100점 만점으로 하여 60점 이상
             실기 – 100점 만점으로 하여 60점 이상

04 출제기준

- **직무내용** : 철도차량 정비에 필요한 각종 공구와 시험기기, 측정기기를 사용하여 철도차량의 차체, 주행장치, 동력 및 구동장치, 전력전원장치, 제어 및 안전장치, 제동장치 등 기계장치나 구성부품을 검사·정비하는 직무이다.
- **필기과목명** : 철도차량, 일반기계공학, 안전관리

주요 항목	세부 항목	세세 항목
1. 철도차량	(1) 차체	① 차량설비(차내·외 설비) ② 연결 및 완충장치(연결기 구조, 완충기 구조)
	(2) 주행장치	① 대차 구조 및 부품(윤축, 현가장치 등) ② 대차 제동기구
	(3) 동력 및 구동장치	① 동력발생장치(기관조립체, 연료/윤활/냉각장치, 기관부속장치) ② 동력전달장치(디젤차량용, 전기차량용) ③ 전동기/발전기(견인전동기, 부수장치 구동전동기, 주발전기 및 보조발전기)
	(4) 전력전원장치	① 집전장치(지붕장치, 팬터그래프, 주차단기, 피뢰기 등) ② 전력변환장치(컨버터/인버터, 보조전원장치, 변압기/정류기)
	(5) 제어 및 안전장치	① 속도제어방식 ② 역행/제동 시퀀스 ③ 차상신호장치(ATS, ATC ATO, CBTC, ATP 등)
	(6) 제동장치	① 공기제동(공기제동시스템, 제동장치) ② 전기제동(발전제동, 회생제동)
2. 안전관리	(1) 산업안전일반	① 안전기준 및 재해 ② 안전보건표지
	(2) 기기 및 공구에 대한 안전	① 기계 및 기기 취급 ② 전동 및 공기공구 ③ 수공구
	(3) 작업상의 안전	① 차체 정비할 때의 안전 ② 대차 정비할 때의 안전 ③ 동력 및 구동장치 정비할 때의 안전 ④ 전력전원장치 정비할 때의 안전 ⑤ 제동장치 정비할 때의 안전

차 례

차 례

CHAPTER 07 ▶ 안전관리 ······ 259

CHAPTER

01

고속철도차량

CHAPTER 01 고속철도차량

01 고속차량 KTX - I

1 일반제원

항 목		내 용
차량제작		20량 조성으로 46편성, 프랑스 12편성, 국내 34편성
외부 형상		유선형 구조
설계 특징		공기역학적 설계, 객차 관절대차로 연결
열차동력	사용전압	교류 25kV 단상 60Hz
	견인동력	13,560kW(견인전동기 1,130kW×12개)
	전기제동력	300kN
대차	궤간	1,435mm
	대차 수/량	대차 23개(동력대차 6, 객차대차 17)/20량 1편성
	차륜직경·수	920mm/850mm(신품/마모한도), 차륜수 92개
열차성능	설계최고속도	330km/h
	상용최고속도	300km/h
	가속성능	0~300km/h 도달시간 6분 5초
	운행시간	서울 ⇔ 부산 128분
제동방식	제동종류	전기제동(회생·저항), 공기제동(답면·디스크)
	공기제동	동력대차 : 답면제동, 객차대차 : 디스크제동
열차편성	운영편성	20량 : 동력차 2량 + 동력객차 2량 + 객차 16량
	가용편성	동력차 단독, 객차 18량, 객차 16량, 객차 14량
	동력차	전부, 후부 각 1량씩 편성당 2량
	1등 객차	4량/20량 1편성
	2등 객차	14량/20량 1편성
열차길이	상용 20량	388.104m(18량 : 350.704m, 16량 : 313.304m)
좌석수	전체	935석 + 간이석 30석
	1등실	127석(1 + 2, 전후 좌석간격 112cm)
	2등실	808석(2 + 2, 전후 좌석간격 93cm)

항 목		내 용
열차중량(t)	공차중량	694.1
	운전정비중량	701.1
	열차중량	771.2
	만차중량	841.3
차량치수(mm) (길이×폭×높이)	동력차	22,517×2,814×4,100
	동력객차	22,845×2,904×3,484
	객차	18,700×2,904×3,484

2 객차제원

항 목		특 실	일반실
좌석	좌석배열	2＋1	2＋2
	좌석수	25, 32, 35석	56, 60석
편의설비	오디오	Earphone 청취	－
	비디오 모니터	4대/량	2대/량
	자판기(캔/스낵)	캔 3/스낵 0	캔 7/스낵 3
장애인설비		장애인 화장실, 휠체어 보관소	－
색상	천장	밝은 회색 펠트	밝은 회색 펠트
	바닥	비색 카펫	비색 고무판
	의자	회녹색 벨벳	녹색 벨벳
	측벽	회색 펠트	회색 펠트

3 견인 및 전기장치

(1) 개요

견인 및 전기제동장치는 지붕고압장치, 주변압기 2개, 모터블록 6개, 견인전동기 12개, 보조블록 2개 등 동력회로에 관련된 장치를 말한다.

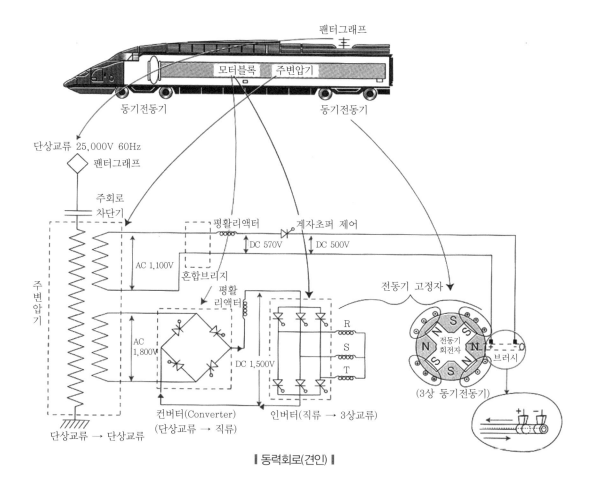

┃ 동력회로(견인) ┃

(2) 각 장치의 기능 및 역할

① **팬터그래프(PT-01)** : 팬터그래프는 AC 25kV의 전차선 전원을 차량으로 받아들이는 집전
장치이다. 집전판 안에 압력공기를 넣어 마모나 파손을 검지한다. 전차선 높이가 고속선
(5.08m)이 일반선(5.20m)보다 낮아 고속선에서는 상승 높이를 제한하는 장치가 있다.
정상운행 중에는 후부동력차의 팬터그래프를 사용하며, 후부동력차의 팬터그래프 고장
또는 추진운전 시 후부동력차 쪽의 전차선 상태를 확인하기 곤란한 경우 등에는 전부동력
차(제어동력차)의 팬터그래프를 사용할 수 있다.

② **주회로차단기(VCB-01)** : 주회로차단기는 팬터그래프와 주변압기 1차 권선 사이에 흐르는
전차선 전원을 제어하는 고압회로차단기이다. 주회로차단기를 거친 전원은 자차의 주변압
기와 지붕고압선을 통하여 다른 동력차의 주변압기에 전원을 개폐한다. 운전실에서 수동제
어로 투입하여 열차를 기동하거나 차단하여 기동을 정지시키고, 열차무선장치에 의한 원격
제어로 투입·차단할 수도 있으며, 차상신호장치 지령으로 개방과 투입 자동제어가 가능하
고, 차량 보호를 위한 자동차단도 가능하다.

③ **주변압기** : AC 25kV/60Hz 단상전원을 2차측 모터블록 3개에 AC 1,800V 6개의 견인권선
과 보조블록 1개에 AC 1,100V 1개의 보조권선에서 변압하여 차량에 전원을 공급하는 장치

4

이다. 견인권선은 2개가 한 조를 이루어 모터블록 1개의 전원이 되고, 보조권선은 보조블록
의 전원이 된다. 열차속도가 30km/h 이상에서 주변압기 냉각송풍기는 유온이 70℃ 이상
이 되면 최대주파수로 작동하여 59℃가 되면 동작을 멈추고, 120℃를 초과하면 103℃
이하가 될 때까지 속도와 무관하게 최대주파수로 작동하고 3km/h 미만이 되면 작동주파수
가 감소한다.

④ **모터블록** : 주변압기 견인권선으로 공급되는 교류전원을 견인특성에 맞도록 변환·정류하
여 2개의 견인전동기에 전력을 공급하는 장치로 역률개선장치·컨버터·평활리액터·인
버터로 구성된다.

    ㉠ 컨버터(AC 1,800V → DC 1531.7V) : 주변압기 2차 견인권선의 AC 1,800V를 정류하여
       평활리액터를 거쳐 직류에 가까운 전류를 출력한다.

    ㉡ 견인인버터(DC 1531.7V → 상간 AC 1353.9V) : 견인전동기를 제어하기 위하여 컨버터를
       거친 직류전원을 교류파형으로 변환하여 견인전동기 고정자에 3상 전원을 공급한다.

⑤ **견인전동기** : 모터블록은 고정자의 전류량과 주파수를 제어하여 견인전동기의 회전력 및
회전속도를 결정한다. 회전자에는 여자초퍼를 거친 DC 500V가 공급된다. 견인전동기의
출력은 1,130kW, 최고회전속도는 4,000rpm이며 편성당 12개의 전동기가 설치되어
총 13,560kW(18,177HP)의 출력을 낸다.

🔳 **4** 보조전원장치

(1) 보조블록

보조블록(보조전원공급장치)은 주변압기 2차 보조권선으로부터 AC 1,100V를 공급받아 보조
회로 전원인 DC 570V 정전압을 만들어 여자초퍼(견인전동기 계자전류), 동력차인버터(공기
압축기, 주변압기·모터블록·보조블록·견인전동기 냉각송풍기), 객차인버터(객차 공기조
화기·주변압기 오일펌프·객차용 변압기), 축전지충전기(축전지 충전·조명·제어전원·
컴퓨터전원) 및 난방기의 전원으로 공급한다.

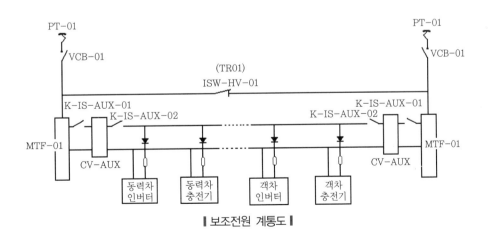

▮ 보조전원 계통도 ▮

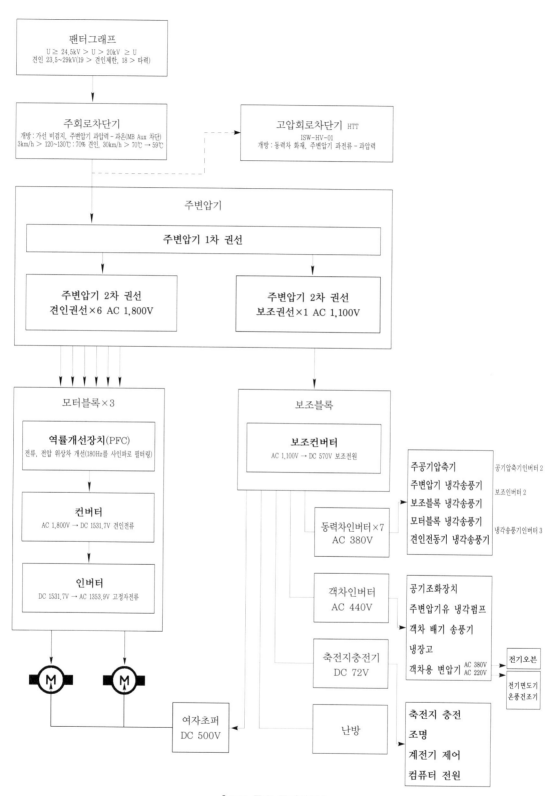

┃KTX 주요 동력장치 ┃

(2) 동력차인버터

① 개요

㉠ 원리 : GTO 사이리스터를 이용한 DC/AC 변환장치

㉡ 출력 : 약 50kVA

㉢ 역할 : DC 570V → AC(3상) 380V

㉣ 하부장치 : 공기압축기 인버터 – 2개, 냉각송풍기 인버터 – 3개, 보조 인버터 – 2개

② 공기압축기 인버터

㉠ 위치 : 보조블록에 위치

㉡ 역할 : 동력차당 2개로 주공기압축기 2대에 전원공급

③ 냉각송풍기 인버터

㉠ 위치 : 동력차와 동력객차의 모터블록 내에 1개씩 위치

㉡ 역할 : 아래 기기에 전원공급

• 모터블록당 3개의 냉각송풍기

• 견인전동기의 냉각송풍기

④ 보조 인버터

㉠ 수량 : 동력차에 2개씩

㉡ 역할 : 아래 기기에 전원공급

• 주변압기 오일펌프(객차인버터 고장 또는 동력차 단행운전)

• 주변압기 냉각송풍기

• 보조블록 냉각송풍기

(3) 객차인버터

① 개요

㉠ 위치 : 5번, 7번, 12번, 14번 객차 차량 하부에 위치

㉡ 출력 : 약 330kVA

㉢ 역할 : 직류 570V → 3상 교류 440V

㉣ 동작 : 정상시 ⇒ 5번 객차인버터 → 동력차 1, 객차 1~5번까지 공급

② 7번 객차인버터 → 객차 6~9번까지 공급

③ 12번 객차인버터 → 객차 10~13번까지 공급

④ 14번 객차인버터 → 동력차 2, 객차 14~18번까지 공급

⑤ 5번과 7번, 12번과 14번 인버터는 상호 보완적으로 작동

(4) 축전지충전기

① 동력차 축전지충전기 : 동력차 하부에 설치되어 보조블록의 DC 570V를 공급받아 동력차 축전지를 충전하고, 동력차 계전기 제어전원과 동력차 조명 및 주컴퓨터·보조컴퓨터·모터블록컴퓨터에 DC 72V 전원을 공급한다.

② 객차 축전지충전기 : 3번, 9번, 10번, 16번 객차의 하부에 설치되어 보조블록의 DC 570V를 공급받아 객차 축전지 충전과 객차 계전기 제어전원, 객차 조명 및 객차 컴퓨터에 DC 72V 전원을 공급한다.

(5) 여자초퍼

여자초퍼는 견인 또는 회생제동 모드에서 보조블록에서 DC 570V를 공급받아 DC 500V로 출력전원을 조절하여 견인전동기 회전자 권선에 공급한다.

(6) 난방

객차 난방기는 보조블록에서 DC 570V를 공급받아 직접 사용한다.

■5 제어안전

(1) ATESS

ATESS랙은 크게 속도처리컴퓨터, 기록계, 운전경계장치, 열차속도제한장치 등 4부분으로 이루어져 있다.

① 속도처리컴퓨터

㉠ 개요 : 속도처리컴퓨터는 ATESS랙 내에 AQMV(속도획득카드), FDMV(속도기능카드), CPMV(속도비교카드) 및 ALMV(전원공급카드)로 구성되어 있으며, 동력대차의 세 번째 축 및 객차대차의 첫 번째 축에 설치된 속도센서에서 신호로 감지된 속도를 계산하여 설정속도계, 속도지시계, 기록계, OBCS, TVM430, TSL, VDS에 전송한다.

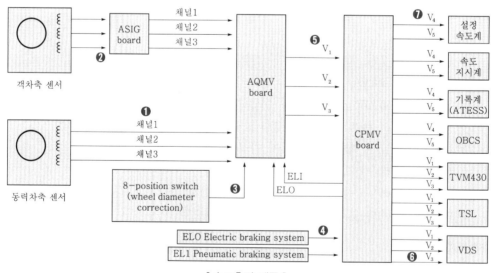

❙ 속도측정 계통 ❙

      ⓒ 속도측정의 개요
- 동력차 전동기감속기 속도센서에서 3개의 채널로 동력차축의 속도를 측정 … ❶
- 객차 차축 속도센서에서 3개의 채널로 객차축의 속도를 측정 … ❷
- AQMV 카드에 8개의 위치를 가진 차륜직경 수정 스위치 정보가 제공됨 … ❸
- AQMV 카드에 전기제동, 공기제동 등 열차제동 정보가 제공됨 … ❹
- AQMV 카드에서 ❶~❹의 정보를 참고하여 3개의 독립된 참고속도(V_1, V_2, V_3)를 선택함 … ❺
- 참고속도(V_1, V_2, V_3)는 TVM430, VDS(VACMA), TSL에 전송 … ❻
- CPMV 카드에서 참고속도를 비교하여 두 개의 확정속도(V_4, V_5)를 선택하여, 확정속도(V_4, V_5)를 기록계, 속도지시계, OBCS, 지정속도계에 전송 … ❼

② 기록계

      ㉠ 개요 : ATESS랙에 위치한 기록계(Recorder)는 운전 중에 발생하는 열차속도, 수신한 신호, 동력구성상태, 운전기기 작동 등 주요 사건을 기록한다. 사건은 시간과 주행거리와 함께 기록된다. 기록계는 스위치함을 개방하면 전원이 공급되어 작동을 시작하고, 축전지 취소 50초 후에 작동을 중단한다. 기록되는 정보는 ATESS 내부정보, OBCS에서 받은 정보, ATC에서 받은 정보, 저전압 정보(운전기기 작동과 동력구성상태) 등이다.

      ㉡ 기록계 파일 : 기록계는 장거리주행파일(LP), 카세트 최종주행파일(FPK7)과 랙 최종주행파일(FP)이라고 하는 3개의 파일에 주행 중 발생한 사건을 기록하고, 기록계와 관련된 결함도 저장한다.
- 장거리주행파일(LP) 1개 : 열차 주행 중 발생한 모든 사건을 기록하는 주기록 파일이며, 카세트(Cassette 또는 K7) 내에 위치하고, 자차의 스위치함 정보를 가진 제어동력차에만 기록된다. LP파일은 16M비트의 플래시 메모리에 통상 40,000km 정도의 사건을 저장한다.
- 최종주행파일(FP) 2개 : 열차 주행 중 발생한 최근 75km 정도의 사건만 선입선출(FIFO) 형태로 기록하는 순환형 파일이며, 스위치함 정보와 관계없이 전후부 동력차에 모두 기록된다. 하나의 파일은 랙에 위치하고, 다른 파일은 카세트 내에 위치하는데 랙에 있는 것(FPT)은 65K비트, 카세트에 있는 것(FPK7)은 56K비트의 EEPROM 형태의 메모리에 저장된다.
- 결함파일 2개 : 기록계와 관련된 결함은 카세트 및 기록계의 상주 메모리에 위치한 각각 1K비트 EEPROM 형태의 메모리에 저장된다.

③ **운전경계장치(VDS = VACMA)** : 기장이 심신 이상으로 열차운전을 정상적으로 하지 못할 때 열차를 정지시키고, 관제실에 무선으로 경고를 보내어 열차운행의 안전을 도모하는 장치이다.

④ **열차속도제한장치(TSL)** : TSL은 일반선에서 ATP/ATS 및 고속선에서 ATC 신호체계에 의한 열차통제기능에 이상이 있을 때 열차속도를 30km/h 미만으로 제한하는 장치로, 경고표시등 점등 조건이 5초를 넘으면 비상제동지령을 내리고, 35km/h 이상이 되면 즉시 비상제동지령을 내린다.

　　　㉠ ATC 또는 ATS가 통제하지 않을 때 30km/h 이상에서 경고표시등 점등

　　　㉡ 기관차 단독운전할 때 30km/h 이상에서 경고표시등 점등

　　　㉢ 30km/h 미만에서 전기제동만 사용할 때 경고표시등 점등

(2) 차상 TVM430(ATC · ATS) 및 ERTMS ATP

① 개요 : KTX 차상신호시스템은 TVM430(ATC · ATS), ERTMS ATP 및 TSL로 구성된다. 일반선에서는 ATP/ATS, 고속선에서는 ATC 방식으로 운전한다.

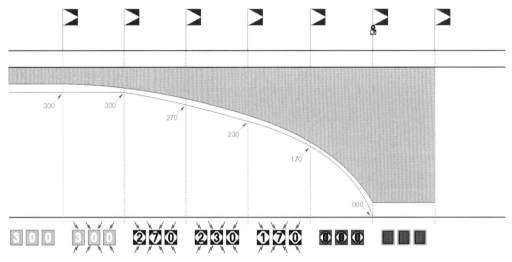

‖ TVM430의 기본 속도통제곡선 ‖

　　열차가 고속선으로 진입할 때는 ATP/ATS가 해제되기 전에 TVM을 활성화시켜 신호전환하고, 고속선을 진출할 때는 TVM이 해제되기 전에 ATP/ATS를 활성화시켜 신호전환한다. 지정된 구간에서 신호전환이 이루어지지 않으면 열차는 통제된다.

② TVM430의 구성 : 지상장치와 차상장치로 구성되어 있으며, 그 기능은 다음과 같다.

구 분	지상장치	차상장치
주요 기능	• 궤도회로에 의한 열차검지 • 궤도회로를 통하여 속도, 구배, 목표거리 등 연속정보를 전송 • 루프케이블을 통하여 절연구간, 터널 등 불연속정보를 전송 • 인접 기계실과 신호정보 교환 • 연동장치와 인터페이스 • 안전설비와 인터페이스 • 속도제한 설정	• 차상감지기로 연속정보를 수신하여 속도신호를 운전실에 표시 • 속도신호로 통제곡선의 생성 • 열차통제(운행속도가 통제속도를 초과하면 비상제동과 기동차단 지령을 내림) • 불연속정보를 수신하여 열차를 자동제어 (절대표지, 절연구간, 가선변경구간, 터널 기밀제어, 선로변경 등)

6 차상컴퓨터(OBCS)

(1) 개요

차상컴퓨터는 KTX에 설치된 컴퓨터장치 및 주변장치들과 컴퓨터와 컴퓨터를 연결하는 네트워크 전송시스템, 컴퓨터와 주변장치를 인터페이스하는 시리얼링크, 열차상태와 작동지령을 위한 차량 내·외 주변의 저전압 입출력제어선 등을 포함하여 말한다.

차상컴퓨터의 기능은 다음과 같다.

① 열차상태 파악 및 열차지령, 제어를 위한 열차지령 제어기능
② 운전지원 및 고장조치안내지원
③ 유지보수요원을 위한 고장수리진단 정보 제공
④ 승무원 열차운행준비지원 및 데이터 무선전송 인터페이스 제공
   (원격제어기능, 서비스 유지기능)
⑤ 여객편의설비 기능 감시 및 승무원에게 고장사항 문자 현시

(2) 처리장치

KTX에는 각 차량마다 위에 서술한 열차임무를 수행하기 위해 열차지령 및 제어를 처리하는 차상컴퓨터가 설치되어 있다.

각 차량에 설치된 처리장치는 동력차에 설치된 주컴퓨터, 보조컴퓨터, 각 객차마다 설치된 객차컴퓨터, 그리고 동력차와 동력객차에 견인전동기를 제어하기 위한 모터블록컴퓨터 등이 설치되어 있으며, 각각 모든 처리장치는 제어프로그램에 따라 자기차량에 관련된 제어지령을 로컬로 처리하고, 필요에 따라 동력차에 설치된 주컴퓨터 지령의 처리와 응답을 전송하는 분산처리시스템 구조를 갖는다.

① **주컴퓨터(MPU)** : 동력차에 1대씩 설치되어 있고 동력차 지령과 운전제어를 처리하며 모든 객차컴퓨터와 모터블록컴퓨터를 총괄하며 지령과 제어를 수행한다.
② **보조컴퓨터(APU)** : 주컴퓨터와 같이 동력차에 1대씩 설치되어 있고 주컴퓨터에 이상이 있을 때 백업기능과 열차 토나드스타(TORNAD*) 네트워크 전송시스템을 관리하는 라우팅(Routing) 역할을 한다.
③ **객차컴퓨터(TPU 01)** : 동력객차, 일반객차 1량에 1대씩 설치되어 있고, 2번 객차를 제외한 모든 객차컴퓨터(17대)는 형태와 기능이 동일하다. 객차컴퓨터는 제어전원이 투입되면 자기차량을 로컬로 제어하고, 필요시 주컴퓨터와 송수신하거나 이웃한 객차컴퓨터와도 송수신한다.
④ **객차컴퓨터(TPU 02)** : 2번 객차에만 설치되어 있으며, 2번 객차는 승무원실이 있는 객차로 방송시설, 오디오·비디오랙이 설치되어 있어 이를 관리하는 MESP 카드가 다른 객차컴퓨터(TPU 01)보다 1개 더 있을 뿐, 그 이외는 모든 객차컴퓨터 구조와 기능이 동일하다.

⑤ 모터블록컴퓨터(MBU) : 동력대차가 설치된 동력차와 동력객차에 있는 컴퓨터로 동력대차 (견인전동기 2기 장착)에 모터블록컴퓨터가 1대씩 설치되어 견인력과 전기제동을 제어하 는 컴퓨터로 KTX 편성당 6대의 MBU가 설치되어 있다.

KTX 1편성(20량)에는 차상컴퓨터 28대가 전체 차량에 골고루 설치되어 있으며, 처리장치 는 랙 구조로 되어 있고, 랙 구조는 유럽형식으로 각 랙은 21개 카드를 삽입할 수 있도록 제작되어 있다.

(3) 주변장치

KTX 차상컴퓨터 주변장치라 함은 28대의 차상컴퓨터 주위에 로컬로 설치된 별도의 장치로, 차상컴퓨터 제어지령 혹은 주변장치가 별도 제어프로그램 기능을 가지고 자체 처리한 내용과 결과를 구동인터페이스를 사용하여 로컬 차상컴퓨터와 대화하는 장치를 말한다. KTX 차상컴 퓨터 주변장치 종류는 다음과 같다.

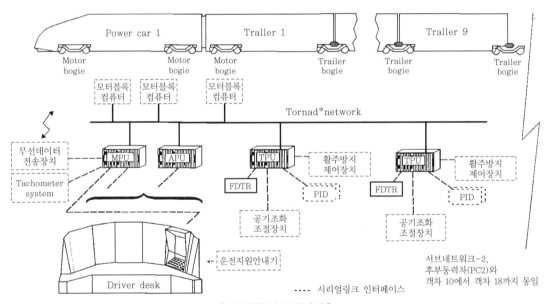

▌차상컴퓨터 주변장치 ▌

① 운전지원안내기(TECA)
② 승객정보표시장치(PID)
③ 고장간이표시장치(FDTR)
④ 무선데이터전송장치(MTD)
⑤ 공기조화조절장치(EL-CD-01)
⑥ 유지보수용 노트북
⑦ 활주방지제어장치(MO-AE-TR-01)
⑧ 속도처리장치(Tachometer system)
⑨ 고장조치안내(GA) 및 역명 파일 입력터미널

▮7 기계장치

(1) 동력대차

① 개요 : KTX 1편성에는 6개의 동력대차(동력차 1량당 2세트, 객차 1호, 18호차에 각 1세트)
가 장착되어 있으며 견인력을 전달한다. 동력대차의 고정축거는 3m, 중량은 8,245kg,
최대축중은 17톤이다. 동력대차는 프레임, 현가장치, 차축 조립체, 동력전달장치(트리포
드), 제동장치, 살사장치, 제동지령 스토퍼, 대차불안정검지기, 발판 등으로 구성되어
있다.

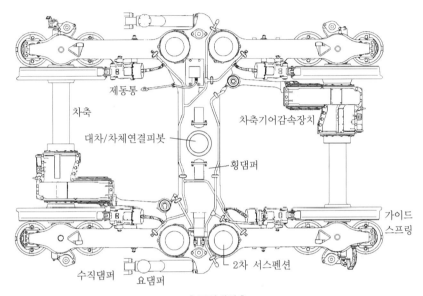

제동통
차축
차축기어감속장치
대차/차체연결피봇
횡댐퍼
가이드
스프링
2차 서스펜션
수직댐퍼
요댐퍼

▌동력대차 ▌

② 동력전달장치 : 견인전동기의 회전력은 전동기 → 모터감속기 → 트리포드 → 차축기어감속기
→ 차륜으로 전달된다. 트리포드는 차체와 대차의 상대운동(수직운동, 수평운동, 회전
운동)을 허용하면서 차체에 장착된 견인전동기-감속기 조립체의 구동 토크를 차축기어감
속장치로 전달한다.

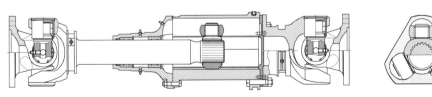

▌동력전달장치(트리포드) ▌

13

③ 제동장치 : 1개의 동력대차에는 4개(1개/차륜)의 공압제동장치가 사용되며, 이들은 수제동기를 대체한 스프링주차제동장치(Spring holding brake)가 사용된다. 동력차축의 제동은 각 차륜의 1면에 단식 제륜자홀더가 사용되며, 제륜자는 합성제를 사용한다.

각 제동유닛은 대차의 사이드 프레임을 관통하는 1개의 핀(Pin)과 브래킷에 취부되는 2개의 볼트에 의해 고정된다(아래쪽의 볼트는 리머볼트임). 제동유닛의 접촉면은 대차의 중심축에 대하여 2.5% 기울어져 있으며 이것은 차륜의 답면이 2.5% 경사져 있으므로 제동유닛이 답면에 대하여 수직으로 작용하도록 설계한 것이다.

④ 살사장치 : 1번 대차 A축, 3번 대차 B축, 21번 대차 B축, 23번 대차 A축에는 살사장치가 설치되어 있어 열차의 출발, 구배, 비상제동 시 차륜과 레일 사이의 점착력을 높여주는 모래분사장치로 150km/h 이하일 때는 주공기관의 공기가 감압변에서 5bar로 감압되어 이젝터로 공급되며, 150km/h 이상일 때 고압전자변이 여자되어 9bar의 공기가 이젝터로 공급되어 더 많은 모래가 분사된다.

⑤ 대차불안정검지기 : 모든 대차에는 1개의 대차불안정검지기가 설치되어 270km/h 이상에서 대차의 횡방향의 가속도가 0.8g 이상으로 1.5초가 되면 대차불안정검지를 시작하여, 이 상태가 3.5초 이상 지속되면 대차불안정으로 판정하여 제어운전실에 표시등을 점등시켜 열차운전의 감속을 유도하여 안전을 확보한다.

(2) 객차대차

① 개요 : KTX 1편성에는 갱웨이링과 더불어 관절형 대차를 이루는 17개의 대차가 있다. 객차대차의 구성요소로는 대차 프레임, 1차·2차 현가장치, 견인장치, 제동장치 등으로 구성되어 있으며 객차대차의 고정축거는 3m이고, 최대축중은 17t이며 객차대차 간 중심거리는 18.7m이다.

② 대차 프레임 : 대차 프레임은 2개의 크로스빔과 튜브빔, 사이드 프레임으로 구성되어 있으며, 용접구조대차로 잔류응력을 제거하기 위하여 풀림처리를 하였고 대차 프레임에 취부되어 있는 부품은 다음 그림과 같다.

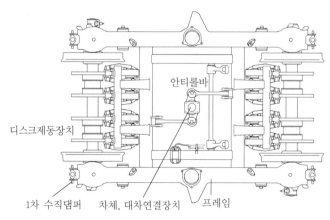

안티롤바

디스크제동장치

1차 수직댐퍼   차체, 대차연결장치   프레임

▌객차대차 장치▐

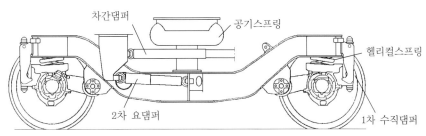

┃ 객차대차 현가장치 ┃

③ 현가장치

　㉠ 1차 현가장치는 차축과 대차 프레임 사이에 설치되어 있는 2개의 코일스프링, 오일댐
퍼, 액슬로드로 구성되어 있으며 액슬로드는 전통적인 차축 지지방법에서 탈피한 관절
대차 특유의 장치이다.

　㉡ 2차 현가장치는 대차 프레임과 차체 사이에 설치되어 있는 요댐퍼, 안티롤바, 횡댐퍼,
168L 공기통 부착 공기현가장치로 구성되어 있으며, 갱웨이링을 통하여 차체의 하중을
부담할 수 있도록 되어 있다.

④ 제동장치

　㉠ 객차대차(Carrying bogie)의 제동장치는 8개의 제동디스크(Brake disk)에 작용하는
8개의 제동통으로 구성된다.

　㉡ 제동실린더는 자동간격조정기가 내장되어 브레이크패드의 마모에 따라 변화하는 제동
실린더의 행정을 일정하게 유지하여 제동 재작동시간을 같게 한다.

(3) 갱웨이링

① 개요 : 객차 사이에 위치하여 차량의 연결기능과 여객의 통로를 제공하는 연결장치를 갱웨
이링(Gangway ring)이라고 하며 대차와 관련되어 차체 유동성을 부여하고, 곡선에서 차
체의 균형을 유지하는 기능을 한다.

② 갱웨이링의 구성

　㉠ 고정링(Fixed ring) : 고정링은 기계적인 용접구조물로서 하부에는 원추형 탄성쿠션을
연결하기 위한 원추형 돌기와 상부에는 안티리스트댐퍼 브래킷이 있으며 객차 후단부
에 용접되어 있다. 10호 객차를 제외하고 모든 객차에는 고정링이 있다.

　㉡ 운반링(Carrying ring) : 운반링은 강판 용접구조물로서 주요 구성부분은 다음과 같다.

　　• 원추형 탄성쿠션(Articulated cone)을 설치하기 위한 하부의 하우징

　　• 운반링의 하중을 공압현가장치 공기통 상부에 전달하기 위한 지지판 2개

　　• 운반링의 하부에 취부된 견인피봇

　　• 후부에 연결될 객차와 연결을 하기 위한 대형 훅 및 샌드위치블록 4개

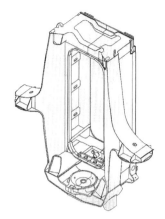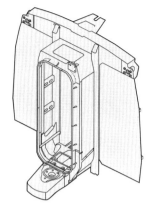

▌ 운반링과 고정링 ▌

ⓒ 원추형 탄성쿠션(Articulated cone) 및 연결용 핀(King pin) : 일정한 탄성값을 가진
고무로 제작된 원추형 탄성쿠션은 운반링 하부에 설치되어 고정링과 운반링을 유연하
게 연결한다. 원추형 탄성쿠션의 중앙부는 고정링 하부의 원추형 돌기와 조립되며 운행
중 차량 사이의 상이한 운동을 가능하도록 해준다.

ⓓ 운반링과 객차의 연결부 구조 : 객차의 후단부 하측에는 슈(Shoe)가 설치되어 있어서
운반링의 훅과 연결할 수 있는 구조이며 또한 객차 상·하단의 좌·우측 면에는 4개의
범핑슬라이드 레일(Bumping slide rail)이 손바닥처럼 운반링을 가운데로 감싸안은
모양으로 용접되어 있다. 객차와 운반링의 연결은 객차 하단부의 슈가 운반링의 훅
위에 조립되고 객차의 후측 단부는 운반링의 샌드위치블록 4개를 통하여 지지하게
함으로써 완전하게 조립된다.

📖 주의

안전나사는 정상적인 상태에서는 아무런 기능을 하지 않고, 객차를 동시 인양하거나 객차가 탈선되었을
경우에만 그 기능을 하게 된다. 또한 기밀유지용 실(Seal)은 운반링과 객차 사이를 밀폐하는 역할을 한다.

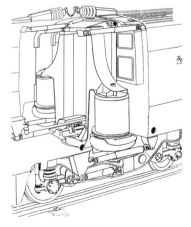

▌ 객차대차 연결부 ▌

8 차체장치

(1) 객실 출입문

객실 출입문은 공압시스템에 의해 작동되는 자동문으로 제어와 공압실린더 작동에 필요한 압력공기를 주공기관으로부터 직접 공급받는다. 출입문의 작동은 문짝의 핸들스위치 또는 누름단추 조작에 의해 열림제어되고, 출입문의 열리고 닫히는 시간은 공압시한계전기 작동에 의해 자동으로 제어(핸들스위치 : 6초, 누름단추 : 3분)되며, 조정시간 경과 후에는 열림작용실 공기가 배기되면서 출입문의 닫음 작용이 시작된다. 출입문이 닫음작용 중일 경우에도 핸들스위치를 조작하면 문을 다시 열 수 있으며, 또한 닫음작용 중에 장애물이 감지되어도 문은 다시 열린다. 공압시스템에 공급되는 압력공기가 없을 경우에는 문짝의 핸들을 사용하여 출입문을 수동으로 열 수 있다.

(2) 승강문

① 개요 : 고속차량(KTX)의 각 객차에는 2개의 승강대문을 갖추고 있으며, 운전실 및 1, 9, 10, 18번 객차의 개폐스위치에 의한 총괄제어는 차상컴퓨터에 의해 처리되고 문의 상태 및 고장이 관리되도록 하였다.

   승객의 안전을 위해 문의 개폐 시 경보음이 울리며 비상시에는 수동으로 개폐가 가능하고, 문짝 테두리에 부착된 팽창 실(Seal)은 열차속도 5km/h 이상에서 팽창하여 차내 기밀을 유지한다.

② 작동

   ㉠ 열림 작동 : 열차속도 5km/h 이하에서 운전실의 열림스위치(BL-OP-L/R) 및 객차의 열림스위치(SW-OP) 제어 시 팽창 실(Seal)이 수축되고 발판이 펼쳐지는 조건을 만족하는 경우 문은 열리게 된다. 문이 자동으로 열리지 않을 경우 비상잠금해제장치를 이용하여 수동으로 승강문을 열 수 있으며, 열차속도 5km/h 이상에서 이 장치를 사용하게 되면 객차에 경고음이 울리고 다음과 같은 메시지가 차상컴퓨터에 현시된다.

| E | M | - | D | O | O | R | S | - | T | R | - | X | X | |

* XX : 비상열기 시행 객차의 호차(01호~18번 객차)

   ㉡ 닫음 작동 : 운전실의 총괄닫음단추(PBL-CS-BL) 또는 객차의 총괄닫음제어스위치(SW-CS) 제어로 승강문이 공압적으로 차단되지 않으면 자동으로 닫힌다. 또한 닫음 중에 장애물이 끼게 되면 다시 열림이 시행되며, 열차속도 15km/h 이상에서 감지장치는 동작하지 않는다.

   승강문닫음제어 시 정상적인 공기압력 상태에서 승강문이 닫히는 데 20초 이상이 소요되는 경우 고장으로 처리하여 객차배전반 표시장치에 고장이 현시된다.

(3) 위생설비

① 급수장치 : 급수탱크는 폴리에틸렌 소재로 용량은 160L이며, 보조탱크는 공압작동식의 박막펌프를 갖추고 있으며, 내부에는 AC 440V 750W의 시즈히터가 내장되어 세면기로 온수를 공급하게 된다.

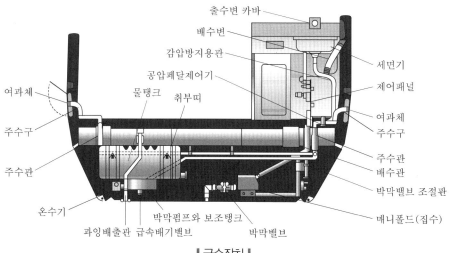

출수변 카바	
배수변	세면기
감압방지용관	제어패널
공압페달제어기	여과체
여과체 물탱크 취부띠	주수구
주수구	주수관 배수관
주수관	박막밸브 조절판
온수기	매니폴드(집수)
과잉배출관 급속배기밸브 박막펌프와 보조탱크 박막밸브	

▌급수장치 ▌

② 오물처리장치 : KTX 차량에 설치된 오물처리장치는 순환세척식으로 전 객차에는 18개의 화장실이 설치되어 오물처리장치를 갖추고 있다. 오물처리장치는 정화탱크 내에 설치된 세척펌프에 압력공기 공급으로 작동하여 탱크 내 세척수를 변기로 공급하며, 실내로 악취 유입을 방지하기 위해 평형차단밸브 및 진공발생기를 갖추고 있다.

▐9▌ 공기제동장치

(1) 개요

KTX는 전기제동과 공기제동장치가 있으며, 통상 속도제어에는 전기제동을 우선 사용하고, 강한 제동력이 필요할 때는 전체 대차에 작용하는 공기제동을 사용한다. 제동력은 대략 디스크 제동 70%, 전기제동 20%, 답면제동 10% 정도이다. (비상제동 기준) 공기제동은 전공제어(EP)로 이루어지고, 기능이 저하되면 순수 공압으로 관통제동이 가능하다.

고속철도 공기제동시스템의 주요 장치는 공기생산장치, 동력차 패널, 동력대차 패널, 객차대차 패널로 구성되어 있다. 동력대차는 전기제동(회생제동 또는 저항제동) 및 공기제동(답면제동)을 사용하고, 객차대차는 공기제동(디스크제동)만이 사용된다.

스크류식 공기압축기와 공기건조기를 거쳐 생산된 공기는 일차적으로 주공기통에 먼저 충기 된다. 제동관이 주공기관보다 우선적으로 충기되는데, 분배변 및 제어공기통까지 충기되는 데 상당한 시간이 소요되기 때문이다. 제동관 계통이 충기된 후 제동공기통 압력이 약 7bar 정도가 되면 주공기관 차단변이 열려 주공기통으로 충기가 이루어진다. 또한 주공기관을 통해 각 차량의 보조공기통에 충기가 이루어진다. 각부에 충기가 이루어지면 공기제동작용을 할 수 있는 준비상태가 완료된다.

(2) 제동 성능

① 제동거리

비상제동 정차거리		상용제동 감속거리	
300 → 0km/h	3,300m	300 → 0km/h	6,600m
200 → 0km/h	1,600m	–	–

② 최대제동력(대차당)

전기제동	공기제동			
동력대차(회생/저항제동)	동력대차(답면)		객차대차(디스크)	
50kN/29.17kN	$V < 200$km/h	16.6kN	$V < 215$km/h	42.8kN
	$V > 200$km/h	5.9kN	$V > 215$km/h	32.1kN

* 어떠한 경우에도 차륜 – 레일 간 점착한계 때문에 동력대차의 제동력은 대차당 50kN을 초과할 수 없다.

③ 제동일반

㉠ 제동제어

구 분	설 명
동력대차	제어간(MC–IC–01) 또는 제동간(MC–BK–PN–01)에 의해 혼합제동제어가 이루어지고, 제어간은 동력대차 전기제동에 사용되며 객차대차 제동에는 영향을 미치지 않으며, 제동작용은 다음과 같이 이루어진다. • 1차 회생제동 • 2차 회생제동 불능일 때 저항제동으로 전환 • 전기제동이 부족할 때 공기제동 보충작용
객차대차	제동간에 의한 전공제동(Electro–pneumatic brake)을 우선적으로 사용하고, 전공제동 고장일 때 절환콕(CC–CO–BU–01)으로 절환 후 예비제동간(MC–BK–BU–01)으로 순공기제동으로 운전이 가능하다.

㉡ 1인 제동시험용 홀딩제동(FIEF) : 1인 제동시험을 할 때 홀딩제동누름단추(PB–BK–PK–01)를 누르면 SB–01이 사용 중인 동력차의 2개 대차만 공기제동이 체결되어 시험 중 열차의 움직임을 방지한다.

02 고속차량 KTX – 산천

1 일반제원

항 목		내 용
차량제작		10량 조성으로 46편성(25편성 제작 중)
외부 형상		산천어 형상
설계 특징		공기역학 · 한국적 외관객차 관절대차로 연결
열차동력	사용전압	교류 25kV 단상 60Hz
	견인동력	8,800kW(견인전동기 1,100kW×8개)
	전기제동력	170kN
대차	궤간	1,435mm
	대차 수/량	대차 13개(동력대차 4, 객차대차 9)/10량 1편성
	차륜직경 · 수	920mm/850mm(신품/마모한도), 차륜수 52개
열차성능	설계최고속도	330km/h
	상용최고속도	300km/h
	가속성능	0~300km/h 도달시간 5분 16초
제동방식	제동종류	전기제동(회생 · 저항), 공기제동(답면 · 디스크)
	공기제동	동력대차 : 답면제동, 객차대차 : 디스크제동
열차편성	운영편성	10량 : 동력차 2량 + 객차 8량
	가용편성	복합열차 20량, 중련편성 20량
	동력차	전부, 후부 각 1량씩 편성당 2량
	1등 객차	1량/10량 1편성
	2등 객차	7량/10량 1편성
열차길이	상용 20량	201m(동력차 : 22.7m, 단부객차 : 21.8m, 객차 : 18.7m)
좌석수 (산천/호남)	전체	363석/410석
	1등실	30석/33석(1+2, 전후 좌석간격 112cm/106cm)
	2등실	333석/377석(2+2, 전후 좌석간격 98cm/96cm)
열차중량(t)	공차중량	403
	운전정비중량	407
	만차중량	434
차량치수(mm) (길이×폭×높이)	동력차	22,700×2,814×4,062
	단부객차	21,845×2,967.5×3,725
	객차	18,700×2,967.5×3,725

2 객차제원

항목		특 실	일반실
좌석	좌석배열	2+1	2+2
	좌석수	33석	T1 : 53, T2/4/7 : 56, T5/6 : 48, T8 : 60
편의설비	휴대폰 충전기	1개소	없음
	비디오 모니터	4개소(15인치)	3개소 4면(19인치)
	전원콘센트	전좌석	전좌석
	인터넷설비	인터넷 수신	인터넷 수신
	자판기(캔/스낵)	TR 2/6호차	
장애인설비		ET1 장애인화장실, 휠체어고정장치, 보관대, 장애우석	
색상	천장	밝은 회색 펠트	밝은 회색 펠트
	바닥	비색 카펫	비색 고무판
	의자	회녹색 벨벳	녹색 벨벳
	측벽	회색 펠트	회색 펠트

3 전기장치 구성

(1) 장치의 종류

KTX-산천 전기장치는 팬터그래프·주회로차단기·고압접지스위치·고압회로차단기 등 지붕장치, 주변압기·모터블록(주전력 변환장치), 보조블록(보조전력 변환장치) 등 동력실장치 및 견인전동기·충전기 등 차체 하부장치가 있다.

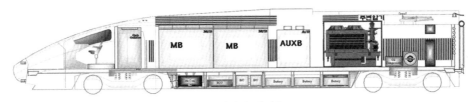

▐ 동력장치 배치 ▐

(2) 각 장치의 기능 및 역할

① 팬터그래프 : KTX-산천의 팬터그래프는 AC 25kV 심플 커티너리 전차선에서 원활한 집전이 가능한 구조로 전원을 차량으로 받아들이는 집전장치이다.

싱글 암 형식으로 공기상승, 자중하강 방식으로 습판의 파손이나 이상 마모가 일어나면 팬터그래프를 자동으로 하강시키는 자동하강장치가 부착되어 급전시설과 팬터그래프의 추가 파손을 방지한다.

자동하강장치(ADD)는 습판(카본 스트립)이나 가이드 혼이 손상되면 자동으로 신속하게 팬터그래프를 하강시킨다. 사고 이후 손상된 부품이 수리가 되지 않은 경우에 팬터그래프의 상승을 방지한다.

② 주회로차단기(MCB) : 주회로차단기는 팬터그래프와 주변압기 1차 권선 사이에 흐르는 전차선 전원을 제어하는 고압회로차단기이다. 주회로차단기를 거친 전원은 자차의 주변압기와 지붕고압선을 통하여 다른 동력차의 주변압기 입력전원을 개폐한다. 운전실에서 수동제어로 투입하여 열차를 기동하거나 차단하여 기동을 정지시키고, 열차무선장치에 의한 원격제어로 투입·차단할 수도 있으며, 차상신호장치 지령으로 개방과 투입 자동제어가 가능하고, 차량 보호를 위한 자동차단도 가능하다.

③ 주변압기 : 주변압기는 팬터그래프가 집전한 AC 25kV/60Hz 단상전원을 변압하여 모터블록과 보조블록에 공급하고, 회생제동 전류를 처리하여 전차선에 인가한다. 주변압기 출력 및 냉각장치는 120℃ 이상이 되면 견인력을 최대값의 70%로 제한하는 등 차상컴퓨터시스템이 냉각유 온도와 열차속도에 따라 다양하게 제어한다.

④ 모터블록(주전력 변환장치) : 모터블록은 주변압기 견인권선에서 공급되는 AC 1,400V 전원을 견인특성에 맞도록 변환·정류하여 2개의 견인전동기에 전원을 공급하는 장치이다. 모터블록은 교류전원을 직류로 변환하는 컨버터와 직류전원을 교류로 변류하여 견인전동기를 구동하는 인버터가 있고, 컨버터와 인버터 사이의 DC Link 및 주변회로로 구성된다.

⑤ 견인전동기 : 모터블록은 고정자의 전류량과 주파수를 제어하여 견인전동기의 회전력 및 회전속도를 결정한다. KTX-산천 견인전동기는 VVVF 인버터가 제어하는 유도전동기로 출력은 1,100kW이며 최고회선수는 4,100rpm이다.

📥 보조전원장치

(1) 보조블록(보조전력 변환장치)

보조블록은 주변압기 3차 권선에서 AC 380V를 공급받아 보조회로 전원인 DC 670V 정전압을 만들어 동력차인버터(공기압축기, 주변압기·모터블록·보조블록·견인전동기 냉각송풍기), 객차인버터(객차 공기조화기·주변압기 오일펌프·객차용 변압기), 축전지충전기(축전지 충전·조명·제어전원·컴퓨터전원) 및 난방기의 전원으로 공급한다.
보조블록의 보조컨버터 구성은 2군2병렬로 작동하며, 장치는 입력전압의 변동에 관계없이 일정한 출력전압을 유지한다.

(2) 동력차인버터(52kVA 인버터)

동력차인버터는 모터블록 및 견인전동기 냉각팬, 보조블록 냉각팬, 주변압기 냉각팬, 주변압기 오일펌프, 공기압축기 등의 전원을 공급하는 장치로 보조컨버터의 DC 670V를 3상 AC 380V 동력차의 보조전원을 공급하는 장치이다.

(3) 객차인버터

객차인버터는 보조블록의 DC 670V 입력전원을 3상 AC 440V로 전환하여 객실의 편의시설 전원 및 동력차 오일펌프, 운전실 냉난방 등에 전원을 공급한다. 이 장치는 1편성에 2개(TR3, TR5)가 설치되어 각 4량의 부하를 담당하고 편성 내 1대 고장발생 시 나머지 1대에서 자동 연장급전한다.

(4) 축전지충전기

① 동력차 축전지충전기 : 동력차 하부에 30kW 용량의 축전지충전기가 설치되어 보조블록의 DC 670V를 공급받아 동력차 축전지를 충전하고, 동력차 계전기 제어전원과 동력차 조명 및 주컴퓨터 · 보조컴퓨터 · 모터블록컴퓨터에 DC 72V 전원을 공급한다.

② 객차 축전지충전기 : 2번(4번), 7번 객차 하부에 설치되어 보조블록의 DC 670V를 공급받아 객차 축전지 충전과 객차 계전기 제어전원, 객차 조명 및 객차컴퓨터에 DC 72V 전원을 공급한다.

(5) 난방

객차 난방기는 보조블록의 DC 670V를 공급받아 직접 사용한다. 18kW 2세트씩(전차량 16개) 설치되어 2단 제어방식으로 객차의 난방전원을 공급한다.

5 차상컴퓨터 및 열차진단제어장치(TDCS)

(1) 통신방식

고속차량 운전실의 주요 장비는 열차진단제어장치, 통신장치, 신호장치로 구분된다. KTX-산천의 열차진단제어장치(TDCS ; Train Diagnostic & Control System)는 2개의 모니터와 무선송수신장치가 설치되어 있으며, 동력차 배전반의 2대의 열차제어진단컴퓨터와 연결되어 열차의 주요 장치를 제어 · 감시한다.

KTX-산천은 TCN(Train Communication Network) 통신방식이 적용된 차량으로 TCN은 차량 내에 하부장치와 통신을 위한 MVB(Multi-function Vehicle Bus)와 차량 간 통신을 위한 WTB(Wired Train Bus)로 구성되어 있다.

(2) 차상컴퓨터의 구성

TDCS는 주컴퓨터(CCU ; Central Control Unit), 객차컴퓨터(VCU ; Vehicle Control Unit) 열차무선장치(RTD ; Radio Transmission Device) 및 화면장치(DU ; Display Unit)로 구성되어 있다.

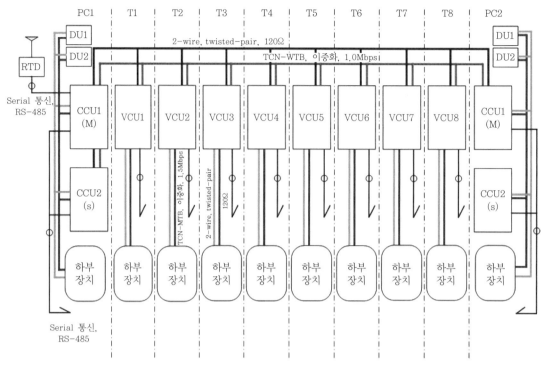

▎TDCS 및 네트워크 ▎

(3) 열차진단제어장치의 기능

KTX-산천 차량진단제어장치는 차량 주요 장치의 제어와 감시를 하며 부가적으로 차량정보화면(DU1) 고장 백업, 신호화면(MMI)의 백업, 중앙장치(CCU) 고장 백업 및 스톨 알람(Stall alarm) 기능을 한다.

운전제어 및 감시는 기장이 제어간 전류제어, 제동간 또는 예비제동간 취급에 따라 견인, 타행, 상용제동, 비상제동 운전모드를 모니터링하여 기기 보호나 경고 자동복귀나 장치 차단과 기능 복귀를 통하여 고속운행 중 열차의 신뢰성을 높여 안전운행을 확보한다.

견인/제동모드는 견인/제동 PWM, Preset 운전모드, 운전경계장치, 객차 승강문 상태를 감시한다.

열차상태화면제어(DISP1)와 차량정보화면(DU1)은 편성 내 시간 동기화를 통하여 고압계통, 팬터그래프, Service retention 및 주회로차단기 감시 및 제어, 적산 전력량을 제어·감시한다.

① **주컴퓨터(CCU1)** : 동력차에 1대씩 설치되어 있고 동력차 지령과 운전제어를 처리하며 모든 객차컴퓨터와 모터블록컴퓨터를 총괄하며 지령과 제어를 수행한다. 1초 주기로 차량상태를 기록하며 최근 72시간의 기록을 유지하고, 차량고장·적산전력량을 메모리에 기억하고 표시한다.

② **보조컴퓨터(CCU2)** : 주컴퓨터와 같이 동력차에 1대씩 설치되어 있고 주컴퓨터의 백업기능을 한다.

③ **객차컴퓨터(VCU1)** : 객차 1량에 1대씩 8대가 설치되어 있다. 객차컴퓨터는 제어전원이 투입되면 자기 차량을 제어하고, 주컴퓨터와 통신하거나 이웃 객차컴퓨터와도 통신한다.

④ 모터블록컴퓨터 : 동력차의 모터블록을 제어하는 컴퓨터로 동력대차(견인전동기 2기 장착)를 각 모터블록컴퓨터가 견인력과 전기제동을 제어하는 컴퓨터로 KTX-산천 편성당 4대의 모터블록컴퓨터가 설치되어 있다.

⑤ 차량정보화면(DU1) : 차량정보화면은 차량상태정보를 표시하는 모니터로 공기압력, 가선전압, 모터블록 전류 및 차량고장 등 차량상태정보를 표시한다.

▌차량정보화면▐

⑥ 운전정보화면(DU2) : 운전정보화면은 운전준비, 운전지원 예비, 차량점검, 차량상태 표시, 승객서비스, 고장조치 지원, 기술자료 조회 등 열차운전을 지원하는 기능을 한다.

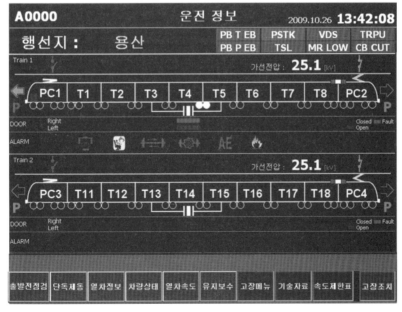

▌운전정보화면▐

⑦ 운전경계장치(VDS = VACMA) : 기장이 심신 이상으로 열차운전을 정상적으로 하지 못할 때 열차를 정차시키고, 관제실에 무선으로 경고를 보내어 열차운행의 안전을 도모하는 장치이다.

⑧ **열차속도제한장치(TSL)** : KTX-산천 TSL은 KTX와 마찬가지로 해당 선구의 신호체계에 의한 열차통제기능에 이상이 있을 때 열차속도를 30km/h 미만으로 제한하는 장치로, 경고표시등 점등 조건이 5초를 넘으면 비상제동지령을 내리고, 35km/h 이상이 되면 즉시 비상제동지령을 내린다.

　　㉠ ATC 또는 ATS가 통제하지 않을 때 30km/h 이상에서 경고표시등 점등

　　㉡ 기관차 단독운전할 때 30km/h 이상에서 경고표시등 점등

　　㉢ 30km/h 미만에서 전기제동만 사용할 때 경고표시등 점등

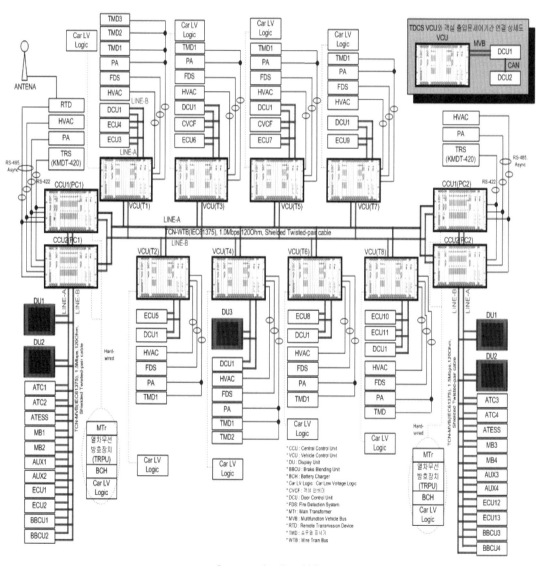

❚TDCS 시스템 구성❚

6 차상신호장치(ATC · ATP · ATS)

(1) 개요

KTX-산천 차상신호장치는 ERTMS/ETCS 통합신호장치(ATC/ATP/ATS)이다. KTX와 마찬가지로 일반선에서는 ATP/ATS, 고속선에서는 ATC 방식으로 운전한다.

(2) ATS

KTX-산천은 KTX와 마찬가지로 ATS 발진주파수가 같은 78kHz를 사용하여 3현시 및 5현시 신호구간을 운전한다.

① 장치의 활성상태(Activation states)에 따라 대기상태(Standby state), 작동상태(Armed state), 해제상태(Disarmed state)로 구별된다. 또 운전상태(Operational states)에 따라 신호장치는 정상상태(Normal state), 경고상태(Warning state), 비상상태(Emergency state)를 취한다.

② ATS 운전모드(Signalling modes)에는 정상모드(Normal mode), 특수모드(Special mode), 공사모드(Construction mode), 입환모드(Yard mode) 운전방식이 있다.

③ KTX-산천 ATS 차상장치는 제한속도를 초과하면 시각경고(표시등) · 청각경고(경고령)를 하고, 5초 이내에 적합한 조치를 취하지 않으면 경고령과 열차통제(개입제동 · 동력차단) 지령을 내린다. 통제상태인 열차는 통제속도 미만으로 감속하는 등 통제지령을 취소하고, 비상제동을 완해하는 조치와 기동절차를 거쳐야 운전재개가 가능하다.

(3) ERTMS/ETCS (ATP)

대부분의 일반선 구간에서 ATS를 대체하여 ERTMS/ETCS 레벨 1 운전을 하는데 통상 ATP라고 부른다.

① 주요 개념

㉠ 운전허가(Movement authority) : ERTMS 운전허가(MA)는 열차가 제어운전실 방향으로 일정한 선로구간을 운전할 수 있는 조건을 가진 상태로, 감시모드(FS)와 시계모드(OS)일 때만 사용한다. 운전허가의 끝지점을 운전허가 종단(EoA)이라고 하고, 목표속도는 0km/h이다.

㉡ 해제속도(Release speed) : 해제속도는 운전허가의 한 변수로 감시모드(FS)와 시계모드(OS)로 운전하여 운전허가 종단에 접근하는 열차에 허용하는 일정한 연속속도이며, 신호가 열리면 신호지상자군에서 전문으로 수신한다.

㉢ 지상자 및 지상자군(Balise & Balises group) : ATP 지상자(Eurobalise)는 선로정보를 열차로 전송하는 지상자(Beacon)로 선로의 중앙에 설치되며, 전송하는 정보에 따라 고정식과 가변식 두 종류의 유형이 있다.

한 지상자군(BG)은 하나 내지 여덟 개의 지상자로 구성된 ERTMS 정보 지점으로 선로의 위치에 따라 다양한 종류와 특징이 있다. 신호지상자군은 지상자 하나 또는 둘로 구성(ATP 구간으로 진입하는 경우에는 두 개, 기타는 하나)되어 하나는 가변식이며, 선택적인 하나는 고정식이다. 신호지상자군은 신호기 아래에 설치된다.

ⓔ 연결(Linking) : 지상자 연결은 열차가 접근할 다음 지상자군의 정체와 위치를 열차에 전송하는 방식으로 다음 지상자군이 나타나지 않으면 반응이 일어난다. 이 정보는 감시모드(FS)와 시계모드(OS)에서만 사용한다.

ⓜ 레벨(Levels) : 현재 철도공사는 ERTMS 세 종류의 레벨을 사용한다.

- 레벨 0은 ATP 차상장치가 설치된 차량이 ATP 지상신호설비가 없는 선로를 운전할 때 사용하고, 레벨 전환 및 특수지령을 판독하기 위하여 ATP 차상장치는 ATP 지상자를 검지한다.
- 레벨 1은 ATP 차상장치가 설치된 차량이 ATP 지상자가 수신한 정보만 활용할 때 사용하고, 운전허가는 점제어로 전송한다. 그리고 신호재개정보를 ATP 차상장치에 전송하기 위하여 "중간(Infill)"전송이라는 반연속전송(지상자)을 할 수도 있다.
- 레벨 STM은 ATP 차상장치가 설치된 차량에 별도 STM 장치를 설치하고 철도운영기관의 신호체계에 따라 운전하는 방식으로, STM으로 운전하는 열차는 운영기관이 따로 정하는 규정에 따라 운전한다. 철도공사의 STM에는 일반선의 ATS와 고속선의 TVM430K가 있다.

ⓗ 운전모드(Modes) : 차상신호체계는 항상 하나의 운전모드로만 작동하고, 운전상황별로 특수한 정보를 활용한다. 각 모드별 책임과 운전은 기장과 차상신호장치 사이에 다양하게 재분배되어 분담된다. 모드 사이의 전환은 전환에 필요한 정보가 있으면 자동으로 또는 수동으로 전환지령을 내릴 때 일어난다.

② 통제기능

ⓖ 상용제동(Comfort service brake) : 속도를 초과(5km/h)하면 차상신호장치는 통상 두 단계로 상용제동지령을 내린다. 차상신호장치는 가능하면 승객의 승차감을 보장하기 위하여 최대상용제동(FSB)보다 완만한 감속상용제동(CSB)지령을 내린다. 감속상용제동이 열차에 설정된 감속도에 미치지 못하면 차상신호장치는 최대상용제동지령을 내린다.

ⓛ 비상제동(Emergency brake) : 열차가 개입상용제동 범위(7.5km/h)를 초과하면 비상제동지령을 내린다. 비상제동은 정차할 때까지 유지되며 기동차단(MCB 개방)을 동반한다.

(4) ATC

KTX-산천은 고속선에서 TVM430K ATC 신호체계로 열차를 운전할 수 있도록 주로 "차내신호"라는 특수한 인터페이스(界面)를 통하여 기장에게 준수할 속도를 현시하는 KTX와 같은 방식의 연속속도통제체계를 사용한다.

신호화면(DMI)의 기능키로 인터페이스하는 방식만 다를 뿐 KTX와 거의 모든 면에서 같다.

(5) 연결구간 신호전환

① 열차가 고속선으로 진입할 때는 ATP/ATS가 해제되기 전에 TVM을 활성화시켜 신호전환하고, 고속선을 진출할 때는 TVM이 해제되기 전에 ATP/ATS를 활성화시켜 신호전환한다. 지정된 구간에서 신호전환이 이루어지지 않으면 열차는 통제된다.

② ATC ↔ ATS 사이의 신호전환 과정은 KTX와 KTX-산천이 같으며, ATC ↔ ATP 사이의 신호전환 원리는 같으나 현상에는 약간의 차이가 있다.

③ 지상신호체계의 자원을 활용하는 방식은 KTX와 KTX-산천이 같으며, KTX는 차상 TVM 장치에 ATC/ATS를 포함시키고, ATP를 추가로 설치하여 교대하는 방식으로 신호전환이 이루어지도록 하였고, KTX-산천은 ATC/ATP/ATS 차상장치를 통합시켜 제작한 점이 다르다.

7 기계장치

(1) 동력대차

① 개요 : KTX-산천의 대차는 KTX의 대차와 같으며 견인전동기 등 부착장치들이 다르다. 1편성에는 4개의 동력대차(동력차 1량당 2세트)가 장착되어 있으며 차체를 지지하며 견인력을 전달한다.

동력대차의 고정축거는 3m, 최대축중은 약 17톤이다. 동력대차는 프레임, 현가장치, 차축조립체, 동력전달장치(트리포드), 제동장치, 살사장치, 제동지령 스토퍼, 대차불안정검지기, 발판 등으로 구성되어 있다.

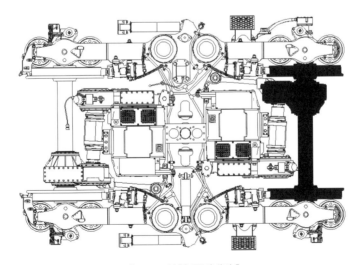

▎KTX-산천 동력대차 ▎

② **동력전달장치** : 견인전동기의 회전력은 전동기 → 모터감속기 → 세이프셋 → 차축기어감속기 → 차륜으로 전달된다. 세이프셋은 차체와 대차의 상대운동(수직운동, 수평운동, 회전운동)을 허용하면서 차체에 장착된 견인전동기-감속기 조립체의 구동 토크를 차축기어감속장치로 전달한다.

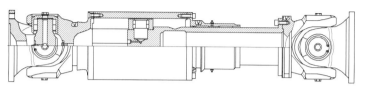

▌동력전달장치(세이프셋) ▌

③ **제동장치** : 1개의 동력대차에는 4개(1개/차륜)의 공압제동장치가 사용되며, 이들은 수제동기를 대체한 스프링주차제동장치(Spring holding brake)가 사용된다. 동력차축의 제동은 각 차륜의 1면에 단식 제륜자홀더가 사용되며 제륜자는 합성제를 사용한다.

④ **살사장치** : KTX-산천 살사장치는 KTX와 같은 구조이며 같은 방식으로 작동한다. 1번 대차 A축, 2번 대차 B축, 12번 대차 B축, 13번 대차 A축에는 살사장치가 설치되어 있어 열차의 출발, 구배, 비상제동 시 차륜과 레일 사이의 접착력을 높여주는 모래분사장치로 150km/h 이하일 때는 주공기관의 공기가 감압변에서 5bar로 감압되어 이젝터로 공급되며, 150 km/h 이상일 때 고압전자변이 여자되어 9bar의 공기가 이젝터로 공급되어 더 많은 모래가 분사된다.

⑤ **대차불안정검지기** : KTX-산천의 모든 대차에는 KTX와 같은 방식으로 대차불안정을 검지하고, 제어운전실에 표시등을 점등시킨다. 일단 점등된 표시등은 270km/h 이하로 감속하면 소등되어 같은 대차에서 재발하지 않으면 정상운전이 가능하도록 한다.

(2) 객차대차

① **개요** : KTX-산천 1편성에는 갱웨이링과 더불어 관절형 대차를 이루는 7개의 대차가 있다. 객차대차의 구성요소로는 대차 프레임, 1차·2차 현가장치, 견인장치, 제동장치 등으로 구성되어 있으며 객차대차의 고정축거는 3m이고 최대축중은 17t이며, 객차대차 간 중심거리는 18.7m이다.

② **대차 프레임** : 대차 프레임은 2개의 크로스빔과 튜브빔, 사이드 프레임으로 구성되어 있으며, 용접구조대차로 잔류응력을 제거하기 위하여 풀림처리를 하였고, 대차 프레임에 취부되어 있는 부품은 다음 그림과 같다.

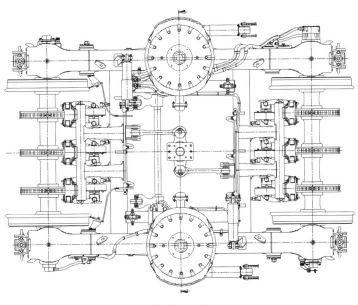

∥ 단부대차 ∥

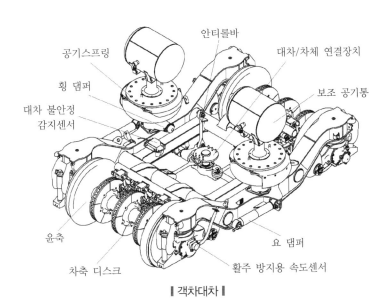

공기스프링

안티롤바

대차/차체 연결장치

횡 댐퍼

대차 불안정
감지센서

보조 공기통

윤축

요 댐퍼

차축 디스크

활주 방지용 속도센서

∥ 객차대차 ∥

③ **현가장치** : 1차 현가장치는 차축과 대차 프레임 사이에 설치되어 있는 2개의 코일스프링,
   오일댐퍼, 액슬로드로 구성되어 있으며 액슬로드는 전통적인 차축 지지방법에서 탈피한
   관절대차 특유의 장치이다.
   2차 현가장치는 대차 프레임과 차체 사이에 설치되어 있는 요 댐퍼, 안티롤바, 횡 댐퍼,
   공기현가장치로 구성되어 있으며, 갱웨이링을 통하여 차체의 하중을 부담할 수 있도록 되어
   있다.

④ 제동장치 : 객차대차(Carrying bogie)의 제동장치는 6개의 제동디스크(Brake disk)에 작용하는 6개의 제동통으로 구성된다.

제동실린더는 자동간격조정기가 내장되어 브레이크패드의 마모에 따라 변화하는 제동실린더의 행정을 일정하게 유지하여 제동 재작동시간을 같게 한다.

(3) 갱웨이링

갱웨이링은 기밀유지 양쪽 객차를 지지하면서 차간 연결통로 역할을 한다.

운반링은 객차대차의 공기스프링 위에 얹혀 차체 하중을 대차에 전달하고, 고정링은 운반링 위에 올려지고 훅으로 걸려 결합되는 형태이다.

‖ 운반링 구조 ‖

‖ 고정링 구조 ‖

8 제동장치

(1) 개요

KTX-산천의 제동은 작용방식에 따라 전기제동(회생제동·저항제동)과 공기제동(답면제동·디스크제동)으로 구분하고, 사용방식에 따라 상용제동, 비상제동, 주차제동, 구원제동으로 구분한다.

(2) 작용방식별 구분

① 전기제동 : KTX-산천의 제동은 토탈블렌딩 방식으로 제동지령이 요구하는 전체 제동력을 전기제동으로 우선 충당하고, 요구제동력의 부족분을 공기제동으로 보충한다. 전기제동은 회생제동(Regenerative brake)이 우선 작동하고 회생제동의 조건이 충족되지 않을 때 저항제동(Rheostatic brake)으로 전환된다.

BBCU(제동혼합제어유닛, Brake Blending Control Unit)는 제어간의 지령값, 제동간의 지령값을 입력받아 모터블록에 전기제동지령 신호를 보내고, 모터블록의 전기제동지령값을 수신하여 전기제동으로 달성된 만큼 ECU에 공기제동감쇄지령을 내린다.

② 공기제동(마찰제동) : 공기제동지령이 있을 때 제동지령이 요구하는 제동력에 전기제동만으로 부족할 때 공기제동이 작용한다.

공기제동장치는 제동통에 공급된 압력공기의 힘을 레버기구를 통하여 적당한 크기로 증대시켜 제륜자를 차륜 또는 차축에 설치된 제동디스크에 마찰을 일으켜 차량을 감속 또는 정지시키는 접촉제동이다. 제동력은 차륜과 레일간은 점착계수에 의해 제한된다. KTX-산천에서는 동력대차에 답면제동, 객차대차에 디스크제동을 채택하였다.

(3) 사용방식별 구분

① 상용제동(Service brake) : 감속 또는 정차의 목적으로 통상적으로 사용하는 제동으로 제동 블렌딩을 거쳐 최적의 제동지령이 각 제동장치에 분배된다. 상용제동 체결에는 제동력 변화를 줄이기 위하여 응하중 제어기능, 승차감 향상을 위하여 저크 제어기능이 작동한다.

② 비상제동(Emergency brake) : 최단제동거리를 확보하기 위하여 사용하는 제동으로 제동간, 비상제동단추 등 운전제어 및 주컴퓨터(CCU)의 판정, 신호통제(ATC, ATP, ATS), 운전경계장치(Vigilance control), 열차방호장치, 주공기압력저하, 열차분리, 주행 중 승강문 개방, 제동제어회로차단 등의 비상조건에서 체결된다. 상용제동보다 감속도가 높아 제동거리가 짧으며, 상용제동과 마찬가지로 응하중 제어기능을 하고 전기제동과 공기제동 방식을 모두 사용한다.

③ 주차제동(Parking brake) : 열차를 장시간 정지상태로 유지할 때 자동으로 정차 유지를 하는 공기제동방식이다. 제동체결용 압축공기가 서서히 배기되면 주차제동장치의 스프링 힘에 의한 제동이 체결된다. 제동력은 W2 하중조건으로 운행선로 어느 위치에서나 주차가 가능하다. 주차제동장치는 제동용 공기를 충기하여 완해하거나 수동으로도 완해가 가능하다.

④ 구원제동(Rescue brake) : 열차구원운전이 필요한 상황에서 동일 차종 및 제동관을 갖춘 차종과의 구원운전도 구원제동유닛 내에 제동관 압력을 전기제동지령으로 변환하는 기능이 있어서 가능하다.

단원 핵심정리 한눈에 보기

[1] KTX

(1) 팬터그래프(PT – 01)

AC 25kV의 전차선 전원을 차량으로 받아들이는 집전장치로 전차선 높이는 고속선 5.08m, 일반선 5.20m이다. 고속선에서는 상승 높이를 제한하는 장치가 있다.

(2) 주회로차단기(VCB – 01)

주회로차단기는 팬터그래프와 주변압기 1차 권선 사이에 흐르는 전차선 전원을 제어하는 고압회로차단기이다.

(3) 주변압기

AC 25kV/60Hz 단상전원을 2차측 모터블록 3개에 AC 1,800V 6개의 견인권선과 보조블록 1개에 AC 1,100V 1개의 보조권선에서 변압하여 차량에 전원을 공급하는 장치이다.

(4) 모터블록

주변압기 견인권선으로 공급되는 교류전원을 견인특성에 맞도록 변환·정류하여 2개의 견인전동기에 전력을 공급하는 장치로 역률개선장치·컨버터·평활리액터·인버터로 구성된다.

(5) 견인전동기

출력은 1,130kW, 최고회전속도는 4,000rpm이며 편성당 12개의 전동기가 설치되어 총 13,560kW(18,177HP)의 출력을 낸다.

(6) 보조블록

보조블록(보조전원공급장치)은 주변압기 2차 보조권선으로부터 AC 1,100V를 공급받아 보조회로 전원인 DC 570V 정전압을 만들어 여자초퍼(견인전동기 계자전류), 동력차인버터(공기압축기, 주변압기·모터블록·보조블록·견인전동기 냉각송풍기), 객차인버터(객차 공기조화기·주변압기 오일펌프·객차용 변압기), 축전지충전기(축전지 충전·조명·제어전원·컴퓨터전원) 및 난방기의 전원으로 공급한다.

(7) ATESS

ATESS랙은 크게 속도처리컴퓨터, 기록계, 열차속도제한장치, 운전경계장치 등 4부분으로 이루어져 있다.

(8) TVM430(ATC) 주기능은 정보전송 및 표시와 열차속도 제어이며, 기존선에서는 ATS, 고속선에서는 TVM430을 사용한다.

(9) 차상컴퓨터(OBCS)의 기능

- 열차상태 파악 및 열차지령, 제어를 위한 열차지령 제어기능
- 운전지원 및 고장조치안내지원
- 유지보수요원을 위한 고장수리진단 정보 제공
- 승무원 열차운행준비지원 및 데이터 무선전송 인터페이스 제공(원격제어기능, 서비스 유지기능)
- 여객편의설비 기능 감시 및 승무원에게 고장사항 문자 현시

(10) KTX 차상컴퓨터 주변장치의 종류

- 운전지원안내기(TECA)
- 승객정보표시장치(PID)
- 고장간이표시장치(FDTR)
- 무선데이터전송장치(MTD)
- 공기조화조절장치(EL-CD-01)
- 유지보수용 노트북
- 활주방지제어장치(MO-AE-TR-01)
- 속도처리장치(Tachometer system)
- 고장조치안내(GA) 및 역명 파일 입력터미널

(11) 동력대차

동력대차의 고정축거는 3m, 최대축중은 17t이다.
견인전동기의 회전력은 전동기 → 모터감속기 → 트리포드 → 차축기어감속기 → 차륜으로 전달된다.

(12) 살사장치

1번 대차 A축, 3번 대차 B축, 21번 대차 B축, 23번 대차 A축에는 살사장치가 설치되어 있다.

(13) 대차불안정검지기

모든 대차에는 1개의 대차불안정검지기가 설치되어 270km/h 이상에서 대차의 횡방향의 가속도가 0.8g 이상으로 1.5초가 되면 대차불안정검지를 시작한다.

(14) 객차대차

객차대차의 고정축거는 3m이고 최대축중은 17t이며, 객차대차 간 중심거리는 18.7m이다.

(15) 갱웨이링

객차 사이에 위치하여 차량의 연결기능과 여객의 통로를 제공하는 연결장치를 갱웨이링(Gangway ring)이라고 하며 고정링, 운반링, 원추형 탄성쿠션, 연결용 킹핀으로 구성되어 있다.

(16) 객실 출입문

핸들스위치 동작 시 6초, 누름단추 동작 시 3분간 열림

(17) 승강문

운전실 및 1, 9, 10, 18번 객차의 개폐스위치에서 총괄제어가 가능하다.

(18) 공기제동장치

KTX는 전기제동과 공기제동장치가 있으며, 제동력은 대략 디스크제동 70%, 전기제동 20%, 답면제동 10% 정도이다.

비상제동 정차거리		상용제동 감속거리	
300 → 0km/h	3,300m	300 → 0km/h	6,600m
200 → 0km/h	1,600m	–	–

(19) 회생제동 시 컨버터와 인버터의 역할

- 컨버터 : 직류를 교류로 변환
- 인버터 : 교류를 직류로 변환

[2] KTX-산천

(1) 견인전동기

KTX-산천 견인전동기는 VVVF 인버터가 제어하는 유도전동기로 출력은 1,100kW이며 최고회전수는 4,100rpm이다.

(2) 보조블록(보조전력 변환장치)

보조블록은 주변압기 3차 권선에서 AC 380V를 공급받아 보조회로 전원인 DC 670V 정전압을 만들어 객차에 공급한다.

(3) 열차진단제어장치(TDCS)

2개의 모니터와 무선송수신장치가 설치되어 있으며, 동력차 배전반의 2대의 열차제어진단컴퓨터와 연결되어 열차의 주요 장치를 제어·감시한다.

(4) 제동장치

KTX-산천의 제동은 작용방식에 따라 전기제동(회생제동·저항제동)과 공기제동(답면제동·디스크제동)으로 구분하고, 사용방식에 따라 상용제동, 비상제동, 주차제동, 구원제동으로 구분한다.

기출 · 예상문제

01 KTX 고압회로 구성으로 틀린 것은?

① 편성당 8대의 견인전동기를 구동하기 위해 4개의 모터블록이 설치되어 있다.

② 편성당 6대의 동력차 충전기가 설치되어 DC 72V 제어전원을 공급하고, 동력차 배터리를 충전한다.

③ 편성당 4대의 객차인버터가 설치되어 모터에 AC 440V를 공급한다.

④ 편성당 4대의 객차충전기가 설치되어 DC 72V 제어전원을 공급하고, 객차 배터리를 충전한다.

해설 모디블록 6대가 설치되어 12대의 견인전동기를 구동한다.

02 산천 보조블록 설명으로 맞는 것은?

① 편성당 2대의 보조블록이 설치되어 AC 440V를 모터에 공급한다.

② 한 대의 보조블록은 2개의 그룹으로 설치되어 하부장치에 병렬로 보조전원을 공급한다.

③ 보조블록 내부에 보조인버터가 2개 설치되어 주공기 압축기 및 MTF 송풍기, 오일펌프에 전원을 공급한다.

④ PC1 보조블록 고장발생 시 연장급전 접촉기가 동작하여 PC2 보조블록에서 보조전원을 공급한다.

해설 산천 보조블록은 DC 670V 정전압을 만들어 동력차인버터, 객차인버터, 축전지충전기, 난방전원으로 공급한다.

03 고속차량의 가선전압 25kV 수전장치에 해당되지 않는 것은?

① 팬터그래프   ② MCB

③ 계기용 변압기   ④ 견인전동기

해설 고속차량은 전차선 전압 AC 25kV를 팬터그래프에서 수전하여 계기용 변압기에서 센싱하여 운전실에 현시하며, MCB를 통하여 주변압기 1차 권선으로 유입된다.

04 산천 25kV 라인 고장 검지로 MCB가 차단되는 고장이 아닌 것은?

① 객차인버터 차단 검지 시

② 동력차 열검지 동작 시

③ 주변압기 방압변 동작 시

④ PT 결함 검지 시

해설 객차인버터 차단 시에는 MCB는 차단되지 않는다.

05 고속차량 주변압기 설명으로 맞는 것은?

① KTX 주변압기는 편성당 1대가 설치되어 차량에 필요한 전원을 변압하여 공급함

② KTX 주변압기는 방압변이 설치되어 내부압력의 급격한 상승이 발생할 경우 오일을 배출시켜 압력을 감소함

③ KTX 주변압기 1대에 3개의 온도센서가 설치되어 송풍기 제어 및 과온 발생 시 모터블록을 차단함

④ 산천 주변압기는 2개의 송풍기가 설치되어 모터블록을 냉각함

정답 01. ①   02. ②   03. ④   04. ①   05. ②

06 KTX 격자저항 설명으로 틀린 것은?

① 저항제동 시 견인전동기에서 발생된 전기에너지를 열에너지로 발생시켜 제동력을 발생

② ZB-BK-01은 0.6Ω의 저항기 6개가 직렬로 연결되어 3.6Ω의 저항을 가짐

③ ZB-BK-02는 3개의 저항기가 직렬로 연결되어 있으며 1개의 저항기 내부에 0.6Ω의 저항이 병렬로 연결되어 0.9Ω의 저항을 가짐

④ 절연구간에서 견인전동기에 전원을 공급

해설 저항제동 시 격자저항에서 모터블록 송풍인버터로 전원을 공급한다.

07 KTX 보조블록에서 생성된 DC 570V의 전원공급처로 틀린 것은?

① 객차인버터   ② 객차충전기
③ 주변압기   ④ 보조인버터

08 KTX DC 570V 연장급전 조건으로 틀린 것은?

① 동력차 1, 2 중 하나의 동력차 보조블록에서 DC 570V가 검출될 것

② 동력차 1, 2 모두 VCB가 개방되어 있을 것

③ 동력차 1, 2 중 하나의 동력차에서 보조블록 차단계전기가 차단위치에 있을 것

④ 주공기압력이 없을 것

09 산천 보조인버터에서 전원을 공급하는 장치가 아닌 것은?

① 주공기압축기   ② 주변압기 송풍기
③ 동력차충전기   ④ 오일펌프

해설 동력차충전기는 산천 보조블록에서 전원을 공급받는다.

10 KTX-산천 차량에 사용되는 주변압기 2차 권선 전압으로 맞는 것은?

① AC 25,000V   ② AC 1,400V
③ AC 1,800V   ④ AC 383V

11 KTX-산천 차량 견인전동기 형식으로 맞는 것은?

① 직류 직권전동기
② 분권전동기
③ 동기전동기
④ 유도전동기

해설 KTX는 동기전동기를 사용하고, KTX-산천은 유도전동기를 사용한다.

12 KTX-산천 차량의 동력전달장치의 전체 감속비로 맞는 것은?

① 1.89   ② 1.159
③ 2.19   ④ 2.39

13 고속차량에 사용되는 전력용 반도체 소자 중에서 전압범위가 3,300V이고 가장 일반적으로 사용되는 소자는?

① GTO   ② IGBT
③ SCR   ④ DIODE

해설 IGBT는 전압범위가 3,300V이며, 스위칭 속도가 고속으로 가장 일반적으로 사용하는 소자이다.

14 교류전동기의 전류를 자속을 발생하는 여자전류 성분과 토크전류 성분으로 분해하여 각각 독립적으로 제어하는 방식으로 맞는 것은?

① 전압제어   ② 주파수제어
③ 벡터제어   ④ PWM 제어

정답 06. ④ 07. ③ 08. ④ 09. ③ 10. ② 11. ④ 12. ③ 13. ② 14. ③

15 KTX-산천 차량 주전력변환장치 컨버터 기동 시 최초로 동작하여 콘덴서 전압을 1,500V 이상으로 충전시키는 접촉기는?

① K-AK-01 ② K-MK-01

③ K-MK-02 ④ K-AUX-VT-01

해설 K-AK-01 접촉기가 닫히면 저항을 거쳐 1,500V까지 예비충전된다.

16 철도차량에서 차량무게 및 부하를 지지하고 선로를 추종하는 장치로 맞는 것은?

① 대차 ② 차축

③ 윤축 ④ 차륜

17 KTX-산천 차량에서 모터감속기와 차축감속기 사이에서 동력을 전달하는 장치는 무엇인가?

① 견인전동기

② 고압회로차단기

③ 주전력변환장치

④ 트리포드

해설 동력전달 순서

견인전동기 → 모터감속기 → 트리포드 → 차축감속기 → 차축 → 차륜

18 KTX 동력전달 순서로 옳은 것은?

① 견인전동기 → 모터감속기 → 트리포드 → 차축감속기 → 차축 → 차륜

② 견인전동기 → 차축감속기 → 트리포드 → 모터감속기 → 차축 → 차륜

③ 견인전동기 → 차축감속기 → 트리포드 → 모터감속기 → 차륜 → 차축

④ 견인전동기 → 모터감속기 → 트리포드 → 차축감속기 → 차륜 → 차축

19 KTX 감속기의 총 감속비는?

① 2.19

② 3.14

③ 4.14

④ 5.17

20 구조체(차체)의 구성품이 아닌 것은?

① Truck frame

② Roof frame

③ End frame

④ Side frame

해설 구조체 구성품은 Under frame, Roof frame, End frame, Side frame으로 구성되어 있다.

21 KTX 고속철도차량의 축중(ton)제한은?

① 15 ② 16

③ 17 ④ 18

해설 고속철도차량 하나의 축이 감당할 수 있는 중량은 17톤이다.

22 KTX 고속차량 1개 편성은 몇 량으로 구성되었는가?

① 8 ② 10

③ 12 ④ 20

23 다음 중 고속차량에 대한 설명으로 틀린 것은?

① KTX 차량의 동력대차는 관절구조이다.

② 고속차량은 일반선 운행도 가능하다.

③ KTX-산천 차량은 국내에서 만들었다.

④ 고속차량 내부는 터널 진입 시 기밀유지가 보장된다.

정답 15. ① 16. ③ 17. ④ 18. ① 19. ① 20. ① 21. ③ 22. ④ 23. ①

24 철도차량용 견인전동기의 요구조건을 설명한 것이다. 거리가 먼 것은?

① 기동 및 구배에서 큰 견인력을 얻을 수 있을 것
② 넓은 속도범위에서 고효율로 사용이 가능할 것
③ 전원전압의 급변에 대하여 안정될 것
④ 병렬운전 시 부하의 불균형이 많을 것

25 열차에 설치되어 지상의 Euro balise를 구동하기 위한 전력파를 생성하여 안테나로 송신과 수신을 하는 장치는 무엇인가?

① BTM ② ATM
③ CTM ④ FTM

26 세이프셋이 장착된 트리포드는?

① 페이스형 ② 그랜저형
③ 밸런스형 ④ 보이스형

해설 세이프셋이 장착된 트리포드는 독일 보이스 사의 트리포드이다.

27 다음 중 연속정보와 불연속정보를 TVM 안테나를 통하여 송수신하는 신호장치는?

① ATP ② ATC
③ ATS ④ ATO

해설 ATC는 연속정보와 불연속정보를 이용하여 차량을 제어한다.

28 공기제동시스템에서 기관사의 취급방법에 의해 분류할 때 나머지 셋과 다른 것은?

① 저항제동 ② 주차제동
③ 상용제동 ④ 긴급제동

해설 전기제동시스템은 회생제동과 저항제동(발전제동)이 있다.

29 다음 중 KTX 주변압기 설명이 아닌 것은 어느 것인가?

① 모터블록 AC 1,800V 전원공급
② 보조블록 AC 1,100V 전원공급
③ 주변압기 1차측 AC 25,000V 전원 입력
④ 냉방전원 공급을 위한 DC 570V를 AC 440V로 변환

30 다음 예시에서 설명하는 용어로 적합한 것은?

> 비행기의 블랙박스와 같은 역할을 하는 속도 및 사건기록장치를 보유하며, 전부와 후부 동력차에 설치되었다.

① TCS
② OBCS
③ RECORD
④ ATESS

31 고속차량에 적용된 화장실의 오물처리장치에 대한 설명 중 틀린 것은?

① 고속차량의 오물처리장치는 저장식으로 운행 중 누설되지 않는다.
② KTX 차량의 오물처리장치는 개폐식이다.
③ KTX-산천 차량의 오물처리장치는 진공식이다.
④ KTX 차량이나 KTX-산천 차량 모두 기지의 오물배출시스템에 적합하도록 제작되었다.

정답 24. ④ 25. ① 26. ④ 27. ② 28. ① 29. ④ 30. ④ 31. ②

32 고속차량 제원에서 성능에 대한 설명이다. 타당하지 않은 것은?

① KTX와 KTX-산천의 영업최고속도는 300km/h이다.
② KTX와 KTX-산천의 설계최고속도는 330km/h이다.
③ KTX와 KTX-산천은 중련제어가 가능하다.
④ KTX와 KTX-산천의 비상제동거리는 3,300m이다.

해설 KTX와 KTX-산천은 제어방식이 다르고, 정거장의 길이와 중련 시 차량길이가 맞지 않아 중련운전을 할 수 없다.

33 고속차량 객실출입문시스템에 대한 설명 중 맞지 않는 것은?

① KTX-산천 차량의 객실출입문은 공압시스템에 의하여 작동된다.
② KTX 차량의 객실출입문은 닫힘 중일 경우에도 핸들조작 또는 장애물 감지에 의해 자동으로 다시 열린다.
③ KTX 차량의 객실출입문은 공압시스템에 의하여 작동된다.
④ KTX-산천 차량 객실출입문의 경우 아래쪽에 센서를 설치하여 장애물이 있을 경우 열림상태를 유지할 수 있도록 하였다.

34 고속차량 객실설비에 관한 설명이다. 맞지 않는 설명은?

① 산천의 객실의자는 전객실 수동회전 리크라이닝 방식이다.
② KTX의 객실의자는 전객실 고정식이다.
③ 산천의 화장실은 진공식이다.
④ KTX 차량의 객실모니터는 LCD 형태이다.

35 객차용 차축 표면에 코팅되는 충격보호재는 무엇인가?

① 아세톤
② 아스콘
③ 테로텍스
④ 필라테스

해설 장애물에 의해 차축이 절손되는 것을 방지하기 위해 객차용 차축 표면에 충격보호재인 테로텍스로 코팅하였다.

36 객차용 차축의 차축당 최대부담하중으로 맞는 것은?

① 17톤   ② 20톤
③ 21톤   ④ 24톤

해설 객차용 차축은 차축당 최대부담하중이 17톤을 초과하지 않도록 중공축으로 설계 및 제작하였다.

37 KTX-산천 견인전동기의 냉각방식으로 맞는 것은?

① 자연냉각방식
② 강제공냉식
③ 수냉식
④ 자기통풍식

38 KTX 객차대차는 몇 개의 제동 유닛으로 구성되어 있는가?

① 3개
② 5개
③ 8개
④ 10개

해설 KTX 객차대차는 8개의 제동디스크에 작용하는 8개의 제동 유닛으로 구성되어 있다.

정답 32. ③ 33. ① 34. ② 35. ③ 36. ① 37. ② 38. ③

MEMO

CHAPTER

02

객화차량

객화차량

01 객화차량 일반

1 객화차량의 정의

(1) 객화차량이란 철도의 여객과 화물을 적재하고 선로 위를 운전하여 이것을 목적지까지 안전하고 신속·정확하게 수송하기 위하여 사용하는 운반차량으로 견인동력이 없는 객차 및 화차의 총칭을 말한다.

(2) 원동기 및 총괄 제어장치를 가지지 않는 차량으로 기관차로 견인되는 객차 및 화차를 일컫는다.

2 객화차의 구성

① 주행장치 : 선로 위를 고속 주행할 수 있는 차륜, 차축을 포함한 장치
② 제동장치 : 열차를 계획된 속도로 운전하여 안전하고 확실하게 정지시킬 수 있는 장치
③ 연결완충장치 : 차량을 연결하여 견인할 수 있는 장치와 운전충격을 완화할 수 있는 장치
④ 차체설비 : 차체골조와 차내설비로서 안락하고 쾌적한 여행이 되도록 하는 각종 차내설비 장치

3 차량한계

차량을 운행 중 국유철도건설규칙에 의해 건조된 구조물에 접촉되지 않도록 차량의 단면, 즉 폭과 높이에 대하여 제한한 것을 말한다.

> **건축한계**
>
> 궤조면상의 중심에서 건축한계의 내부, 즉 안쪽으로는 어떠한 구조물도 열차의 안전운행상 설치할 수 없도록 국유철도건설규칙에 제정되어 있는 한계

4 고정축거, 전륜축거

① 고정축거 : 한 대차의 최전부 차축과 최후부 차축의 중심 수평거리로서, 4.75m 이내로 제한한다(차량의 곡선 통과를 원활하게 하기 위함).

② **전륜축거** : 한 차량의 전후 양단에 있는 차축의 중심 수평거리를 말한다.

③ **대차 중심 간 거리** : 한 차량의 전후 대차의 중심 수평거리

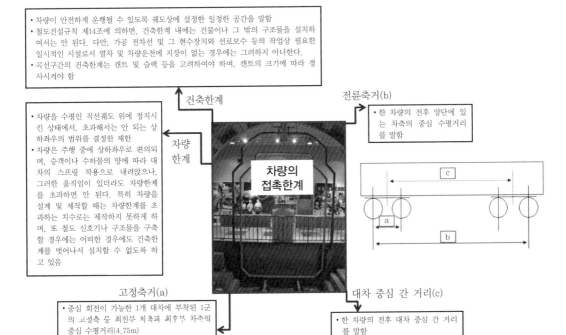

▌한계 관련 용어 정의▌

5 편의

(1) 정의

차량의 길이가 긴 차량이 반경이 작은 곡선을 통과할 때 궤도의 중심선과 차량의 중심선이 일치되지 않고 차체의 중앙부는 곡선의 안쪽으로, 양단부는 곡선의 바깥쪽으로 벗어나는 현상이다.

(2) 편의 발생원인

① 양측 볼스터 스프링이 균등히 탄약되지 못한 경우

② 양측 축스프링이 균등히 탄약되지 못한 경우

③ 적재물의 중량이 균등히 적재되지 못한 경우에 발생

(3) 종류

① 수평편의

㉠ 중앙부 편의 : $d_1 = \dfrac{l_1^{\,2}}{8R}$

ⓛ 양끝단 편의 : $d_2 = \dfrac{4l_2(l_1+l_2)}{8R} = \dfrac{l_2(l_1+l_2)}{2R}$

② 세로편의

$$Y = \dfrac{m+n}{R}$$

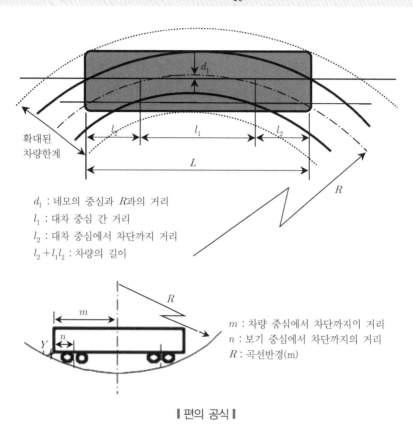

d_1 : 네모의 중심과 R과의 거리
l_1 : 대차 중심 간 거리
l_2 : 대차 중심에서 차단까지 거리
$l_2 + l_1 l_2$: 차량의 길이

m : 차량 중심에서 차단까지이 거리
n : 보기 중심에서 차단까지의 거리
R : 곡선반경(m)

┃ 편의 공식 ┃

▇▇ 6 차중률 등

① 차중률

 ㉠ 차량의 무게에 대한 비율을 말하며, 객차와 화차 공차 시와 영차 시의 차량 무게를 실제 중량에 가깝도록 산출하여 열차의 견인정수를 결정하는 요소가 된다.

 ㉡ 열차의 견인정수를 결정하기 위하여 차량의 중량을 환산법에 의하여 정하는 것

② 환산 : 차량의 무게에 대한 비율을 말하며, 객차와 화차 공차 시와 영차 시 차량 무게를 실제 중량에 가깝도록 산출하여 기관차의 견인력을 계산하기 위함이 목적이다.

③ 자중 : 차량 자체의 무게, 즉 공차 시의 중량

④ 하중 : 차량에 적재할 수 있는 안전한 무게, 즉 차축의 표준 부담력을 초과하지 않는 중량

⑤ 공차 : 하중을 부담시키지 않은 차량

⑥ 영차 : 화물을 적재한 차량

환산 산출방법

(1) 객차 : 환산 1량을 40ton으로 함

- 공차 시 $= \dfrac{\text{객차의 자중}}{40}$ (소수점 두 자리에서 반올림 표기)

- 만차 시 $= \dfrac{\text{객차의 자중} + \text{하중}}{40}$ (소수점 두 자리에서 반올림 표기)

(2) 화차 : 환산 1량을 43.5ton으로 함

- 공차 시 $= \dfrac{\text{화차의 자중}}{43.5}$ (소수점 두 자리에서 반올림 표기)

- 만차 시 $= \dfrac{\text{화차의 자중} + \text{하중}}{43.5}$ (소수점 두 자리에서 반올림 표기)

7 차장률

차장률은 차량의 길이에 대한 비율로, 열차의 안전운행상 정차장의 유효장과 관계가 있다. 차장률을 계산이라 하며, 객화차에 표기는 계산 0.0으로 표기하고 차장률 1량에 대해 광궤선은 14m, 협궤선은 5.5m를 계산 1로 하며, 계산할 때 소수점 두 자리에서 반올림하여 표기한다.

> **예제**
>
> **화차의 길이가 18m인 경우 차장률은?**
>
> [풀이] 차장률 1량의 광궤선은 14m
>
> $$\dfrac{18}{14} = 1.2857$$
>
> 소수 둘째자리에서 반올림하여 차장률은 1.3이다.

02 주행장치

1 개요

(1) 정의

차량의 주행장치는 안전운행상 가장 중요한 부분으로 차륜, 차축, 베어링, 볼스터, 볼스터스프링 및 사이드 프레임 등으로 이루어지며 대차(Bogie)라고도 부른다.

(2) 대차의 역할

① 센터 플레이트(Center plate)와 사이드 베어러(Side bearer)에 의하여 차체의 하중을 담당한다.

② 차체 하중을 각 차축에 균등하게 분담한다.

③ 스프링장치에 의하여 상하좌우 방향의 진동충격을 완화·흡수한다.

④ 센터 플레이트로서 대차와 차체의 회전을 용이하게 하여 곡선 통과를 무리없이 주행할 수 있게 한다.

▊2 객차용 대차

(1) 풀맨 대차

객차용 대차 중에서 가장 구형 대차로서 일부 비상차에 사용된다.

(2) 축스프링 대차

① 축상 위에 축스프링을 장치하고, 축스프링 양쪽에 보조 축스프링으로 축스프링을 보조한다.

② 볼스터스프링은 판스프링을 사용하고, 보조 축스프링은 코일스프링을 사용한다.

③ 롤러베어링을 처음 사용한 대차이다.

(3) 프레스강 용접구조형 대차

① 일반객차용

㉠ 코일스프링과 오일댐퍼를 사용하여 자중을 감소

㉡ 압연강판을 용접하여 경량화

㉢ 답면 브레이크용 객차에 사용, 최고허용속도는 120km/h임

㉣ 현재 통일호 객차에 주로 사용

② 준고속객차용(NT21대차＝HHDT 대차)

㉠ 150km/h의 고속주행이 가능하도록 설계

㉡ 축상지지 방법은 전후좌우에 탄성지지의 원통 안내식

㉢ 제동장치는 디스크 브레이크를 사용

• 1차 현수장치 : 원통 코일스프링 사용

• 2차 현수장치 : 원통 코일스프링 사용

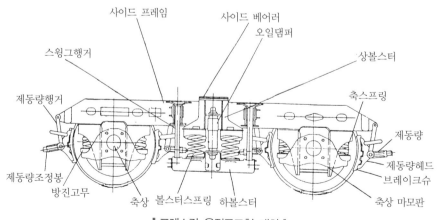

▌프레스강 용접구조형 대차▐

(4) 준고속객차용 대차

① 세브론 대차(CADT형)

ㄱ 원통 안내식 코일스프링 대신 세브론 고무스프링 사용

ㄴ 볼스터 코일스프링 대신 공기스프링 사용

ㄷ 차체 롤링을 방지하기 위하여 안티롤바 설치

ㄹ 레벨링 밸브를 설치하여 차체 높이를 일정하게 유지

ㅁ 1차 현수장치(축상지지) : 세브론 고무스프링

2차 현수장치(차체지지) : 공기스프링(Air bag) – 수직하중 부담

② 만 대차(Mann 대차, HADT형)

ㄱ 새마을호 및 구형 유선형 무궁화호 일부에 장착되어 있다.

ㄴ 최고주행속도 150km/h의 고속열차에 적합한 볼스터가 없는 대차로서 차량 경량화를 기하하였다.

ㄷ 1차 스프링 : 원통형 코일스프링 사용, 2차 스프링 : 공기스프링 사용

🔧 레벨링 밸브(자동 높이 조정변)

승객 하중변화 및 차량운행 시 선로조건에 따라 에어백으로 가는 공기의 흐름을 조정하여 차체 높이를 항상 일정하게 유지시켜 주는 역할을 한다.

※ 완해변(보정밸브) : 양쪽 에어백 상호 압력을 균등하게 유지·조정한다.

┃ 만 대차의 외형 ┃

ㄹ 볼스터가 없고 대차 프레임은 사이드 프레임과 횡량 1개로 구성되어 있다.

ㅁ 센터피봇과 오일댐퍼로 진동을 억제한다.

ㅂ 축상지지부에 코일스프링 및 판스프링에 의한 안내방식을 채용하여 고속주행 안정성 및 탈선 등 안전사고에 대비하여 설계되었다.

ㅅ 센터핀과 사이드 베어러 등에 있어서 마모부분이 없기 때문에 소음이 적어 쾌적한 승차감을 얻을 수 있다.

③ 쏘시미 대차(RADT형)

ㄱ 구형 유선형 무궁화호의 일부에 장착되어 있다.

ㄴ 최고주행속도 150km/h의 고속열차에 적합하도록 설계되었다.

ㄷ 1차 스프링 : 원추형 고무스프링 사용, 2차 스프링 : 공기스프링 사용

ㄹ 볼스터를 사용하고, 사이드 베어러를 설치하였다.

ㅁ 롤링을 방지하기 위해 토션바가 설치되었다.

④ 아세아 대차(CHDT형)

ㄱ 새마을호 및 구형 무궁화호 유선형 객차에 장착되어 있다.

ㄴ 최고주행속도 150km/h의 고속열차에 적합하도록 설계되었다.

ㄷ 1차 스프링 : 세브론 고무스프링 사용, 2차 스프링 : 원통형 코일스프링 사용

ㄹ 팬들럼링크 : 하중전달 및 연결을 위하여 대차 프레임과 볼스터 사이에 설치(4개)

ㅁ 견인로드 : 견인 및 제동을 위하여 요크와 볼스터 사이에 설치

ㅂ 센터피봇 : 견인력 전달 및 대차 회전성을 부여하기 위하여 설치

ㅅ 대차 특성 : 양호한 주행성능, 낮은 진동소음 수준, 차륜마모의 감소, 보수유지의 용이

▌아세아 대차의 외형 ▌

⑤ KT23형 대차(KNR truck 2,300mm)

ㄱ 최고주행속도 150km/h의 고속주행에 적합하도록 설계된 볼스터레스 대차

ㄴ 1차 스프링 : 세브론 고무스프링, 1차 수직 오일댐퍼 사용

2차 스프링 : 공기스프링, 수직 오일댐퍼 사용

ㄷ 축간거리가 2,300mm로서 주행 안정성 부여

ㄹ 볼스터레스 대차로서 프레임은 H형의 용접구조용 강판이고, 센터피봇은 수직하중이 작용하지 않고 피봇 역할만 함

▌KT23형 대차의 외형 ▌

3 화차용 대차

(1) BARBER S-2 대차

최근 신조되는 모든 화차에 사용되고 있으며 고속주행 시 마찰 감쇄성능이 대단히 우수하고, 대차 레버비가 6으로 제동력에서도 우수한 효과를 나타낸 대차이다.

AAR 규격용 대차이며 미국, 일본 등 세계 여러 나라에서 사용되고 있으며 우리나라에서도 가장 많이 사용되고 있다. 경사형 바버 대차는 C-1 대차를 바버 대차로 개조하는 데 주로 적용되며 레버비는 4이다.

(2) NATIONAL C-1 대차

바버 S-2 대차 이전 50톤용 화차 대차로 많이 쓰였고, 현재 KNR 화차에도 많이 적용되었으며, 속도에서는 최고속도 100km/h까지 인정되지만 마찰 감쇄력에서 바버 S-2 대차보다 떨어지며 대차 레버비는 4이다.

최근 C-1 대차를 바버 대차로 많이 개조하고 있으며, 개조 차량은 컨테이너 화차이다.

(3) 용접구조 대차(고속화차 대차)

120km/h의 고속주행에 적합하도록 볼스터, 사이드 프레임 등을 용접구조 일체형으로 제작된 대차로 UIC 화차 대차인 Y25형을 개량한 대차이다. 구면형 센터피봇장치, 스프링 마찰 접촉식 사이드 베어러 등을 사용하여 주행 안정성을 증대시킨 용접구조형 대차이다.

❚ 용접구조형 대차 ❚

4 차륜(Wheel)

일체형 차륜의 구성은 타이어림, 주름형 디스크, 허브로 되어 있다.

① 답면구배 : 곡선 통과를 원활히 하고 직선상에서 사행동 방지
② 차륜직경
  ㉠ 기본 860mm, 차륜 폭은 140mm, 플랜지 높이 25mm, 플랜지 두께 34mm를 원형으로 한다.
  ㉡ 직경상 한도 : 객차 – 776mm, 화차 – 768mm
③ 플랜지 설치목적 : 진행방향 유도 및 횡압에 의한 탈선방지

51

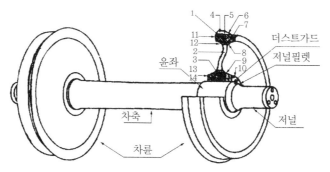

1. Rim	6. Tread	11. Back rim face
2. Plate	7. Front rim face	12. Back rim filet
3. Hub	8. Front rim filet	13. Back hub filet
4. Flange	9. Front hub filet	14. Back hub face
5. Flange throat	10. Front hub face	

┃ 일체차륜 차축의 각부 명칭 ┃

 객차에서 사용되는 차륜의 직경 원형은 860mm이다. 최소 몇 mm까지 사용할 수 있는가?

[풀이] 776mm

5 차축(Axle)

① 하나의 차축이 부담할 수 있는 정하중으로 우리나라에서 사용하고 있는 차축은 A~F 축까지 6가지 종류가 있다.

② 표준 부담력 : 정하중 상태에서 안전율을 고려한 설계하중

③ 최대부담하중 : 어떠한 운용상태에서도 최대 부담력을 초과하지 못하도록 하는 것을 말하며, 보통 표준 부담력의 10%를 허용한다.

④ 차축 표준 부담력의 산출방법

$$\frac{자중 + 하중 - 윤축 중량}{축수} \leq 차축의\ 표준\ 부담력$$

⑤ 축종별 표준 부담력

축 종	저널 직경	표준 부담력	용도별 차종
A	96mm	6,800kg	협궤 객화차
B	110mm	10,880kg	일반객차, 30톤 화차
C	127mm	14,520kg	준고속객차, 40톤 화차
D	140mm	18,140kg	준고속발전차, 50톤 화차
E	152mm	22,680kg	특수화차
F	165mm	27,220kg	특수화차

6 축상(Axle box)

축을 감싸고 있으며 하중을 차축에 전달해주는 역할을 한다.

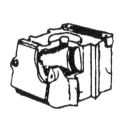

┃ 평베어링 박스 ┃

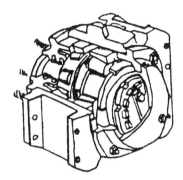

┃ 구름베어링 박스 ┃

(1) 축상의 구조

① 차축베어링 종류에 따라 평베어링 축상과 롤러베어링 축상으로 구분한다.

② 저널과 베어링을 보호하고 대차에 고정하여 차체 하중을 받는다.

③ 축상 공간에 평축은 급유패드를 하부에 넣고 급유하고, 베어링축은 그리스를 충진한다.

(2) 축상의 구비조건

① 기름 또는 그리스 급유구를 완전히 저장할 것

② 외부에서 불순물 침입이나 윤활제 유출이 없을 것

③ 구조가 간단하고 충분한 강도를 가질 것

④ 보수와 취급이 용이할 것

⑤ 차체와 윤축과의 관계를 유지할 것

⑥ 하중의 분포를 저널에 균등하게 전달할 것

⑦ 점검은 그리스의 변질, 유화, 이물질 특히 금속분의 혼입 여부 확인

7 베어링

(1) 철도차량 차축에 사용하는 베어링

평베어링, 볼베어링, 롤러베어링으로 분류된다.

(2) 베어링의 설치목적

주행저항 마찰을 가급적 적게 하여 마찰열을 적게 발생시켜 주행하기 위하여 차축의 저널부에 설치한다.

(3) 평베어링

구형 객화차에 사용했으나, 현재는 볼과 롤러베어링을 조합하여 사용한다.

(4) 롤러베어링

① 특징

 ㉠ 마찰저항이 평베어링에 비하여 대단히 적으며 열차의 주행저항(1/2)이 적고, 특히 출발 저항(1/5)이 아주 적다.

 ㉡ 베어링의 윤활제는 그리스를 사용한다.

 ㉢ 차축발열과 같은 베어링의 고장 발생 시 재사용이 거의 불가능하다.

② 롤러베어링 축상의 장점

 ㉠ 시발저항이 적다.

 ㉡ 윤활유가 절약된다.

 ㉢ 차축발열 고장이 적다.

 ㉣ 보수검사에 대한 노력이 절약된다.

③ 원추형 롤러베어링

 ㉠ 수직과 수평방향의 하중을 동시에 받을 수 있다(스러스트베어링 불필요).

 ㉡ 횡방향의 유간이 거의 없어 고속운전이 불가능하다.

④ 구면형 롤러베어링

 ㉠ 롤러가 구면형으로 내륜의 중간턱으로 분리된 이중회로를 가진 복열 비분리형 베어링 이다.

 ㉡ 수직과 수평방향의 하중을 동시에 받을 수 있다.

 ㉢ 허용속도가 적은 결점이 있다.

⑤ 원통형 롤러베어링

 ㉠ 복열 원통으로 수직하중만 받을 수 있다.

 ㉡ 횡방향의 하중은 전혀 담당하지 못하기 때문에 수평하중을 받을 수 있도록 별도의 베어 링장치(원판스프링, 볼베어링, 스러스트베어링)가 필요하다.

 ㉢ 내륜을 차축에 고정하는 방법은 직접 가열끼움 방식을 사용한다(내륜을 유중에서 100 ~120℃로 가열하여 팽창한 것을 끼워맞춤).

 ㉣ 고속용 객차에 사용한다(새마을호 객차, 무궁화호 객차).

⑥ RCT 베어링

 ㉠ 최근 신조되는 화차 대부분에 사용(46100호대 조차부터 사용)한다.

 ㉡ 구조가 간단하다.

 ㉢ 축상이 없으며 앞의 캡이 3개의 볼트로 차축에 취부되어 차축과 같이 회전한다.

 ㉣ 베어링의 외륜과 대차의 사이드 프레임과의 사이에 어댑터만을 넣어 사용하므로 소형 이며, 가볍다.

 ㉤ 오일실에 의해 그리스가 누설, 먼지나 수분 침입 완전 방지로 오랜 시간 보수하지 않고 사용할 수 있다.

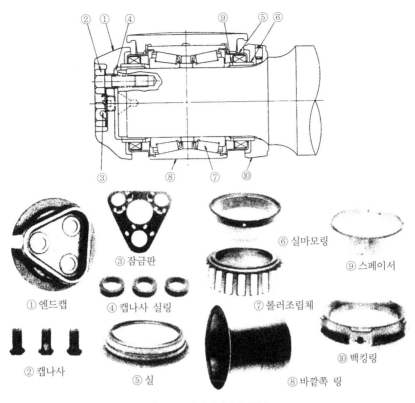

⑥ 실마모링

⑨ 스페이서

③ 잠금판

① 엔드캡

④ 캡나사 실링

⑦ 롤러조립체

⑩ 백킹링

② 캡나사

⑤ 실

⑧ 바깥쪽 링

∥ RCT 베어링의 부분품 ∥

8 차축발열

(1) 정의

베어링이 회전하면서 마찰에 의해 발생되는 열량이 축상 외부로 발산되는 열량보다 많아 축상
내부의 온도가 상승되어 일어나는 현상이다.

(2) 차축발열의 주요 원인

① 과적 및 편적
② 축상 내에 이물질이 침입되었을 경우
③ 급유 불량, 베어링의 접촉 불량

(3) 차축베어링의 발열온도

축상 외부면에서 측정한 온도에서 외기온도의 1/2을 감안한 잔여온도를 말한다.
① 70~100℃의 온도는 단순 경보상태를 의미하며, 조기에 불량상태에 이를 수 있는 온도로서
인접 역소에 통보하여 온도 상승으로 인한 불량여부 확인 검사를 요청하고 종착역 도착
시 발열 정도가 증진되지 않도록 검수하여야 한다.

② 100℃ 초과는 위험경보 상태를 의미하며, 즉시 열차에서 해방하고 분해·검수하거나 정비 본부에 입고하여 검수하여야 한다.

③ 화약류 및 인화물질 적재차량은 차축베어링 온도가 70~100℃인 경우에도 열차에서 해방 하여야 한다.

(4) 운전 중 차축발열이 발생하였을 때 원인 조사방법

① 발열 정도

② 화물의 적재상태 및 종류

③ 축의 종류, 운전구간 및 정기검수 등을 조사

03 연결완충장치

열차를 조성·운전하는 데 있어서 객화차 상호간, 또는 기관차를 연결하는 데 필요한 부품으로 철도차량 연결기를 자동연결기라고도 하며, 자동연결기에는 상작용과 하작용 2종류가 있다. 차량과 차량 연결 시 또는 운행 중 제동이나 견인력에 의하여 차량에서 발생되는 충격을 흡수해 주기 위하여 차량의 끝부분에 설치해 준 장치를 연결완충장치라 한다.

1 연결기

(1) 철도차량 연결기의 구비조건

① 연결, 해방방법이 간단하고 편리해야 한다.

② 삼태작용이 확실하고 원활해야 한다.

③ 충격과 견인력을 담당할 수 있는 충분한 강도를 유지해야 한다.

(2) 철도차량 연결기의 구조 및 작용

① 자동연결기의 구조

㉠ 자동연결기 본체 구성 : 헤드(Head), 생크(Shank), 테일(Tail)의 3부분으로 구성된다.

㉡ 생크 : 단면이 네모상자 형태로 속이 비어 있으며 헤드와 테일을 연결하는 부분을 말한다. 우리나라에서는 주로 A.A.R. 윤곽곡선(미국철도규격)인 NO 10A형 및 H형의 두 가지 를 적용하여 제작한다.

㉢ 테일부 : 요크와 연결할 수 있도록 테일핀 구멍이 있으며 열차를 견인할 수 있는 충분한 강도가 필요한 부분이다.

┃ 자동연결기 형태 ┃

② 연결기의 삼태작용

ⓐ 쇄정위치 : 연결기가 완전히 연결된 상태

ⓑ 개정위치 : 연결기가 연결되어 있는 경우 해방레버를 작용하여 연결기 내의 로크는 올라가 있으며 연결기 외형, 즉 너클은 쇄정위치로 있는 상태

ⓒ 개방위치 : 너클을 완전히 열어 놓은 상태

③ 연결기의 높이 : 연결기 높이가 830mm 이하가 되면 안 된다.

ⓐ 객차 : 890mm, 화차 : 880mm

ⓑ 높이 한도 – 객차, 화차 : 830mm

④ 복심장치 : 곡선 편의 시 연결기를 생크 가이드 중심선으로 복귀시키는 장치이다.

(3) 연결기 구비사항

① 너클의 두께는 충분한 강도를 갖는 재질이어야 한다.

② 연결할 때 열린 연결기는 상대 연결기와 회전접촉하여 연결되어야 한다.

③ 차량에 장착되어 운행 시 직선이나 곡선에서 연결기 중심선은 항상 차체의 중심선과 일치할 것

④ 양 연결기의 접촉은 될 수 있는 한 면접촉을 할 것

⑤ 양 연결기 너클 사이 유간은 가능한 한 적을 것

⑥ 구배 변화에 의하여 연결기에 무리한 힘이 작용하지 않을 것

2 완충기

(1) 완충기의 설치

① 연결기 본체의 생크 단부 테일부와 요크가 테일핀으로 연결되고 요크 내에 반판과 완충장치가 설치되어 있다.

② 반판과 요크는 차체 언더 프레임 사이에 설치되고 반판 받침으로 고정하여 완충장치를 구성한다.

(2) 완충장치의 설치목적

열차의 견인 또는 추진운전 시 속도변화에 따라 일어나는 충격을 완화하는 장치이다.

① 열차운전 중이나 차량을 연결할 때 발생되는 충격에너지를 흡수한다.

② 완충시간을 연장해서 승객이나 화물에 주어지는 충격력을 완화하여 승객이나 화물을 보호한다.

(3) 완충기의 종류(현재 대부분은 고무완충기 사용)

📝 고무완충기의 장점

- 고무의 재질이나 형상의 선택에 따라 특성이 여러 가지로 변한다.
- 접촉을 고무면만으로 하기 때문에 마모가 적고, 고장이 적다.
- 접촉면적이 전부 완충장치에 이용되어 완충용량이 크다.
- 소형·경량으로 강도 및 내구성이 좋다.
- 객차완충기의 용량은 120ton, 중장물 화차는 220ton이다.
- 정적 완충용량보다 동적 충격완충용량이 크다.

① 코일스프링식 : 코일스프링을 완충기로 사용(재래 객화차에 사용함)
② 인장마찰장치 : 마찰에 의해 충격을 흡수
③ 윤활스프링식 : 기름 속에 코일스프링을 고정한 완충장치
④ 고무완충기 : 여러 장의 고무패드를 강판에 접착시켜 충격 흡수

📝 차단충격

(1) 정의 : 차량의 전후 충동이라고 하는 급격한 운동변화로서 제동작용으로 레일로부터 가해지는 힘과 서로 연결되어 있는 차량 간의 속도차가 일어났을 때 서로 움직이는 힘에 의해 발생되며, 차단충격은 차량 양단의 완충장치에 의해 충격을 완화해 승객과 화물을 보호해 주어야 하므로 완충기의 용량이 커야 하며 중요성이 인정된다.

(2) 차단충격이 발생하는 원인
- 역 구내에서 차량의 입환운전을 할 때의 돌방에 의한 추돌
- 열차 출발, 정지할 때 연결기 너클의 유간으로 발생하는 후부 차량 간의 충격이 발생할 때
- 열차의 운행 중에 일어나는 기관차의 급격한 속도변화, 즉 열차의 가속도의 변화가 급격히 일어날 때
- 열차 제동 시 전후부 차량 간의 제동작용의 시각이 상이할 때
- 하구배 곡선을 운전 중 차량 간의 속도차가 일어났을 때

04 수용제동기

1 린드스트롬식

린드스트롬식 수용제동기는 수용제동축, 축반침, 핸들, 라쳇트휠 및 체인 등으로 구성되어 있다. 핸들에는 록킹장치가 되어 있어 사용할 경우에는 록킹장치를 풀고 사용한다. 주로 객차용으로 통일호, 무궁화호에 사용된다.

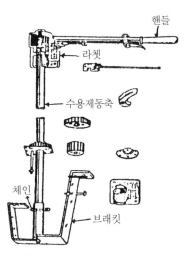

❚ 린드스트롬식 수용제동기 ❚

2 체인식

체인식 수용제동기는 주로 조차, 장물차 등에 사용되며 수용제동축, 핸들, 받침, 라쳇트휠, 체인 등으로 구성되는 비교적 간단한 구조이다. 주로 무궁화호, 새마을호 객차에 사용된다.

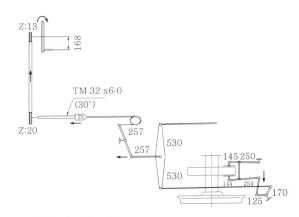

❚ 체인식 수용제동기 작용도 ❚

3 기어식

제동축과 핸들 사이에 기어를 사용한 형식이며 성능이 우수하고 주로 유개차, 무개차, 홉파차 등 화차에만 사용되고 있다.

59

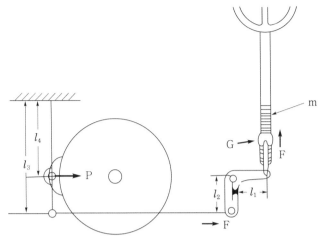

‖ 기어식 수용제동기(화차용) ‖

05 공기제동

1 공기제동의 주요 부품

(1) 개요

공기제동을 사용하기 위해서는 기본적으로 4가지의 구성부품이 필요하다.

① 제동관 : 압축공기가 흐르는 관으로 객차용이 25.4mm, 화차용은 32.1mm를 각각 사용한다.

② 삼동변 : 자동공기제동기의 중추가 되는 것으로 제동관, 보조공기통 및 제동통의 3방으로 접속되어 제동관 압력 차이로 3가지 작용을 한다.

③ 보조공기통 : 압축공기를 제동관으로부터 저장하여 제동 시 제동통에 공기를 공급하는 역할을 한다.

④ 제동통 : 제동위치에서 보조공기통의 공기가 유입되어 제동통 피스톤이 밀려서 차륜에 제륜자를 압착하여 제동을 체결하는 역할을 한다.

> **수진기(Dirt collector)**
>
> 컷아웃 콕과 제어변의 중간에 취부되어 제동관 내의 먼지, 수분 등을 제거하는 역할을 한다.

(2) 삼동변의 작용원리

① 충기 및 완해위치 : 열차가 조성되었을 때 제동관으로부터 보조공기통에 충기를 시킨다. 이때 제동통은 대기로 통해 있으며 제동완해와 압력공기의 충기가 동시에 이루어지기 때문에 충기위치 또는 완해위치라 한다.

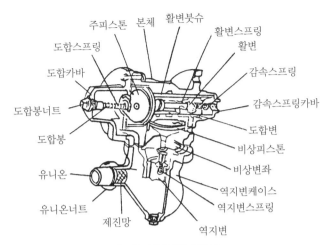

‖ K형 삼동변의 구조 ‖

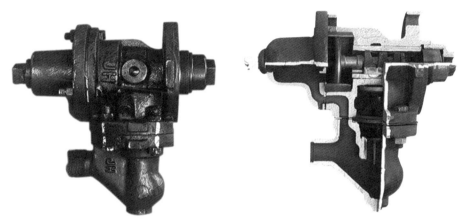

‖ K형 삼동변 ‖

② 제동위치 : 기관차 제동변 조작에 의해 제동관 압력공기를 대기로 토출하여 제동관 압력을 감압하면 보조공기류 측의 압력과 제동관 측의 압력과의 차이에 의해서 보조공기통과 제동 통이 연락된다.

③ 랩위치 : 기관차의 제동변 조작에 의해 제동관 감압을 중지하면 제동관의 압력은 그대로 유지되고 제동관, 보조공기통, 제동통의 3자 연결이 차단되고 제동은 걸린 상태를 유지한다.

2 화차 제동장치

(1) KC, KD형 제동장치

① 공차·영차 모두 똑같은 제동력을 가해준다.

② K형 삼동밸브를 채용한 제동장치로서 화차 제동장치의 주종을 이루고 있다. 보조공기통과 제동통의 결합 또는 분리에 따라 KC, KD형으로 구분되며, 보조공기통과 제동통이 분리되어 있는 것이 KD형이다.

(2) 적공제동장치

① 영차, 공차 차등을 두고, 복식제동장치를 설치한다.

② 적공제동장치는 공차 시 제동통 1개, 영차 시 제동통이 2개로 제동통 압력이 형성됨으로써 공차 시와 영차 시의 제륜자 압부력을 약 2배로 증가시키고, 일반화차의 제동배율을 8.91배 까지 낮춤으로서 공차 시의 제륜자 압부력을 낮추어 차륜답면 찰상을 방지하고, 영차 시의 제동력을 높임으로서 화차속도를 90km/h까지 향상하게 되었다.

📑 공기공급

적공제동장치는 영차나 공차에 따라 공차 시에는 보조공기통의 공기를 제1공기통에, 영차 시에는 추가로 부가공기통의 공기를 제2공기통에 공급하여 제1, 2공기통에 공급한다.

(3) P4a 제동장치

P4a 제동장치는 최근 신조된 고속화차에 적용된 것으로 부하감지변(Weighing valve), 응하중 밸브(Variable load valve)에 의하여 적재화물 중량에 대응한 제동통 압력을 자동적으로 조정 하는 응하중 밸브장치를 부가하여 일정한 범위의 제동거리를 확보할 수 있도록 하였다.

① P4a 제동장치의 특징

㉠ 중량에 대응하여 제동력을 변화시키는 가변제동방식이므로 제동거리가 일정하다.

㉡ 화물위치에 관계없이 화물중량에 대응한 제동력을 얻는다.

㉢ 1개 대차의 제동작용을 중지 시 응하중변 AR 배관의 콕을 닫으면 제동작용을 중지한다.

㉣ 제동통 압력을 응하중변의 공차, 영차 조정볼트로 조정할 수 있다.

㉤ 제어변이 막판식으로 작용하여 유지보수에 편리하다.

㉥ 계단제동, 계단완해가 가능하다.

② P4a 완해불량에 대한 응급조치

㉠ 과충기로 인한 완해불량 시 완해줄을 당겨 과충기를 제거한다.

㉡ 제동지관 차단 시 보조공기통 압력을 제거한다.

㉢ 한 대차 컷트 시 응하중 밸브 컷트 콕을 차단한다.

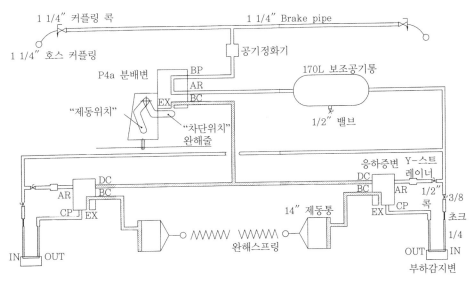

┃ P4a 제동장치 회로도 ┃

(4) KRF – 3형 제동장치

KRF-3형 막판식 공기제동장치는 삼동밸브, 중계밸브, 응하중밸브, 제동통 등을 주구성품으로 설계되어져 있으며, 영차 시 3.8kgf/cm², 공차 시 1.638kgf/cm²의 제동통 압력을 얻음으로 효과적인 제동거리를 확보할 수 있게 하였다.

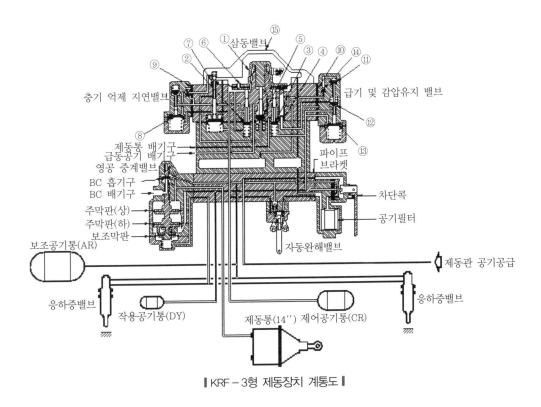

┃ KRF – 3형 제동장치 계통도 ┃

❸ 객차 제동장치

(1) LN형 제동장치

① LN형 제동장치는 답면 제동방식이고, L형 삼동밸브와 N형 제동통을 사용한다. 무궁화호, 통일호, 비둘기호 객차에 주로 채용되며 금속마찰에 의한 공기통로를 변경하여 제동통에 압력공기를 공급함으로서 제동기능을 수행하는 장치이다.

② L2-A형 삼동밸브를 제어밸브로 사용하고 안전밸브와 협로변이 있으며, 삼동밸브와 지관의 연결이 직결되어 있지 않다.

③ 부가공기통이 추가되면 다음과 같은 3가지 특징이 나타난다.

ㄱ 보조공기통의 충기가 신속하다.

ㄴ 완해작용을 계단작용할 수 있다.

ㄷ 비상제동의 압력이 높고, 상용제동 후 랩 상태에서 높은 비상제동 압력을 얻을 수 있다.

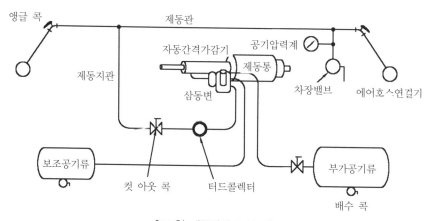

┃ LN형 제동장치 구성도 ┃

(2) ARE 제동장치

① 정의 : ARE 제동장치는 열차의 길이에 따라 공기지령의 동시성을 해결하기 위하여 제동작용 시 B-1 전자밸브를 부가하여 제동관의 감압효과를 전후차량에 동일하게 하거나, 완해 시 제동관 충기압력을 전후차량에서 동시에 이루어지도록 주공기관과 제동관을 연결하는 A-14 전자밸브를 이용한 전자자동식 공기제동장치이다.

② 주요 구성품 : "A"는 A형 제어밸브, "R"은 J-1 중계밸브, "E"는 B 및 A14형 전자밸브

③ 특징 : ARE 제동장치는 공급공기통에서 제동통으로 압력공기를 공급하여 제동을 작용시킬 수 있는 힘을 얻는다.

(3) 속도제어부 ARE(CK1P) 제동장치

열차의 속도가 고속도역에서 제동통 압력을 낮추어 스키드를 방지하고 저속도역에 있어서 점착계수의 상승이 마찰계수에 비해 크게 된 상태에서 제동통 압력을 높여 제동거리를 단축하는 것이다.

즉 ARE 제동장치에 CK1P 제동작용 장치를 부착한 것이며 제동관 공기압력은 6.3kg/cm^2, 주공기류 공기압력은 $7.7 \sim 9.1\text{kg/cm}^2$, 제동통 공기압력은 고속도역, 저속도역에서 상용최대 약 4.5kg/cm^2, 비상시 고속도역은 5.2kg/cm^2, 저속도역은 5.7kg/cm^2이며 제어전압은 DC 64V이다.

① 속도펄스발생기를 전차량, 전차축에 추가하여 비상제동작용에서 저속 시에는 점착계수 상승에 비례하여 제동통 압력을 높이는 것은 물론, 차륜활주방지장치의 제어유닛을 사용하여 제동통의 공기압력을 배기하여 압력을 유지하도록 하였다.

② 제동기능의 향상을 위해 제동통에 자동간격가감기를 추가 설치하였다.

③ 차량의 최고운행속도가 150km/h까지 향상되어 비상제동거리 1,100m 이내의 조건을 필요로 하는 객차용으로 설계되었다.

(4) ERE 제동장치

① ARE 제동장치의 A제어밸브 기능보다 공기감응속도가 매우 빠른 막판(Diaphram)을 채용한 E제어밸브를 주체로 한 CK1P-2 제동장치이며, 계단제동 및 계단 완해작용의 미세한 제동관 압력의 변화에 따라 제동통의 공기압력을 변화할 수 있는 제동장치이다. E제어밸브의 특징인 제동관 압력(BP 압력), 정압 공기통 압력(CR 압력), 제동통 압력(BC 압력)의 3압력이 평형되는 3압력식이 채용되었다.

② 차륜활주 발생을 방지하기 위하여 속도펄스발생기를 전차량, 전차축에 추가하여 차량 내의 각 차축의 속도차가 발생하거나 감속도가 심할 경우 차축의 제동통의 공기압력을 배기, 증압, 압력을 유지하도록 마이크로프로세서를 내장한 차륜활주방지장치(Anti-skid system)가 추가되었다.

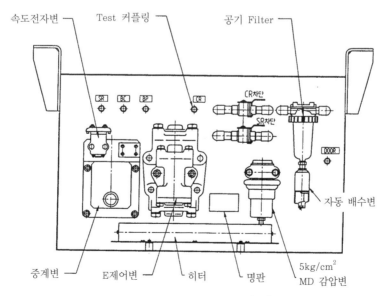

┃ ERE 제동장치 BOU Box 내부 ┃

(5) KNORR 제동장치

① KNORR 제동장치는 KEN3.4.2 제어밸브를 사용하여 제동관 압력의 증감에 따라 제동통의
공기흐름을 조절·제어하는 시스템으로서 ARE 및 ERE 제동장치에서 추가한 전자밸브가
없는 구조로 되어 있다. 계단제동, 계단완해가 가능하다.

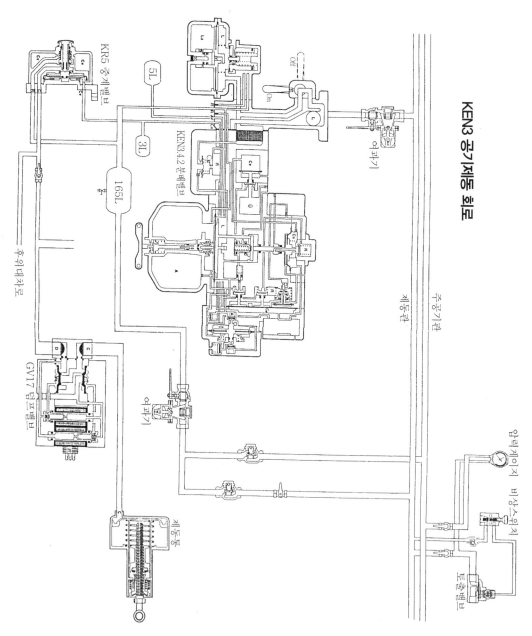

‖ KNORR 제동장치의 배관도 ‖

② KEN3.4.2 제동장치는 제동통의 신속한 충기를 보장하기 위한 최소압력밸브(Inshot valve)가 있으며, 주요 구성품으로 제어밸브(KEN3.4.2 분배밸브), KR 중계밸브, 비상토출밸브로 구성되어 있다.

③ KEN3.3 제동장치는 비상토출밸브가 필요 없고 신형 새마을동차(PMC 차량)에 설치되었다. 다른 점은 운전실에 설치된 EP 제동밸브를 통해 X1-TA형 제어기 놋치에 따라 설정된 단계적인 제동통 압력(C_v)을 생성한다. 막판식으로 된 KEN3 제어밸브를 사용하고, 비상제동은 PMC 운전실에서 누름스위치를 누르면 비상제동밸브(SBV1)를 통해 BP 압력이 감압되어 비상제동이 체결된다.

④ 차륜활주 발생을 방지하기 위하여 속도펄스발생기를 전차량, 전차축에 추가하여 차량 내의 각 차축의 속도차가 발생하거나 감속도가 심할 경우 차축의 제동통의 공기압력을 배기, 증압, 압력을 유지하도록 마이크로프로세서를 내장한 차륜활주방지장치(Anti-skid system)가 추가되어 있다.

⑤ 제동기능의 향상을 위해 제동통에 제동디스크와 라이닝의 간격을 자동 조절하는 자동간격가감기가 설치되어 있다.

4 고속객차 제동 응급조치

(1) 운행 중인 객차의 제동관 파열

만약 운행 중인 10량 편성열차의 4호차 제동관이 파손되었다면 다음과 같은 조치를 취해야 한다.

① 3호차까지는 2개의 공기관을 사용한다.

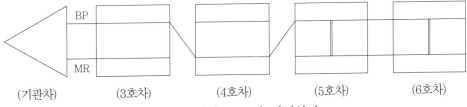

② 3호차 제동관 호스를 4호차 주공기관 호스에 연결한다.

③ 4호차 주공기관 호스를 5호차 제동관 호스에 연결한다.

④ 5호차부터는 1개의 공기관, 즉 제동관만 사용할 수 있도록 공급공기통으로 유입되는 주공기류 콕은 폐쇄하고, 제동관 콕은 개방한다.

⑤ 후부 제동관 압력계 지침이 6kg/cm²를 지시하는지 확인하고 제동시험 후 이상이 없으면 출발한다.

　㉠ 가장 중요한 사항은 제동관이 파열된 4호차는 완해가 되지 않으므로 반드시 완해시킨 후 완해 확인을 해야 한다.

　㉡ 사용하지 않는 앵글 콕은 커트하고, 더미 커플링에 걸어놓는다.

　㉢ 제동관이 파열되면 기관차부터 최후부 객차에 이르기까지 비상제동이 유발된다.

(2) 운행 중인 객차의 주공기관 파열

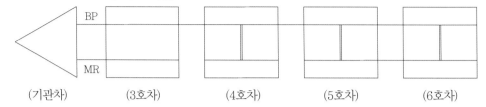

| (기관차) | (3호차) | (4호차) | (5호차) | (6호차) |

만일 10량 편성으로 운행 중인 4호차 주공기관이 파손되었다면 다음과 같은 조치를 취해야 한다.

① 3호차 후미 주공기관 앵글 콕을 폐쇄한다.

② 4호차부터는 제동관만 사용할 수 있도록 조치한다.

5 무화회송 콕의 사용 시기

① MR관을 사용하는 객차를 일반열차에 조성할 때

② MR관이 파손되었을 때

③ 운전 중 MR관을 사용하지 않는 기관차를 연결하였을 때

④ 이 콕을 개방하면 공급공기통의 공기를 제동관에서 충기되도록 한다(BP 전환 콕과 동일).

6 제동배율

객화차에 적용하고 있는 제동배율 : 5~9

> ### 제동배율(E)의 크기
>
> 제동배율의 크기는 제동장치 종별에 따라 다르다.
> • 기관차의 경우 : 6~9
> • 객차의 경우 : 5~9, 화차의 경우 : 5~9
> • 전기기관차 : 6~9, 부수차 : 8~12, 전동차 : 8~12

06 차체구조와 언더프레임

현재 경량객차는 그림과 같이 외부 측판과 지붕을 스테인리스로 하여 외관이 미려하고, 도장을 하지 않아 경비절감의 효과가 있다.

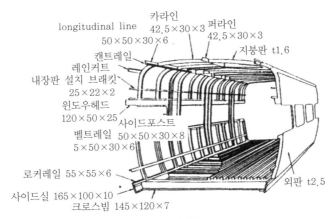

longitudinal line
$50 \times 50 \times 30 \times 6$
카라인 $42.5 \times 30 \times 3$
퍼라인 $42.5 \times 30 \times 3$
지붕판 t1.6
캔트레일
레인커트
내장판 설치 브래킷 $25 \times 22 \times 2$
윈도우헤드 $120 \times 50 \times 25$
사이드포스트
벨트레일 $50 \times 50 \times 30 \times 8$
$5 \times 50 \times 30 \times 6$
로커레일 $55 \times 55 \times 6$
외판 t2.5
사이드실 $165 \times 100 \times 10$
크로스빔 $145 \times 120 \times 7$

∥ 객차 차체 ∥

◼1 객차용 언더프레임

객차의 언더프레임은 모두 철제이지만, 제작된 시기에 따라 그 구조가 다르다. 이것을 대별하면 다음과 같다.

① 트러스 로드(Truss rod)식 언더프레임
② 어복형 언더프레임
③ 장형 언더프레임
④ 키스톤 플레이트(Keystone plate)식 언더프레임

◼2 화차용 언더프레임

객차와 같이 트러스 로드형, 어복형, 장형 등이 사용되어 왔으며, 최근 신조되는 화차 언더프레임은 하중의 용량을 증대시키고 자중을 가볍게 하기 위하여 센터 실은 Z형강의 고장력강을 사용하고, 사이드 실은 고장력강의 패널을 사용한다.

(1) 조차(Tank car)

탱크의 중앙부가 양쪽 단부보다 직경을 굵게 하여 강도가 강하고, 센터 실과 사이드 실을 양 바디볼스터 사이에 설치하지 않는 것도 있다. 장형 언더프레임이 사용된다.

(2) 화차의 언더프레임

객차의 언더프레임과는 달리 수직하중이 대단히 크기 때문에 차단충격 외에 수직하중도 고려하여 설계하여야 한다. 예를 들면, 탱크차와 같이 탱크 자체가 수직하중에 견딜 수 있는 것, 유개차와 같이 수직하중을 고려하지 않아도 되는 것 등이다.

(3) 평판차(장물차)

대차 중심 간 거리가 상당히 길기 때문에 트러스 로드를 보강하든가 또는 센터 실 및 사이드 실을 어복형으로 하여 수직하중을 담당하도록 하였다. 어복형 언더프레임이 사용된다.

신형 객차 차내설비 : 창문

차량 외부와의 단열과 방음을 위하여 측창은 복층 고정유리를 사용한다. 유리는 두께 5mm 2매를 6mm 간격을 두고(총 두께 : 16mm) 그 공간에 건조공기를 봉입한 복층유리를 사용한다.

07 냉방장치

냉매

- 고속철도 냉·난방장치 냉매 : R134a
- 일반차량 냉매 : R-22(CHClf₂)

1 냉동에 관한 단위

(1) 온도

① 화씨온도 : 빙점을 32°F, 증기점을 212°F로 하여 그 사이를 180등분하고, 눈금(온도 간격)은 다시 32°F 이하에서도 212°F 이상에도 적용된다.

섭씨온도 ℃와 화씨온도 °F의 관계는 다음과 같다.

$$℃ = \frac{5}{9} \times (°F - 32)$$

$$°F = \frac{9}{5} \times ℃ + 32$$

예제

화씨 77도는 섭씨 몇 ℃인가?

[풀이] 화씨 → 섭씨 $℃ = \frac{5}{9} \times (°F - 32) = (77 - 32) \times \frac{5}{9} = 25℃$

② 절대온도 : 완전기체는 일정한 체적에서 온도 1℃ 내려갈 때마다 0℃에 상응한 압력의 $\frac{1}{273}$ 만큼씩 감소되므로, -273℃에 도달하면 기체의 압력은 영이 된다.

-273℃는 최저한의 온도로서 이 온도를 기준으로 섭씨의 눈금 크기를 가지고 나타내는 온도를 절대온도라고 한다.

섭씨온도 ℃와 절대온도 K의 관계는 다음과 같다.

$$K = ℃ + 273$$

주요 단위

(1) 현열 : 물체의 온도를 높이는 열

(2) 잠열 : 물체의 상태변화 시에 흡수 또는 방출되는 열
- 융해열, 응고열, 증발열, 응축열, 승화열 등
- 0℃의 얼음 1kg을 0℃의 물로 바꾸는 데 필요한 열량(융해열) : 79.68kcal/kg
- 물 1kg을 모두 증발시키는 데 필요한 열량(증발열) : 539kcal/kg

(3) 열량과 비열
- 1kcal : 1kg의 물을 1℃ 상승시키는 열량
- 1BTU : 1파운드 물을 1℉ 상승시키는 열량(1kcal＝3.97BTU)
- 물의 비열 : 1kcal/kg・℃, 얼음의 비열 : 0.5kcal/kg・℃

(2) 냉동능력과 동결능력, 냉장능력

① 냉동능력 : 냉동설비 또는 냉매압축기가 발휘할 냉동효과를 양적으로 표시한 것이며, 그 단위는 냉동톤 또는 kcal/h로 나타낸다.

1'냉동톤이란 0℃의 순수한 물 1톤을 24시간에 0℃의 얼음을 만드는 냉동능력을 말한다. 이것은 0℃의 맑은 눈로 만들 때 주위로부터 흡수한 열량과 같은 양이다.

$$1RT = \frac{(79.68 \times 1,000)}{24} = 3,320\,kcal/h$$

여기서, RT는 미터법에 의한 단위로 냉동톤을 의미한다.

② 동결능력, 냉장능력

㉠ 동결능력 : 동결장치 또는 동결용 냉매압축기가 하루에 제조할 수 있는 동결 품의 생산 톤 수이다.

㉡ 냉장능력 : 냉장고가 갖는 냉장화물의 수용능력을 나타낸 것이다.

❚ 철도차량용 냉방장치 ❚

2 냉동 사이클(Refrigeration cycle)

같은 냉매가 액체-기체-액체로 순환되어 한 곳에서 열을 흡수하여 다른 곳으로 버리는 체계를 냉동 사이클이라고 한다.

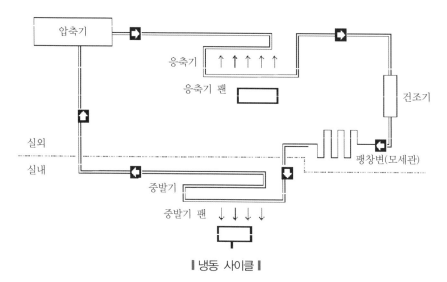

▌냉동 사이클 ▌

주요 기능 부품	작 용	입구상태	출구상태
응축기	열방출 작용(응축)	고온고압의 기체	고온고압의 액체
팽창변	압력감소 작용(팽창)	고온고압의 액체	저온저압의 액체
증발기	열흡수 작용(증발)	저온저압의 액체	저온저압의 기체
압축기	압력증대 작용(압축)	저온저압의 기체	고온고압의 기체

＊Expansion valve 대신 Capillary tube(모세관)을 사용하기도 한다.

전동차 냉방기의 점검

• 냉방기 운전 30분이 경과한 후 실내측 토출측과 흡입측의 공기온도 차이가 6℃ 이상인지를 점검한다.
• 절연저항계(1,000MV)로 통전부와 비통전부의 절연저항치가 5MΩ 이상인지를 점검한다(새마을호 HTC-1502 천장 장착식인 경우는 2MΩ 이상).

3 냉매(Refrigerant)

(1) 냉매의 정의

증발하기 쉬운 액체로서, 냉동장치에의 냉동 사이클을 이루면서 고온부의 열을 저온부로 이동시키는 냉동 사이클의 작동 유체를 냉매라 한다.

(2) 냉매의 일반적인 구비조건

① 물리적인 성질

ㄱ 응축압력이 너무 높지 않을 것

ㄴ 증발압력이 너무 낮지 않을 것

ㄷ 임계온도는 될 수 있는 한 상온보다 높을 것

ㄹ 응고점이 낮을 것

ㅁ 증발열이 클 것

ㅂ 증기의 비열은 크고, 액체의 비열은 작을 것

ㅅ 증기의 비체적이 작을 것

ㅇ 단위 냉동량당 소요동력이 작을 것

② 화학적인 성질

ㄱ 안정성이 있을 것

ㄴ 부식성이 없을 것

ㄷ 무해·무독일 것

ㄹ 인화·폭발의 위험성이 없을 것

ㅁ 윤활유(냉동유)에는 되도록 녹지 않을 것

ㅂ 증기 및 액체의 점성이 낮을 것

ㅅ 열전달계수가 클 것

ㅇ 전기저항이 클 것

③ 기타

ㄱ 누설되지 않을 것

ㄴ 가격이 염가일 것

4 압축기

피스톤의 왕복운동에 의해 저온·저압의 가스냉매를 고온·고압의 가스냉매로 압축하여 응축기로 압송한다.

5 응축기

응축기 모터축에 축류 팬을 고정·회전시켜 냉각관에 직각이 되게 외부공기를 보내, 압축기에서 보내온 고온·고압의 가스냉매를 고온·고압의 액체 냉매로 응축시킨다.

> **냉동기유의 구비조건**
>
> 압축기 마찰부(실린더 내면과 피스톤 외면)의 윤활뿐만 아니라, 일부는 압축기의 실린더 내에서 냉매와 함께 응축기, 증발기로 운반되기 때문에 윤활유 성질 이외에 냉매 계통에 혼합되었을 때 냉매 회로에 이상을 일으키지 말아야 하므로, 다음과 같은 조건을 만족시키는 유체여야 한다.
> * 응고점이 낮을 것
> * 인화점이 높을 것
> * 점도가 적당할 것
> * 냉매와의 분리성이 좋고, 화학반응을 일으키지 말 것
> * 산에 대한 안전성이 좋을 것
> * 수분, 산류의 불순물이 함유되어 있지 않을 것
> * 전기절연이 좋을 것
> * 유막의 강도가 좋을 것

6 증발기

건조기 및 모세관을 통과한 저온·저압의 액체 냉매를 저온·저압의 가스냉매로 증발시킨다. 이때 발생되는 증발잠열에 의해 증발기 코일 주위의 공기를 차갑게 냉각시키며, 이 찬 공기를 증발기 모터축 양단에 고정된 다익 팬을 회전시켜 실내로 송풍한다.

7 건조기

내부에 흡수제와 필터가 들어있고 응축기와 모세관 사이에 설치되어 냉매 배관 중의 수분이나 이물질을 제거하여 모세관의 막힘·동결 및 냉매 계통의 부식·냉동유의 열화를 방지한다.

8 모세관

내경이 1.5mm인 가느다란 양질의 동관이며, 건조기와 증발기 사이에 설치되어 응축기를 지나 고온·고압의 액체 냉매를 교축작용에 의해 저온·저압의 액체 냉매 상태로 단열·팽창시켜 증발하기 쉬운 상태로 만들어주는 냉동 사이클에 있어 가장 기본적인 제어부이다.

08 자동 오도변

급수탱크 상부에 설치되어 있고 수압에 의하여 작동되며 초기 주수 시 탱크로 투입되는 공기를 차단하고 주입구로부터의 물을 탱크로 유입시킨다. 또한 물이 만수위가 될 때 물을 오버플로우(Over-flow)시킨다. 그리고 탱크 내부의 공기압력이 규정치 이상으로 높아지면 공기를 배기시키는 안전밸브가 내장된 밸브이다.

1 오도변 출구(통로) 및 구성품

(1) 개요

① 급수 입구

② 탱크에 연결되는 출구

③ 물탱크 물을 변에 유도하는 입구

④ 물이 물탱크에서 만수되어 넘치는 배수구

⑤ 물탱크에 공기압력을 가하기 위한 급기구

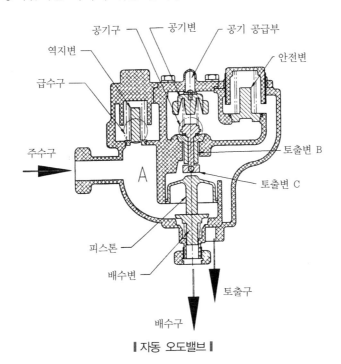

┃자동 오도밸브┃

(2) 작용 피스톤

주수구에 물이 공급되면 A실에 수압이 형성되고 이 압력으로 배수변은 닫히고 토출변을 들어 올려 탱크 내의 압력공기를 대기로 배기한다.

(3) 토출변

토출변은 토출변과 보조변으로 구성되어 있고, 급수 압력에 의해 동작하며 급수탱크 내의 압력공기를 대기로 배기하고 공기변을 차단상태로 유지시킨다. 그러므로 토출변 불량 시는 탱크 내의 공기가 누설된다.

(4) 역지변

변과 스프링으로 구성되어 있으며 수압에 의해 들어올려져 급수탱크 내로 급수시킨다. 수조 내로 급수가 이루어지지 않은 경우는 역지변 고착이 원인이며, 주수구로 물탱크 내의 공기가 누설된다.

(5) 공기변

급수 후 또는 물탱크 내로 압력공기($1kg/cm^2$)가 들어가지 못하면 자동 오도변의 공기변이 부식 또는 물때로 인해 고착되어 공기구를 막고 있는 것이다.

(6) 안전변

변과 스프링으로 구성되어 있으며 물탱크 내의 압력공기가 $3kg/cm^2$가 넘으면 탱크 내의 압력 공기를 대기로 배출시킨다.

(7) 배수변

급수 후 자동 오도변 A실을 거쳐 급수되고 남은 잔류수를 대기로 흘려버리는 작용을 한다.

(8) 역지밸브 (급수된 물이 공기관으로 역류되는 것을 방지)

급수탱크 내부의 공급 공기관에 연결되어 있으며 탱크에 물을 저장할 때 자동 오도밸브에서 물이 공기관으로 역류되는 것을 방지하는 보완밸브이다.

(9) 검수밸브 (검수변) : 급수량을 확인하기 위한 밸브

급수탱크의 높이 2/3 지점에 설치된 밸브로서 탱크 내 물의 높이를 점검하여 물의 보충 여부를 확인하는 밸브이다(신조 차량에는 용량이 표시되어 점등된다).

(10) 전배수밸브

급수탱크 내의 잔류수를 전부 배수시키기 위해 설치한 밸브이다.

(11) 관배수밸브 (동결방지밸브)

운행 종료 후 관내의 잔류수를 배수시키기 위해 설치한 밸브이다.

(12) 삼방콕 (동결방지 콕)

급수 삼방콕은 사용위치와 차단위치가 있다. 사용위치는 송수관과 세면대 오물처리장치 등에 물을 공급하는 위치이며, 차단위치는 동절기에 관로의 동결을 방지하기 위함이나 관로의 정비 또는 파손 등으로 관로를 차단할 필요가 있을 때 사용한다. 하방 90°는 사용위치이고, 차단위치는 관로와 수평위치이다.

2 특징

① 수압을 이용하여 변을 작용시킨다(최저작동압력 $0.5kg/cm^2$).
② 종래의 개폐핸들이 필요 없다.
③ 고장이 적다.
④ 오도변과의 호환성이 용이하다.
⑤ 조작이 확실하다.
⑥ 물탱크 내의 압력이 $3kg/cm^2$ 이상으로 되었을 때 안전변이 작용한다.

3 진공식 오물처리장치

진공식 오물처리장치의 안전장치에 의한 시스템 정지

진공식 오물처리장치에는 시스템에 이상이 발생했을 때 시스템 보호를 위해 자동으로 작동이 정지되는 안전장치 제어회로가 구성되어 있다.

안전장치 제어회로에 의해 시스템이 정지될 경우에는 공압 패널의 사용중지 표시등이 점등되며, 시스템이 정지되는 경우는 다음과 같다.

① 오물탱크 내의 오물이 만수위 센서에 도달할 경우
② 변기 내의 세정수가 변기수위 센서에 도달할 경우
③ 진공스위치 고장으로 탱크 내의 진공도에 의한 스위치 접점이 이루어지지 않을 경우
④ 관 연결부 및 탱크측 누기로 인해 진공이 50초 이내에 진공도 설정치 −0.2bar에 미도달할 경우
⑤ 공압 패널측 공급압력이 압력스위치의 설정치인 3.5bar 이하로 급기될 경우

09 전력공급장치

1 1차량 1전원방식(전원분산방식)

이 방식은 일차 일전원방식으로 정차 중의 전원은 축전지, 운전 중의 전원은 발전기에서 공급하고 있는 방식이다. 발전기는 차축의 회전에 의해 구동되고 운전 중의 부하를 담당함과 동시에 축전지를 충전한다.

① 전원이 직류 24V로서 트랜스 인버터를 사용하여 승압하고, 직류를 교류화할 필요가 있어 기기를 복잡화하는 단점이 있다.
② 각 차에 전원이 분산되어 있기 때문에 열차를 분할할 경우에도 각각 급전이 가능하다.
③ 편성 중 1개 전원이 고장나서 사용 불능이 되어도 전 차량에 영향을 미치지 않고 또 다른 차로부터 급전할 수 있는 것 등의 이점이 있다.

2 집중전원방식(고정편성방식)

이 방식은 고정편성 객차의 전원방식으로서 열차의 최단부에 있는 차량에 전원장치를 설치하여 (발전차) 차량에 급전하는 방식으로 각 차에는 정전 시 전원으로 축전지가 장치되어 있을 뿐이다.

전원장치는 385(395.535)HP의 디젤엔진에 직결된 출력 200(300)kW의 교류 발전기로서 발전차에는 각 2기를 탑재하고 있다.

① 전원이 교류 440V로 각 차량에 배전되며 각 차량의 트랜스(Transformer)에 의해 100V로 강압되어 소요의 부하에 급전된다.

② 집중전원방식은 각 차량에 조명, 냉난방, 주방, 기타 모든 기기에 필요 충분한 전력을 공급하지만 전원장치가 고장일 때는 전력 공급이 원활하지 않아 고객에게 서비스를 제공하는 데 어려움이 있다.

🔧 차량조명의 특징

- 충분하고 적당한 조명이어야 한다.
- 차내 전체에 균등한 조명이어야 한다.
- 정차장의 조명과 서로 맞아야 한다.
- 눈부심이 없는 조명이어야 한다(간접조명).
- 능률이 양호하고, 내진구조일 것
- 실내 의장과 서로 조화될 것

10 승강대 자동문

(1) 승강대 자동문의 구성품

무궁화 객차용 승강대 자동문은 문짝, 구동장치(Door engine), 망원경식 가이드 레일 (Telescopic guide rail), 록킹장치(Locking device), 열림용 상·하부 안내장치(Guide roller ass'y), PC Card가 내장된 제어반(Control panel), 문을 열고 닫을 수 있는 원격조정반 (Remote control box) 및 기계적 잠금장치로 구성되어 있다.

(2) 프레셔 웨이브(Pressure wave) 장치 : 승객 보호용 장치

문이 닫히는 중에 승객이 끼는 것을 방지하기 위한 안전보호장치로서 승객의 신체 일부나 소지품이 차체와 문 사이에 끼게 되면 문에 부착된 중공형 고무 형상이 변형되어 고무 내부의 압력변화에 의해 측면에 설치된 다이어프램 스위치에 전달되어 문이 다시 열려 승객을 보호하도록 되어 있다.

열차가 정차한 상태에서 프레셔 웨이브가 작동되어 문이 열리면 문은 재신호를 받을 때까지 열려 있고, 닫힘신호 중이면 7초 후 자동으로 닫히게 된다.

(3) OR 계전기

차속 5km/h 이상 시 안티스키드장치에서 OR 계전기 제어전원을 차단하여 OR 계전기가 소자되면 단자대 9번에서 10번으로 공급되던 +24V 전원이 차단되며, 단자대 10번선에 물려 있는 원격제어 88번 속도인통선이 차단되어 승강문은 자동으로 닫히게 된다.

(4) 자동승강대문 조정

① 자동승강대문 조정 시 캐치볼트와 로타리 래치의 잠겨진 상태의 간격 : 2±1mm

② 자동승강대문 조정 시 래치가 완전 잠금상태로 되어야 하는 점에 각별히 유의하여야 한다. 이때 캐치볼트와 로타리 래치 간의 간극은 2±1mm 이내가 되도록 잠금장치를 상하로 움직여 조정한다.

③ 잠금장치는 잠겨진 상태에서 안쪽 또는 바깥쪽으로 움직여 수평조정하며, 잠금장치에 의해 문짝과 차체의 외각이 어긋나지 않도록 한다.

11 객실 출입문

객실 출입문의 구성기기는 다음과 같다.

(1) 도어엔진

도어엔진은 문짝을 열고 닫는 공압실린더이고, 실린더부와 도어레일부로 구성되어 있다.

(2) 컨트롤 박스(Control box)

센서, 전자변, 자·수동 스위치, 다이어프램 마이크로 스위치 등이 전기적으로 연결되어 있는 내부회로를 내장하고 있으며 자유로이 시간조정이 가능하다.

정격전압	AC 220V(무궁화)
시간조정 범위	0~10초

단원 핵심정리 한눈에 보기

(1) 자동연결기 3작용
- 쇄정위치 : 연결기가 완전히 연결된 상태
- 개정위치 : 연결기가 연결되어 있는 경우 해방레버를 작용하여 연결기 내의 로크는 올라가 있으며 연결기 외형, 즉 너클은 쇄정위치로 있는 상태
- 개방위치 : 너클을 완전히 열어 놓은 상태

연결기의 구비조건
- 연결·해방방법이 간단하고 편리해야 한다.
- 삼태작용이 확실하고 원활해야 한다.
- 충격과 견인력을 담당할 수 있는 충분한 강도를 유지해야 한다.

(2) 고무완충기의 장점
- 고무의 재질이나 형상의 선택에 따라 특성이 여러 가지로 변한다.
- 접촉을 고무면만으로 하기 때문에 마모가 적고, 고장이 적다.
- 접촉면적이 전부 완충장치에 이용되어 완충용량이 크다.
- 소형·경량으로 강도 및 내구성이 좋다.
- 정적 완충용량보다 동적 충격완충용량이 크다.
- 객차완충기의 용량은 120ton, 중장물 화차는 220ton이다.

(3) 객차 차륜 마모한계 직경 : 776mm

(4) 차중률과 환산
- 차중률 : 차량의 무게에 대한 비율을 말하며, 객차와 화차 공차 시와 영차 시 차량의 무게를 실제 중량에 가깝도록 산출하여 열차의 견인정수를 결정하는 요소가 된다.
  ⇒ 열차의 견인정수를 결정하기 위하여 차량의 중량을 환산법에 의하여 정하는 것
- 환산 : 차량의 무게에 대한 비율을 말하며, 객차와 화차 공차 시와 영차 시 차량의 무게를 실제 중량에 가깝도록 산출하여 기관차의 견인력을 계산하기 위함이 목적이다.

(5) 1냉동톤
0℃의 순수한 물 1ton을 하루에 0℃의 얼음을 만드는 냉동능력을 말한다. 이것은 0℃의 맑은 물로 만들 때 주위로부터 흡수한 열량과 같은 양이다.

$$1RT = \frac{(79.68 \times 1,000)}{24} = 3,320\,\text{kcal/h}$$

여기서, RT는 미터법에 의한 단위로 냉동톤을 의미하며, 이외에 USRT(미국 냉동톤) 로 표시하는 경우도 있다.

(6) 차량조명의 특징

- 충분하고 적당한 조명이어야 한다.
- 차내 전체에 균등한 조명이어야 한다.
- 정차장의 조명과 서로 맞아야 한다.
- 눈부심이 없는 조명이어야 한다(간접조명).
- 능률이 양호하고, 내진구조일 것
- 등구는 차량의 실내 의장과 서로 조화될 것

(7) 차륜(Wheel)

일체형 차륜의 구성은 타이어림, 주름형 디스크, 허브로 되어 있다.

- 답면구배 : 곡선 통과를 원활히 하고 직선상에서 사행동 방지
- 차륜직경 : 기본 860mm, 차륜 폭 140mm, 플랜지 높이 25mm, 플랜지 두께 34mm를 원형으로 함. 직경상 한도는 객차 776mm, 화차 768mm이다.
- 플랜지 설치목적 : 진행방향 유도 및 횡압에 의한 탈선방지

(8) 연결기 구비사항

- 너클의 두께는 충분한 강도를 갖는 재질일 것
- 연결할 때 열린 연결기는 상대 연결기와 회전접촉하여 연결할 것
- 차량이 운행할 때 직선이나 곡선 어느 구간에서도 연결기의 접촉하는 중심선은 항상 차체의 중심선과 일치할 것
- 양 연결기의 접촉은 될 수 있는 한 면접촉을 할 것
- 양 연결기 너클 사이 유간을 가능한 한 적을 것
- 구배 변화에 의해서 연결기에 무리한 힘이 작용하지 않을 것

(9) 고속용 객차에 적합한 베어링 : 원통형 롤러베어링

- 원추형 롤러베어링 : 고속객차에 사용하지 않으며(수직 · 수평하중 동시 담당), 횡방향의 유간이 거의 없어 고속운전이 불가능하다.
- 원통형 롤러베어링 : 복열 원통으로 수직하중을 받으며(수평하중을 전혀 부담하지 못해 스러스트베어링을 설치하고 소감하여 100~120℃로 가열, 끼워맞춤한다), 고속객차용으로 사용된다.
- 구면형 롤러베어링 : 곡선 통과 시 반경방향 부하능력이 크고, 축방향의 스러스트 하중도 동시 담당하고 저속객차용으로 사용된다.
- RCT 베어링 : 축상이 없고 밀봉형으로, 그리스 보충이 필요 없고 화차용으로 사용된다.

(10) 대차의 1차 스프링 역할

주행 중 차축과 대차 프레임 사이에서 충격을 완충한다.

(11) **자동승강대문 조정 시 캐치볼트와 로타리 래치의 잠겨진 상태의 간격** : 2±1mm
- 자동승강대문 조정 시 래치가 완전 잠금상태로 되어야 하는 점에 각별히 유의하여야 한다. 이때 캐치볼트와 로타리 래치 간의 간극은 2±1mm 이내가 되도록 잠금장치를 상하로 움직여 조정한다.
- 잠금장치는 잠겨진 상태에서 안쪽 또는 바깥쪽으로 움직여 수평조정하며, 잠금장치에 의해 문짝과 차체의 외각이 어긋나지 않도록 한다.

(12) **차축발열의 주요 원인**
- 과적 및 편적
- 축상 내에 이물질이 침입되었을 경우
- 급유 불량, 베어링의 접촉 불량

(13) **자동연결기의 구조**
자동연결기 본체의 구성 : 헤드(Head), 생크(Shank), 테일(Tail)의 3부분으로 구성

(14) **발전차 커민스 디젤엔진에서 운전 중 냉각수 고온 경보기 작동 시 조치방법**
- 냉각팬이 자동이 안 될 때는 수동으로 작동
- 냉각수 탱크 수위 측정
- 경보기 점검

(15) **객차 전기장치 중 전원분산방식에 대한 특징**
- 정차 중 전원은 축전지에서, 운전 중 전원은 발전기에서 공급하고 있는 방식이다.
- 발전기는 차축의 회전에 의해 구동되고 운전 중의 부하를 담당함과 동시에 축전지에 충전된다.
- 전원이 직류 24V에서 트랜스 인버터를 사용하여 승압하고, 직류를 교류화할 필요가 있어 기기를 복잡화하는 단점이 있다.

1차량 1전원방식(전원분산방식)

이 방식은 일차 일전원방식으로 정차 중의 전원은 축전지, 운전 중의 전원은 발전기에서 공급하고 있는 방식이다. 발전기는 차축의 회전에 의해 구동되고 운전 중의 부하를 담당함과 동시에 축전지를 충전한다.
- 전원이 직류 24V로서 트랜스 인버터를 사용하여 승압하고, 직류를 교류화할 필요가 있어 기기를 복잡화하는 단점이 있다.
- 각 차에 전원이 분산되어 있기 때문에 열차를 분할할 경우에도 각각 급전이 가능하다.
- 편성 중 1개 전원이 고장나서 사용 불능이 되어도 전 차량에 영향을 미치지 않고 또 다른 차로부터 급전할 수 있는 것 등의 이점이 있다.

(16) 객화차에 적용하고 있는 제동배율 : 5~9

> **🔧 제동배율(E)의 크기**
>
> 제동배율의 크기는 제동장치 종별에 따라 다르다.
> - 기관차의 경우 : 6~9
> - 객차의 경우 : 5~9, 화차의 경우 : 5~9
> - 전기기관차 : 6~9, 부수차 : 8~12, 전동차 : 8~12

(17) 진공식 오물처리장치에서 사용중지 표시등이 점등되는 경우

> **🔧 진공식 오물처리장치의 안전장치에 의한 시스템 정지**
>
> 진공식 오물처리장치에는 시스템에 이상이 발생했을 때 시스템 보호를 위해 자동으로 작동이 정지되는 안전장치 제어회로가 구성되어 있다.

안전장치 제어회로에 의해 시스템이 정지될 경우에는 공압 패널의 사용중지 표시등이 점등되며, 시스템이 정지되는 경우는 다음과 같다.
- 오물탱크 내의 오물이 만수위 센서에 도달할 경우
- 변기 내의 세정수가 변기수위 센서에 도달할 경우
- 진공스위치 고장으로 탱크 내의 진공도에 의한 스위치 접점이 이루어지지 않을 경우
- 관 연결부 및 탱크측 누기로 인해 진공이 50초 이내에 진공도 설정치 −0.2bar에 미도달할 경우
- 공압 패널측 공급압력이 압력스위치의 설정치인 3.5bar 이하로 급기될 경우

(18) 우리나라에서 객차에 사용하고 있는 자동연결기의 형식 : H type

(19) KT23형 대차의 2차 현수장치

볼스터레스 공기스프링+수직 오일댐퍼

(20) 차량용 유닛 쿨러의 기본 냉동 사이클

증발기 → 압축기 → 응축기 → 팽창밸브

(21) 화차 제동장치

KC형, KD형 제동장치, 적공제동장치, P4a 제동장치, KRF-3형 제동장치 등

(22) 객차 제동장치

LN형 제동장치, ARE 제동장치, ERE 제동장치, KNORR 제동장치 등

(23) 냉매의 일반적인 구비조건
- 물리적인 성질
  - 응축압력이 너무 높지 않을 것
  - 증발압력이 너무 낮지 않을 것

- 임계온도는 될 수 있는 한 상온보다 높을 것
- 응고점이 낮을 것
- 증발열이 클 것
- 증기의 비열은 크고, 액체의 비열은 작을 것
- 증기의 비체적이 작을 것
- 단위 냉동량당 소요동력이 작을 것
- 화학적인 성질
  - 안정성이 있을 것
  - 부식성이 없을 것
  - 무해·무독일 것
  - 인화·폭발의 위험성이 없을 것
  - 윤활유(냉동유)에는 되도록 녹지 않을 것
  - 증기 및 액체의 점성이 낮을 것
  - 열전달계수가 클 것
  - 전기저항이 클 것
- 기타
  - 누설되지 않을 것
  - 가격이 염가일 것

(24) 객차용 대차

- 프레스강 용접구조형 대차
  - 구형 : HHBT형(전량 폐차)
  - 신형 : HHDT형(NT21 대차)
- 세브론(Chevron) : CADT 대차(전량 폐차)
- 만(Mann) : HADT 대차(전량 폐차)
- 쏘시미(Soccimi) : RADT 대차(전량 폐차)
- 아세아(Asea) : CHDT 대차(전량 폐차)
- KT23(KNR truck) : CADT 대차

(25) 화차용 대차

- NATIONAL C-1 대차(노후 폐차)
- 용접구조(고속화차) 대차
  - 120km/h 주행, 볼스터, 사이드 프레임 등을 용접구조 일체로 제작
  - 구면형 센터피봇장치
  - 스프링 마찰 접촉식 사이드 베어러, 주행 안정성 증대
  - 1차 현수장치로 코일스프링, 고정축거 증대(1,800mm)
- BARBER S-2 대차(주강 대차)

기출 · 예상문제

01 환산에 대한 정의로 적당한 것은?

① 열차의 견인정수를 결정하기 위한 것
② 차량의 무게에 대한 비율
③ 정차장의 유효장과 관계가 깊다.
④ 환산 1은 객차가 40ton이다.

해설 차량의 무게에 대한 비율이 환산이다.

02 화차의 자중이 40ton이고, 하중이 50ton일 때 환산은 얼마인가?

① 1.1 　　　　② 2.1
③ 2.06 　　　　④ 1.06

해설 환산식은 $\dfrac{(40+50)}{43.5} = 2.06$ 이고, 소수점 둘째 자리에서 반올림한다.

03 화차 연결기 높이의 고저차 한도는 얼마인가?

① 65mm 　　　　② 75mm
③ 45mm 　　　　④ 70mm

해설 화차 연결기 높이의 고저차 한도는 75mm이다.

04 섭씨 25도는 화씨로 몇 도인가?

① 0°F 　　　　② 77°F
③ 100°F 　　　　④ 212°F

해설 $°F = \dfrac{9}{5}°C + 32 = 77°F$

05 철도차량의 취급상 분류방법 중 예비차에 대한 설명으로 적당한 것은?

① 검사와 수선을 완료한 차량으로 역 구내에 체류되어 있는 차량
② 검사와 수선을 필요로 하여 운용차량에서 해방을 통보한 차량
③ 수차선에 입선하여 검사·수선을 시행하고 있는 차량
④ 운용이나 검수를 위해 목적지까지 회송하는 차량

해설 예비차는 검사와 수선을 완료한 차량으로 역 구내에 체류되어 있는 차량이다.

06 철도차량 스프링의 구비 특성으로 바르지 않은 것은?

① 탄성에너지의 흡수 또는 축적이 적어야 한다.
② 하중과 변형과의 관계가 가급적 일정해야 한다.
③ 고유의 진동 성질을 가지고 있어야 한다.
④ 외부의 진동을 절연하고 충격을 완화하여야 한다.

해설 탄성에너지의 흡수 또는 축적이 많아야 한다.

07 차체의 높이를 일정하게 유지시켜 주는 장치는?

① 1차 현수장치 　　② 2차 현수장치
③ 레벨링밸브 　　　④ 센터피봇

정답 01. ② 　02. ② 　03. ② 　04. ② 　05. ① 　06. ① 　07. ③

해설 레벨링밸브는 하중의 변화 및 레일의 편차에 따른 차체의 높이 변화를 일정하게 유지시켜 주는 장치이다.

08 차장률에 대한 설명으로 바르지 않은 것은?

① 차량의 무게에 대한 비율이다.
② 광계선에서 차장률 1량은 14m이다.
③ 협계선에서 차장률 1량은 5.5m이다.
④ 정차장의 유효장과 관계가 있다.

09 차량한계에 대한 내용이 다른 하나는?

① 높이 : 4,500mm
② 폭 : 3,400mm
③ 구체의 최하위 높이 : 50mm
④ 높이 : 5,150mm

해설 건축한계의 높이는 5,150mm이다.

10 차량의 방향을 정하는 기준(1위 또는 전부)이 아닌 것은?

① 수용제동기가 설치된 쪽
② 기중기는 붐 쪽
③ 지정하지 않은 차량은 유사한 차량의 기준에 준한다.
④ 철도교통사고 시도 위 항과 같다.

해설 철도교통사고 시는 진행방향을 바라보고 앞쪽, 그 반대쪽을 뒤쪽이라 한다.

11 전열의 종류가 아닌 것은?

① 열전달   ② 전도
③ 대류   ④ 복사

해설 전열의 종류는 전도, 대류, 복사이다.

12 영차에 대한 설명으로 적당한 것은?

① 차량 자체의 무게를 말한다.
② 차량에 적재할 수 있는 안전한 무게를 말한다.
③ 하중을 부담시키지 않은 차량을 말한다.
④ 화물을 적재한 차량을 말한다.

해설 영차란 화물을 적재한 차량을 말한다.

13 열을 흡수하여 주변을 냉각하고 냉각된 공기를 객실로 유입시켜 주는 장치는?

① 증발기
② 압축기
③ 응축기
④ 팽창변

해설 열을 흡수하여 주변을 냉각하고 냉각된 공기를 객실로 유입시켜 주는 장치는 증발기이다.

14 만 대차의 특징이 아닌 것은?

① 1차 현수장치는 원통 코일스프링이다.
② 1차 현수장치는 세브론 고무스프링이다.
③ 1차 현수장치는 리프스프링이다.
④ 2차 현수장치는 에어백이다.

해설 세브론 고무스프링을 채용한 대차는 KT 대차이다.

15 마찰계수의 특성으로 바르지 않은 것은?

① 압력이 증가함에 따라 작아진다.
② 속도의 증가에 따라 커진다.
③ 온도 상승에 따라 작아진다.
④ 속도가 '0'이 되기 직전 급격히 증가한다.

해설 속도의 증가에 따라 마찰계수는 작아진다.

정답 08. ① 09. ④ 10. ④ 11. ① 12. ④ 13. ① 14. ② 15. ②

16 냉동 사이클 내에서 압축기 입구의 가장 이상적인 냉매상태는?

① 액체

② 기체

③ 습증기

④ 액체+기체

해설 압축기 입구에서의 가장 이상적인 냉매상태는 기체이다.

17 냉동기의 팽창변에 대한 설명으로 적당한 것은?

① 고온·고압의 가스

② 상온·고압의 액체

③ 저온·저압의 기체

④ 저온·저압의 과포화액

해설 저온·저압의 과포화액

18 냉동 사이클 내의 냉매 순환 순서로 적당한 것은?

① 압축기 → 증발기 → 팽창변 → 응축기

② 압축기 → 응축기 → 증발기 → 팽창변

③ 압축기 → 팽창변 → 증발기 → 응축기

④ 압축기 → 응축기 → 팽창변 → 증발기

해설 냉매의 순환 사이클은 압축기 → 응축기 → 팽창변 → 증발기이다.

19 급수탱크에서 공기관으로 물이 역류하는 것을 방지하는 밸브는?

① 역지변　　② 자동 오도변

③ 공기변　　④ 급수변

해설 급수탱크에서 공기관으로 물이 역류하는 현상을 방지하는 것은 역지변이다.

20 객차 연결기의 높이 표준은 얼마인가?

① 890mm　　② 880mm

③ 830mm　　④ 815mm

해설 객차의 연결기 높이는 890mm이다.

21 객차·화차의 차륜 직경 원형은?

① 1,016mm　　② 860mm

③ 1,250mm　　④ 920mm

해설 객차·화차의 차륜 직경 원형은 860mm이다.

22 KT 대차에 대한 설명으로 바르지 않은 것은?

① 볼스타레스 대차이다.

② 1차 현수장치는 세브론 고무스프링과 수직 오일댐퍼로 되어 있다.

③ 1차 현수장치는 중공형 고무를 채용하였다.

④ 센터피봇은 수직하중이 작용하지 않고 피봇역할만 한다.

해설 1차 현수장치에 중공형 고무를 채용한 대차는 쏘시미 대차이다.

23 특대화물을 수송하기 위하여 열차 안전 운행상 화물의 하중을 직접 부담하지 않고 화물적재 화차의 전후에 연결하는 공차는?

① 수선차

② 회송차

③ 입창차

④ 유차

해설 특대화물 운송 시에는 안전을 위해 화물적재 화차 전후에 유차를 연결한다.

정답　16. ②　17. ④　18. ④　19. ①　20. ①　21. ②　22. ③　23. ④

24 철도차량의 제동장치의 종류 중 화차에 사용하는 제동방식이 아닌 것은?

① P4a 제동장치
② ERE 제동장치
③ 적공제동장치
④ KRF-3형 제동장치

해설 ERE 제동장치는 객차용이다.

25 제동통 또는 인력에 의하여 얻어진 힘이 제륜자에 가해지는 비율을 무엇이라 하는가?

① 제동배율
② 제동률
③ 제동력
④ 제동효율

해설 제동배율은 제동통에서 발생한 압력이 제륜자에 가해지는 비율을 말한다.

26 일반철도차량이 160km/h로 달릴 때 몇 m 이내에 정지하여야 하는가? 즉, 전제동거리는?

① 800
② 1,000
③ 1,200
④ 1,400

해설 일반철도차량의 전제동거리는 1,000m 이내이다.

27 일반차량 구체 한계에서 차량의 폭은 몇 mm인가?

① 3,100
② 3,200
③ 3,300
④ 3,400

해설 객·화차의 구조상 제한에서 차량한계의 폭은 3,400mm이다.

28 일반차량 구체 한계에서 차량의 높이는 몇 mm인가?

① 4,500
② 4,600
③ 4,700
④ 4,800

해설 객·화차의 구조상 제한에서 차량한계의 높이는 4,500mm이다.

29 열차 승객의 안전을 위하여 열차속도가 얼마 이상이면 전기적으로 열림전원을 차단하는가?

① 5km/h
② 10km/h
③ 15km/h
④ 20km/h

해설 속도신호 5km/h 이상이 감지되면 열림전원을 차단하여 승강문 열림을 방지한다.

30 연결기 삼태작용 중 록크는 올라가 있고, 연결기 외형, 즉 너클이 완전히 닫혀 있는 상태를 무엇이라 하는가?

① 개방
② 쇄정
③ 개정
④ 해방

해설 록크는 올라가 있고, 너클은 닫혀 있는 조건은 개정상태이다.

31 약호와 설명이 맞지 않는 것은?

① SR(공급공기류)
② CR(제어공기류)
③ AC(제동관)
④ QC(급동실)

해설 제동관은 BP이다.

정답 24. ② 25. ① 26. ② 27. ④ 28. ① 29. ① 30. ③ 31. ③

32 객실출입문이 닫히는 속도 및 쿠션을 조정하는 방법이 맞는 것은?

① 속도는 조정볼트를 시계방향으로 조이면 닫힘속도가 빨라진다.

② 쿠션은 조정볼트를 시계방향으로 돌리면 닫힘 마지막 부분에서 충격이 약해진다.

③ 속도는 조정볼트를 반시계방향으로 조이면 닫힘속도가 빨라진다.

④ 쿠션은 조정볼트를 반시계방향으로 돌리면 닫힘 마지막 부분에서 충격이 강해진다.

[해설]
- 객실출입문 조정볼트로 공기압력 $5kg/cm^2$ 를 조절하여 시계방향으로 조이면 공기를 차단하므로 속도가 약해진다.
- 닫힘속도조절은 조정볼트로, 닫힘쿠션조절은 유량조절기로 한다.

33 무궁화호 객차의 오물처리장치 중 현재 사용되고 있지 않는 형식은?

① 셈코정화조
② 호산신형
③ 진공정화조
④ 강제순환식

[해설] 강제순환식은 KTX에서만 사용되고 있다.

34 대차의 역할에 대한 설명이 다른 것은?

① 센터 플레이트와 사이드 베어러에 의하여 차체의 하중을 담당한다.

② 차체하중을 각 차축에 균등하게 부담한다.

③ 스프링장치에 의하여 상하좌우 방향의 진동충격을 완화·흡수한다.

④ 곡선 통과를 무리하게 해준다.

[해설] 두 쌍의 차륜 차축을 1개조의 형태로 조립하여 중앙에 회전 중심을 두고 회전하면서 곡선 통과를 용이하게 하도록 하며, 일반적으로 대차 또는 트럭(Truck or Bogie)이라고도 부른다.

35 다음 중 객차용 제동장치가 아닌 것은?

① CK1P
② ERE
③ KNORR
④ P4a

[해설] P4a는 화차용 제동장치이다.

36 다음 제동방식을 분류하면 다르게 분류되는 하나는?

① 수용제동
② 공기제동
③ 전기제동
④ 엔진제동

[해설] 수용제동은 인력제동방식이다.

37 다음 대차의 종류 중 객차용 대차가 아닌 것은?

① 세브론
② 쏘시미
③ 아세아
④ 스윙모션

[해설] 스윙모션 대차는 화차용 대차이다.

38 고속차량이란 시속 몇 km 이상의 속도로 주행할 수 있는 차량을 말하는가?

① 100km
② 200km
③ 300km
④ 400km

[해설] 고속차량이란 시속 200km 이상으로 운행할 수 있는 차량의 총칭이다.

정답 32. ③ 33. ④ 34. ④ 35. ④ 36. ① 37. ④ 38. ②

39 객차의 차장률(계산)은 객차 1량의 길이를 몇 m 기준으로 계산하는가?

① 14m   ② 15m

③ 16m   ④ 17m

해설 객화차의 차량 환산법에서 계산 1은 14m이다.

40 차축발열에 대한 설명이 바르지 않은 것은?

① 과적이나 편적이 원인이 된다.

② 축상 내에 이물질이 침입되었을 경우 발생한다.

③ 발생되는 열량이 외부로 발산되는 열량보다 많을 때 발생된다.

④ 베어링의 접촉 불량 시는 베어링 파손의 원인이 된다.

해설 베어링의 접촉 불량 시는 차축발열의 원인이 된다.

41 차륜의 직경을 바르게 연결하지 못한 것은?

① 전기기관차 – 1,250mm

② 디젤전기기관차 – 1,016mm

③ 고속철도 – 860mm

④ 디젤동차, 전기동차, 객화차 – 860mm

해설 고속철도의 직경은 920mm이다.

42 차량의 1위에 대한 설명으로 잘못된 것은 무엇인가?

① 디젤기관차는 동력 대차가 설치된 쪽

② 수용제동기가 설치되어 있는 쪽

③ 기중기는 붐 쪽

④ 특수차는 유사한 차량의 기준을 준용한다.

해설 디젤기관차는 운전실이 설치된 쪽

43 용어에 대한 설명이 잘못된 것은?

① 영차 : 화물의 무게

② 하중 : 차량에 적재할 수 있는 화물의 무게

③ 공차 : 하중을 부담시키지 않는 차량의 무게

④ 자중 : 차량 자체의 무게

해설 영차는 화물을 적재한 차량이다.

44 수용제동기의 형식이 다른 하나는?

① 린드스트론식

② 체인식

③ 마이너식

④ 기어식

해설 린드스트론식은 객차용이고, 나머지는 화차용이다.

45 고무완충기의 장점에 대한 설명으로 틀린 것은?

① 고무의 재질이나 형상의 선택에 따라 특성이 여러 가지로 변한다.

② 접촉을 고무면만으로 하기 때문에 마모가 적고, 고장이 적다.

③ 객차 완충기의 용량은 220ton이다.

④ 소형·경량으로 강도 및 내구성이 좋다.

해설 객차 완충기의 용량은 120ton이다.

46 다음 중 객차 차체 지붕쪽 횡방향 골조의 명칭은?

① 카라인   ② 퍼라인

③ 캔트레일   ④ 크로스빔

해설 객차 차체 지붕 횡방향 골조의 명칭은 카라인이고, 길이방향의 골조는 퍼라인이다.

정답 39. ①   40. ④   41. ③   42. ①   43. ①   44. ①   45. ③   46. ①

디젤기관차

디젤기관차

01 기관장치

1 디젤기관차의 기본원리

디젤기관차에는 디젤기관에서 발생한 원동력으로 주발전기를 구동하여 발전된 전원을 견인전동기에 공급하여 견인전동기로 하여금 동륜을 회전하게끔 설계된 기관차를 말한다. 즉 디젤기관차는 자가발전장치를 구비한 전기기관차이다.

> 디젤기관 출력(기계적 에너지인 크랭크축 회전력) → 주발전기 전력(전기적 에너지) → 견인전동기 출력(전자력, 즉 기계적 에너지) → 피니온과 기어 → 동륜을 회전시킴

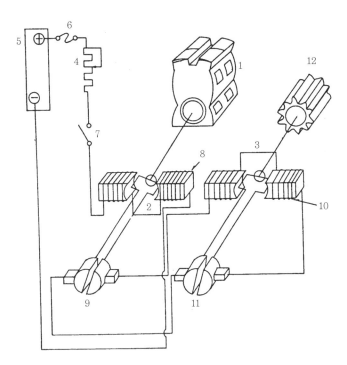

1. 디젤기관	2. 주발전기	3. 견인전동기
4. 부하조정기	5. 축전지	6. 주발전기 계자퓨즈
7. 축전지 계자접촉기	8. 주발전기 계자	9. 주발전기 정류자
10. 견인전동기 계자	11. 견인전동기 정류자	12. 견인전동기 회전자 피니온

‖ 디젤기관차의 작동원리 ‖

2 디젤기관차의 주요 기본작용

① 디젤기관은 연료유가 가진 에너지를 기계적인 에너지, 즉 동력으로 바꾸어 주발전기를 구동하며 주발전기는 디젤기관의 기계적인 에너지를 전기적 에너지로 전환시키고 견인전동기는 주발전기에서 전원을 받아 전기적 에너지를 기계적 에너지로 전환시킨다.

② 디젤기관의 출력은 가감간(Throttle lever)의 위치에 따라 기관 조속기(Engine governor)와 부하조정기에 의해 제어된다.

③ 주발전기 구동에 소요되는 디젤기관의 마력은 다음과 같다.

$$주발전기~구동마력 = \frac{주발전기에서~발전된~전압 \times 전류}{746W \times 주발전기~효율}$$

④ 디젤기관과 주발전기의 출력 증가는 가감간 상승에 따라 실린더 내에 보다 많은 연료를 분사시켜 이루어진다.

⑤ 주발전기에서 공급된 전류는 견인전동기에서 회전력으로 변화하여 동륜을 회전시키며 부하가 많이 걸릴수록 한정된 범위 내에서 많이 흐른다. 또한 견인전동기의 회전속도가 상승하면 배압의 발생으로 발전기의 발생 전압은 상승하고 전류는 감소한다.

⑥ 견인전동기의 회전속도가 증가되어 주발전기의 허용치 이내에 최고전압이 발생하면 주발전기와 견인전동기의 회로를 병렬로 연결 자동적으로 바뀌진다. 이것을 전방전이라 한다. 만일 이미 지정된 배압치에서 전이가 이루어지지 않으면 소정의 열차속도를 낼 수 없다. 직렬운전 중 전이가 이루어져 병렬로 연결되면 각 견인전동기는 알맞게 전류를 받아 열차속도가 상승된다. 이때 속도가 직렬보다 약 2배 높아진다.

⑦ 견인전동기가 주발전기와 병렬로 연결될 경우에는 각 견인전동기는 주발전기에서 각각 전류를 공급받는다. 병렬로 운전 중 구배선에서 열차의 속도가 떨어지면 전압이 떨어지고 전류는 증가하여 주발전기와 견인전동기의 연결은 병렬에서 직렬 연결로 회로가 바뀌어서 후방전이를 한다. 이때 출력이 병렬보다 약 4배 많다.

⑧ 견인전동기 계자회로에 저항기를 삽입하여 여자전류를 감소시켜 전동기의 특성으로 전동기 회전수가 높아져 고속운전이 된다. 이것을 약계자라 한다.

⑨ 디젤전기기관차가 평탄선 100km/h의 속도로 주행 때와 상구배 선상에서 60km/h의 속도로 주행할 때 가감간이 모두 8단에 있다면 기관의 출력은 동일하다. 이 동일 출력은 부하조정기와 주발전기의 특수구조에 의하여 이루어진다. 주발전기에서 발생하는 전압과 전류와의 관계는 열차속도가 상승하면 전압은 높아지고 전류는 감소되나, 열차속도가 저하하면 반대로 전압은 떨어지고 전류가 많아지므로 주발전기에서 발생한 동력은 결국 같은 셈이 된다. 즉 전압×전류의 값이 동일하므로 기관의 주발전기를 구동하는 데 필요한 HP 마력은 가감간 8단에서 100km/h로 운전할 때와 60km/h로 운전할 때는 같은 동력을 주발전기에서 공급한다.

$$HP~마력 = \frac{주발전기~발생~전압 \times 전류}{746W \times 주발전기~효율}$$

3 디젤전기기관차의 특성(567계 및 645계)

(1) 매 하행정마다 동력을 발생하는 V형 2행정기관으로 마력당 중량이 가볍다

2사이클 기관은 크랭크축 1회전에 1회의 연소를 하는 기관으로 반드시 소기가 필요하므로 소기공기를 공급하는 기관 송풍기가 있다.

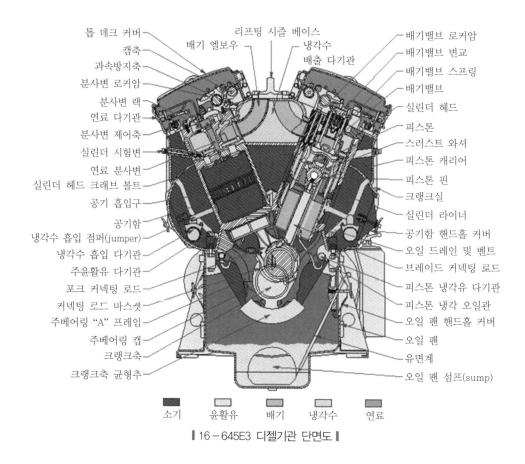

톱 데크 커버
캠축
과속방지축
분사변 로커암
분사변 랙
연료 다기관
분사변 제어축
실린더 시험변
연료 분사변
실린더 헤드 크래브 볼트
공기 흡입구
공기함
냉각수 흡입 점퍼(jumper)
냉각수 흡입 다기관
주윤활유 다기관
포크 커넥팅 로드
커넥팅 로드 바스켓
주베어링 "A" 프레임
주베어링 캡
크랭크축
크랭크축 균형추

리프팅 시즐 베이스
배기 엘보우
냉각수
배출 다기관

배기밸브 로커암
배기밸브 번교
배기밸브 스프링
배기밸브
실린더 헤드
피스톤
스러스트 와셔
피스톤 캐리어
피스톤 핀
크랭크실
실린더 라이너
공기함 핸드홀 커버
오일 드레인 및 벤트
브레이드 커넥팅 로드
피스톤 냉각유 다기관
피스톤 냉각 오일관
오일 팬 핸드홀 커버
오일 팬
유면계
오일 팬 섬프(sump)

소기   윤활유   배기   냉각수   연료

▌16 – 645E3 디젤기관 단면도 ▌

(2) 단류소기방식을 채택하여 소기작용이 완전하다(청정공기 계통이 완전하다)

피스톤이 하사점에 위치할 때 실린더 라이너 주위에 설치된 18개의 소기구가 열려 주위에서 균등하게 소기공기가 유입되어 소기효율이 좋고 냉각효율이 좋다.

(3) 유닛 인젝터에 의한 무기분사방식을 채택하였다

유닛 인젝터는 고압 분사펌프와 분무 노즐이 한 개의 실내에 조립된 것으로 567계 기관은 고압펌프와 노즐이 일체로 된 분사변을 헤드에 장착하고 있다.

(4) 압축비가 높다

567 및 645E 기관은 16 : 1이고, 645E3 터보 과급하는 기관은 14.5 : 1이다.

■4 기관 작동과정

2사이클 기관 동작을 살펴보면 다음과 같다.

(1) 급기

4사이클 기관은 흡입행정 시 피스톤에 의하여 공기가 급기되지만, 2사이클 기관은 정확히 '흡입행정이 없고 소기행정의 종말에 급기'가 이루어진다. 즉 소기 중 피스톤이 크랭크핀 하사점(B.D.C) 후 45° 위치에 이르면 소기구를 폐색하고, 16° 경과하면 배기변이 폐색되어 소기용 공기가 실린더 내에 충만하게 된다.

(2) 압축

소기 중 피스톤이 크랭크핀 하사점 경과 후 61° 위치에 급기가 완료 후 계속 피스톤이 상승하면 실린더 내의 공기는 압축되어 피스톤이 상사점(T.D.C)에 이르면 압축이 끝나고 온도가 약 1,000°F(538℃), 압력이 약 600psi(42kg/cm^2)에 달한다.

(3) 연소

① 연소방식 : 열에 의한 압축 착화

피스톤이 상사점에 도달하기 직전 압축행정 종말에 연료유를 분사하면 열에 의하여 착화된다.

② 연소는 연료공급이 끝날 때까지 연소되며 이 작용으로 실린더 내의 가스는 팽창되어 피스톤을 강하시킴으로써 로드에 의하여 크랭크축을 회전시킨다.

(4) 소기

실린더 내의 연소가스를 깨끗이 소제하는 역할을 한다.

연소가스 팽창이 상사점 후 103° 위치에서 거의 끝나게 되면 배기변이 개방되어 연소실 내의 압력가스는 대기 중에 방출되어 압력이 강하한 다음 피스톤에 의하여 피스톤이 하행운동을 계속하여 하사점 전 45°에서 소기구가 개방되면 공기함 내의 소기용 공기 3psi 정도가 연소실 내에 진입하여 연소가스를 배출한다. 소기공기는 기관 송풍기에서 공급되는 공기로써 피스톤에 의하여 소기구가 다시 폐색될 때까지 소기를 계속한다. 이러한 과정으로 피스톤은 처음 출발점에 다시 돌아와 다음 사이클을 계속 반복하게 된다.

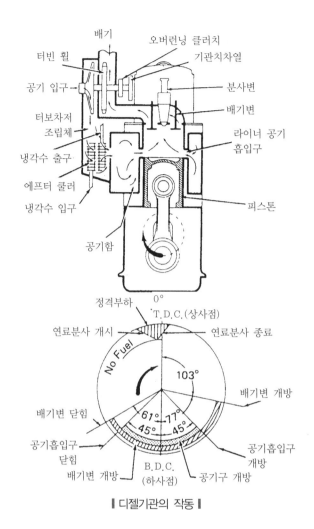

┃ 디젤기관의 작동 ┃

▐5▌ 견인전동기 회전수와 기관차 속도와의 관계

① 견인전동기 회전수에 정비례한다.

　견인전동기 회전수는 단자전압에 정비례하고, 전류에 반비례한다.

② 동륜 직경에 정비례한다.

③ 기어비에 반비례한다.

　⇒ 기어비 7500호대는 62 : 15, 7100호와 7200호대는 57 : 20이다.

🔧 **디젤전기기관차의 동력전달방식 중 액압 변속방식과 직류직권 견인전동기 방식을 채택하는 이유**

열차가 출발할 때는 큰 견인력이 필요하고, 열차가 출발한 후에는 고속으로 운행할 수 있는 특성을 가지고 있기 때문이다.

6 전이

전이란 기관차가 견인력을 필요로 하는 저속에서는 견인전동기에 많은 전류를 공급시키고, 고속에서는 높은 전압을 공급시켜 주발전기의 출력을 효율적으로 견인전동기에 공급시키기 위한 고압회로 결선 변경방식을 말한다.

전이는 1단과 2단으로 구분되며, 이는 견인전동기에서 유입되는 전압의 차이로 주발전기와 견인전동기 간의 결선방식이 직렬과 병렬로 변환되어 가는 과정을 뜻한다.
GT26CW-2 기관차에 있어서 실속(失速) 때와 저속 때 전 병렬로 연결된 6개의 D77형 전동기의 전류 정격은 주발전기의 전류 정격을 초과한다. 따라서 이때에는 각각 2개의 전동기를 직렬로 하는 3병렬로 연결된다.

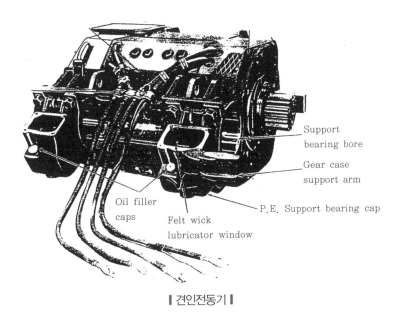

| 견인전동기 |

운전 중에는 더 높은 기관차 속도에서 전 마력을 내기 위하여 필요한 전압이 상당히 높으므로 6개의 전동기는 전 병렬로 전이가 일어난다.

7 기관의 배열

(1) 기관의 주요 배열

조속기, 냉각수 펌프 및 윤활유 펌프는 기관의 앞쪽에 위치해 있고 터보차저와 플라이휠은 기관 후단부 혹은 카프링 단부에 설치되어 있다. 기관의 뒤쪽에서 앞쪽을 향하여 보는 것으로 기관의 좌·우측을 정하였다.

후단부	좌측 뱅크								전단부
주발전기	좌측	⑯ ⑮ ⑭ ⑬ ⑫ ⑪ ⑩ ⑨							윤활유 펌프
터보차저									냉각수 펌프
플라이휠	우측	⑧ ⑦ ⑥ ⑤ ④ ③ ② ①							조속기

우측 뱅크

(2) 567 계열기관과 645 계열기관의 특징

실린더당 배기량을 in^3으로 나타낸 수치이다.

① 567 계열기관

ㄱ 실린더당 567in^3의 배기용량을 가지고 있다.

ㄴ 실린더 직경 : 8 –1/2″, 피스톤 행정 : 10″로 되어 있다.

② 645 계열기관

ㄱ 실린더당 645in^3의 배기용량을 가지고 있다.

ㄴ 실린더 직경 : 9 –1/16″, 피스톤 행정 : 10″로 되어 있다.

8 크랭크케이스 및 유조

(1) 크랭크케이스의 주요 구성부

톱데크, "A" 프레임, 실린더 뱅크, 측판과 단판

공기함의 공기압력은 만부하 운전 시 송풍기 취부기관의 경우 3.5~4.5psi, 터보차저 취부기관의 경우 15psi이다.

① 공기함 핸드홀을 통해 검사할 수 있는 사항

ㄱ 기관 송풍기의 회전자와 오일실 기능 검사

ㄴ 실린더 라이너 내벽의 상태 확인

ㄷ 피스톤 링의 상태

ㄹ 피스톤의 상태

ㅁ 피스톤과 헤드의 간격 측정

ㅂ 분사변(인젝터)의 기능 또는 공기함의 상태

② 크랭크케이스에 설치되어 있는 다기관 : 물, 기름, 배기 등이 한 곳에서 여러 곳으로 갈려지거나, 반대로 여러 곳에서 한 곳으로 모이도록 설계된 본관 역할을 하는 곳이다.

윤활유 다기관, 연료유 다기관, 냉각수 유입 다기관, 냉각수 방출 다기관, 피스톤 냉각유 다기관, 배기 다기관 등이 있다.

※ 흡입 다기관은 크랭크케이스에 설치되어 있는 다기관이 아니다.

(2) 유조(Oil pan)

① 기관 유조는 크랭크실을 지지하고 기관 기초부와 같은 역할을 하는 강제 조립체이다.

② 유조함의 압력은 (–) 1/2~1″ H_2O가 정상이다.

> **유조 핸드홀을 통해 검사할 수 있는 사항**
>
> - 메인 베어링과 커넥팅 로드 베어링
> - 베어링 캠과 베어링 바스켓 상태
> - 실린더 하위 내부의 상태
> - 피(Pee) 파이프와 피스톤 핀 및 피스톤 캐리어
> - 유조 내 전반적 상태

■9 실린더 헤드와 부속장치

(1) 실린더 헤드

실린더 헤드는 고강도 주철 합금제로 냉각수와 배기가스의 주조 통로를 갖추고 있다. 크랭크케이스는 좌측 뱅크 전부로부터 제2번 실린더와 우측 뱅크 후부로부터 제2번 실린더에 맞춘 사이펀 튜브(Siphon tube)를 가지고 있다. 이것은 기관의 물을 배수할 때 냉각수 방출 다기관으로부터 냉각수를 흡인하여 배수하기 위해 설치하였다. 그러므로 모든 실린더 헤드에는 짧은 방출관만을 사용하고 있다.

> **피스톤과 실린더 헤드**
>
> - 피스톤과 실린더 헤드 간격 측정 시 평균 간격 : 0.04~0.055in
> - 피스톤과 실린더 헤드 간격의 최대·최소치 : 567기관 – 0.026~0.068″, 645기관 – 0.02~0.068″

① 실린더 헤드의 구성요소
  ㉠ 로커암, 배기밸브, 스프링을 가진 변교, 배기밸브 안내, 과속방지파울, 실린더 검사변, 냉각수 방출 엘보우, 분사변 등이 있다.
  ㉡ 실린더 헤드에는 내마모를 위해 질화과정에 의해 처리된 주철제 변 안내가 사용되고, 배기변은 실린더당 4개가 있으며 내열성 재질을 사용한다.
  ㉢ 분사변을 동작시키는 로커암의 하부에는 과속파울이 설치되어 있으며, 기관속도가 지정속도를 초과하면 과속파울이 로커암을 위로 밀어올려 분사변이 무분사 위치에서 고정되게 함으로써 기관이 정지하게 하여 주발전기를 과속으로부터 보호한다.
② 실린더 헤드 취거 전에 해야 될 사항
  ㉠ 메인스위치를 차단
  ㉡ 검사변 취거
  ㉢ 냉각수 배출
  ※ 피 파이프는 실린더 라이너 취거 시 조치사항이다.

흡 · 배기밸브의 고장원인

실린더 헤드 가스켓 누설과는 관련이 없다.
- 변스프링 불량
- 공기여과기 과도 폐색
- 압봉 불량

(2) 변교와 액압충격조절기

① 변교 : 1개의 로커암에 의해 2개의 배기밸브를 작동시킨다. 하나의 스프링과 스프링 시트가 고정링으로 변교 스템에 취부된다.

② 액압충격조절기

　㉠ 변교의 양쪽 끝에 장착되어 있으며 배기변봉의 끝과 조절기와의 간극을 항상 "0"으로 유지시켜 밸브 스템의 끝과 변교 간에 충격이 없도록 하는 것이다. 간극이 "0"을 유지하지 않으면 소음이 나고 변교 파손의 원인이 된다.

　㉡ 액압충격조절기의 역할
- 로커암의 충격적인 운동을 완화시킨다.
- 변파손 고장을 예방한다.
- 기관 작동음의 금속적인 타음을 제거한다.

③ 윤활유는 로커암에서 변교에 뚫린 통로를 통해 액압충격조절기 상부로 흐른 후 볼체그를 지나 조절기체로 들어간다.

④ 기관 작동 중 변교에서 타음이 발생되면 액압충격조질기의 고착 여부를 확인하여야 한다. 액압충격조절기와 변봉 끝 사이에 충격이 있을 때는 변교를 취거하여 액압충격조절기를 분해 · 청소하여야 한다. 분해 시에는 볼체크 및 플런저의 상태를 확인하여 마모품은 교체하고, 변교 취부 시에는 끝단의 모서리 있는 부분이 앞으로 오게 해야 한다.

(3) 로커암 조립체

① 실린더 헤드에는 3개의 로커암이 장착되어 있다. 2개의 로커암은 4개의 배기밸브를 작동시키고, 다른 1개의 로커암은 분사변을 작동시킨다.

② 로커암은 각 로커암 포크 단부(Fork end)에 붙여진 캠 종동 롤러를 통하여 캠축에 의하여 직접적으로 작동된다.

③ 로커암의 반대쪽 끝에는 분사변 시기 조정과 액압충격조절기 조절을 위한 조절나사와 고정너트가 붙여져 있다.

④ 분사변 로커암은 배기밸브 로커암과 그 외형이 비슷하지만 배기밸브 로커암보다 더 튼튼하다. 그리고 이것은 캠 종동 롤러를 지지하고 있는 요크(Yoke)로서 구분할 수 있다. 즉, 분사변 로커암은 4각 모양으로 되어 있고, 배기밸브 로커암은 V자 모양으로 되어 있다.

⑤ 분사변 로커암만이 과속방지 동작을 위한 기계가공된 노치(Notch)를 가지고 있다.

⑥ 분사변과 배기밸브 로커암은 서로 바꿀 수 없다.

⑦ 윤활유는 로커암에 있는 드릴통로를 통하여 캠 종동 조립체와 조정 스크류에 공급되고 변교의 액압충격조절기에도 공급된다.

(4) 실린더 검사변

① 실린더 내 압력을 제거하여 크랭크축 회전을 쉽게 하는 역할을 한다.

② 실린더 검사변은 각 실린더마다 설치되어 있고, 변체 침변(니들밸브), 패킹너트, 실로 구성되어 있다.

③ 엔진을 검수하기 위하여 크랭크축을 회전시킬 때 힘이 덜 들도록 검사변을 열어 압축압력을 완해시킨다.

④ 검사변을 열고서 바(Bar)로 기관을 돌리면서 연료와 냉각수가 밸브에서 방출되는지 여부를 탐지할 수 있다.

⑤ 실린더 검사변은 크랭크실 내의 하우징에 끼워지며 실린더 헤드에 나사로서 조립된다.

⑥ 무리한 침변 개방은 가스압력으로 탈출의 우려가 있으므로 2~3회 이상 회전하여 개방해서는 안 되며, 검사변 취부 시에는 검사변 본체를 완전히 조인 후 패킹너트를 지정 토크치로 조여야 한다.

⑦ 엔진에서 이음이 발생되거나 매연 발생이 심하면 검사변을 개방하여 불량 실린더를 찾을 수 있다.

⑧ 엔진 정지 후 검사변 취부공을 통하여 연소실에 압력공기를 주입하면 균열 실린더 및 배기변을 찾을 수 있다.

⑨ 엔진을 장시간 정지시켰다가 기동할 때에는 검사변을 개방하여 피스톤 상부에 누적된 이물을 제거하고 기동하여야 한다.

🔧 실린더 검사변의 역할

- 기관을 수동 회전시킬 때 압축을 경감시킨다.
- 연소실 내에 쌓인 액체 물질을 제거하는 데 사용된다.
- 연소기능을 확인할 수 있다.

10 피스톤 조립체와 커넥팅 로드

(1) 피스톤 조립체

피스톤 조립체는 주철합금제의 피스톤, 4개의 압축링 및 2개의 오일링으로 되어 있다.

베어링 인서트의 양쪽 끝에 있는 탱(TANG)은 인서트의 단부 이동을 방지하도록 캐리어에 있는 카운터 보어 안으로 굽혀 놓는다.

피스톤은 기관이 운전되는 동안 피스톤 스커트부의 윤활을 돕기 위해 인산염 처리가 되어 있다. 이는 표면을 처리하여 비금속성, 기름 흡수성, 신속한 길들이기를 조장하며, 감마면 조성 그리고 마모 촉진·감소 등의 역할을 한다.

압축비

- 실린더당 배기량과 총 간극용적에 따라 달라진다.
- 567 및 645E 기관은 16 : 1이고, 645E3 터보 과급하는 기관은 14.5 : 1이다.
- 압축비 산출식 : $R = \dfrac{D+C}{C}$

  여기서, R : 압축비

  　　　　D : 피스톤 배제량(실린더당 배기량)

  　　　　C : 총 간극용적
- 총 간극용적 : 피스톤 볼 용적 + 피스톤과 헤드 간의 용적 + 잔여용적

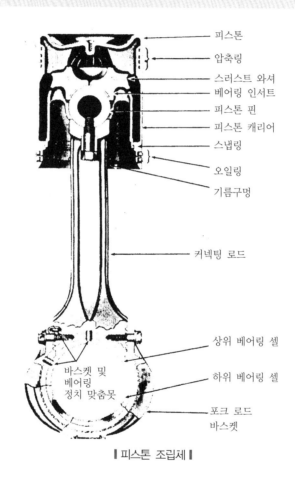

	피스톤
	압축링
	스러스트 와셔
	베어링 인서트
	피스톤 핀
	피스톤 캐리어
	스냅링
	오일링
	기름구멍
	커넥팅 로드
	상위 베어링 셀
바스켓 및 베어링 정치 맞춤못	하위 베어링 셀
	포크 로드 바스켓

┃피스톤 조립체┃

① **피스톤 볼 용적** : 피스톤 헤드에 접시모양으로 오목하게 된 부분의 용적
② 피스톤과 헤드 간의 용적은 피스톤과 헤드 간의 간격(최대 0.068″, 최소 0.020″ – 645계열, 0.026″ – 567계열, 표준 0.045″)에 따라 다르다.

> **피스톤 치수에 의한 구분(표준치 S.T.D : 9.049″ ~ 9.051″ — 청색)**

- 0.03″ O.S 피스톤 : 표준치보다 0.03″ 큼(황색)
- 0.06″ O.S 피스톤 : 표준치보다 0.06″ 큼(백색)

③ 잔여용적 : 라이너의 경사부, 검사변의 침변 끝 공간부, 배기변 헤드의 깊은 부분, 분사변의 끝부분 등 연소실 용적을 넓히는 조건을 부여하는 모든 용적을 합한 용적으로 거의 일정하다.

> **오버 사이즈를 두는 이유**

경비 절감을 위해 실린더 라이너를 재생시켜 사용할 수 있게 오버 사이즈를 둔다.

④ 피스톤 찰상 원인
  - ㉠ 기관 과열로 실린더 벽의 유막 파괴
  - ㉡ 고온 압축기 누설 또는 그 밖의 원인에 의한 유막 파괴
  - ㉢ 불순물 개입 또는 인산염 처리상태 불량
  - ※ 냉각된 상태에서 급격한 부하운전과는 관련이 없다.
⑤ 피스톤 링 마모 촉진 원인
  - ㉠ 윤활작용 불량으로 인한 마모
  - ㉡ 과열상태로 장시간 운선
  - ㉢ 재질 불량
  - ㉣ 분사변 불량으로 연료유 과다 분출로 인한 유막 파괴

(2) 커넥팅 로드

커넥팅 로드는 서로 연결되는 한 쌍의 블레이드(Blade)와 포크(Fork) 구조로 되어 있다.

① 블레이드 로드
  - ㉠ 크랭크 핀 상부 베어링의 배면에서 전후로 움직이며 포크 로드의 카운터 보어에 의하여 제자리에 유지된다.
  - ㉡ 블레이드 로드의 한쪽 끝은 다른 쪽보다 길며 이것을 장축종(Long toe)이라고 한다. 기관의 우측 뱅크에 장착되어 있으며, 장축종 쪽이 기관의 중앙부를 향하고 있다.
② 포크 로드
  - ㉠ 포크 로드는 기관의 좌측 뱅크에 장착되어 있으며, 로드의 측 하부에 있는 톱니부는 포크 로드 바스켓에 있는 같은 모양의 톱니부와 맞물려진다.
  - ㉡ 로드 바스켓은 두 쪽으로 되어 있으며, 바스켓의 저부에서 3개의 볼트와 셀프 로킹너트로 서로 맞붙여진다.
  - ㉢ 포크 로드와 바스켓은 톱니부에서 서로 볼트로서 체결된다. 조립체로 구심일치가 되어 있으므로 교환하여 사용할 수 없다.

  ㄹ 포크 로드와 바스켓은 한 짝임을 증명하기 위하여 동일 조립체 일련번호가 찍혀 있다. 즉, 항상 일체가 되어야 하며 교환할 경우에도 일체로 교환해야 한다.

11 실린더 라이너

 실린더 라이너는 주물체의 외벽 주위로 강관을 용접하여 가공한 것으로 두 개로 나눠진 워터자켓을 갖고 있다. 냉각수 전향장치는 유입 냉각수가 라이너 내벽에 직접 부딪치는 것을 방지한다. 라이너로 들어온 냉각수는 라이너 저부 주위를 돌아 12개의 냉각수 방출공을 통하여 실린더 헤드로 방출하도록 위쪽으로 올라간다.

 라이너는 8개의 스터드와 너트에 의해 실린더 헤드에 확고히 장착되며, 실린더 헤드 크래브에 의해 크랭크케이스의 제자리에 유지된다. 라이너 스터드의 길이는 9-1/2″이다.

 라이너는 0.76mm(0.030″) 혹은 1.52mm(0.060″) 오버 사이즈로 다시 보링할 수 있다. 오버 사이즈 라이너에는 그에 맞는 오버 사이즈 피스톤을 사용하여야 한다.

> **라이너 취부에 의한 분류(표준치 S.T.D : 9.0595″ ~ 9.0620″ − 녹색)**
>
> • 0.03″ O.S 라이너 : 표준치보다 0.03″ 큼(황색)
> • 0.06″ O.S 라이너 : 표준치보다 0.06″ 큼(백색)

 커넥팅 로드 베어링은 조정하지 못하게 되어 있으므로 크랭크축과의 간극의 한도를 초과하면 교환해야 한다. 그리고 일단 사용하였던 것은 다른 크랭크 핀에 사용해서는 안 되며, 크랭크 핀을 언마한 때는 그 지수에 맞는 언더 사이즈 베어링을 사용해야 한다.

> **오버 사이즈와 언더 사이즈를 갖는 것**
>
> • 오버 사이즈를 갖는 것 : 실린더 라이너, 실린더 헤드, 피스톤
> • 언더 사이즈를 갖는 것 : 커넥팅 로드 베어링, 메인 베어링, 크랭크축

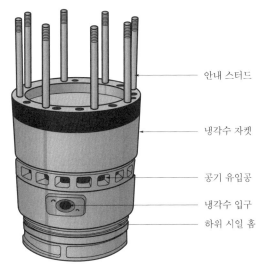

안내 스터드

냉각수 자켓

공기 유입공

냉각수 입구

하위 시일 홈

▋실린더 라이너 ▋

12 연압축시험

동력 조립체를 교환 후에 헤드와 피스톤 간의 간격을 측정하는 것은 중요한 일이다. 이것은 차후의 마모량 혹은 헤드와 피스톤 간의 관계 변화를 평가하는 데 필요한 정보를 제공한다.

① 기관에서 측정하려고 하는 것과 같은 치수의 피스톤을 이용하여 납줄 홀더의 양 끝에 1/8″ 직경의 납줄을 적당한 길이로 끼운다. 피스톤의 상부에 납줄 홀더를 놓았을 때 줄의 각 끝은 피스톤의 외경에서 적어도 3.18mm(1/8″)가 되어야 한다.

② 점검하려는 피스톤이 하사점에 이를 때까지 기관을 수동으로 회전시킨다.

③ 라이너 구멍을 통하여 납줄이 붙은 홀더를 놓고 홀더가 크랭크축과 평행하도록 피스톤 상부에 맞추어 놓는다.

④ 납줄이 압축되도록 크랭크축을 한 바퀴 회전시킨다. 기관에서 납줄을 꺼내어 압축된 양단의 안쪽 부분을 측정한다.

⑤ 최대 간격과 최소 간격 내에서 압축된 두 단부 사이의 차이는 0.005″를 초과하지 않아야 한다. 만일 그 차이를 초과하면 납줄의 위치가 변화되었을지도 모르므로 작업을 반복한다.

⑥ 만일 2차 측정 후에 아직도 차이가 0.005″보다 크면 동력 조립체를 교체한다.

13 크랭크축(Crank shaft) 및 그 부속장치

크랭크축 조립체는 크랭크축, 메인 베어링 및 캡, 스러스트 칼라, 비틀림 댐퍼, 부속장치 구동치차로 되어 있다.

(1) 크랭크축

크랭크축은 메인 저널과 크랭크 핀 저널을 유도·경화한 탄소강 단조물이다. 8 및 12실린더 기관의 크랭크축은 1편의 단조물이고, 16실린더 기관의 크랭크축은 플랜지에 볼트로 함께 체결되는 두 부분으로 만들어졌다.

메인 베어링 저널은 7-1/2″ 직경이며, 크랭크 핀 직경은 6-1/2″이다.

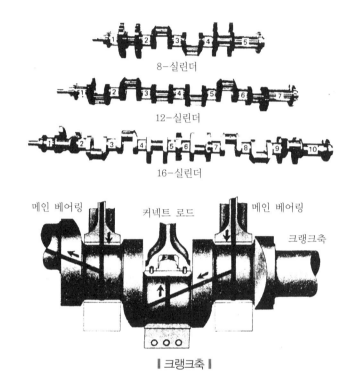

8-실린더

12-실린더

16-실린더

| 크랭크축 |

(2) 메인 베어링

메인 베어링 셀은 길들이기의 목적으로 연주석을 엷게 입힌 층을 가진 강배판의 연청동 정밀형 베어링으로 상위와 하위 베어링 셀은 서로 교환하여 사용할 수 없다.

(3) 스러스트 칼라

동으로 되어 있으며, "A" 프레임의 카운터 보어에 위치되어 베어링 캡에 의해 제자리에 유지된다. 스러스트 칼라의 목적은 크랭크축이 축방향으로 이동하는 것을 방지하며, 추력(Thrust force)을 흡수하는 역할을 한다.

(4) 조화 균형추

크랭크축에 있어서의 비틀림 진동을 제거하기 위해서 기관에 사용되고 있다.

(5) 점성 댐퍼

점성 댐퍼는 645E3 기관에 사용되며, 크랭크축에 발생하는 비틀림 진동을 흡수한다. 크랭크축의 전단부에 장착되어 있으며, 보조장치 구동치차 뒤에 위치하고 있다.

(6) 부속장치 구동치차

① 크랭크축에서 전달되는 비틀림 진동을 감쇄한다.

② 부속장치 구동치차는 기관의 전단부에 위치하고 있으며 윤활유 펌프, 냉각수 펌프 및 기관 조속기를 구동하기 위하여 크랭크축으로부터 동력을 공급받는다.

③ 크랭크축에서 전달되는 비틀림 진동을 감쇄하기 위하여 치차 내부에는 스프링이 설치되어 있다.

④ 캠축과 자유륜 작용을 하기 전의 터보차저를 구동하는 데 필요한 동력이 기관의 후부에 있는 치차열을 통하여 공급된다. 캠축 치차열은 크랭크축에 붙여진 크랭크축 치차, 1번 중간치차, 스프링 구동치차 조립체 및 좌·우측 캠축 구동치차로 구성되어 있다.

⑤ 스프링 구동치차 조립체는 2번 중간치차, 스프링 조립체 및 터보차저 구동치차로 조합되어 있다.

⑥ 보조장치 구동 조립체는 터보과급기 하우징에 장착되어 있으며, 우측 뱅크 캠축 구동치차로부터 구동된다. 이 조립체는 견인전동기와 주발전기 송풍기, 보조발전기를 구동한다.

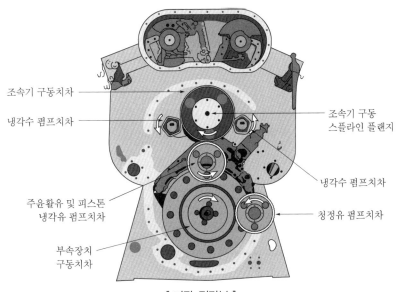

▌기관 전단부 ▌

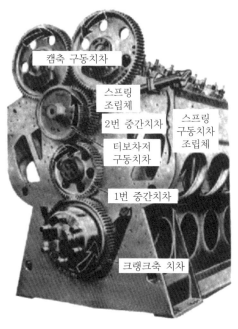

캠축 구동치차

스프링
조립체

2번 중간치차

스프링
구동치차
조립체

터보차저
구동치차

1번 중간치차

크랭크축 치차

┃기관 후단부┃

조속기 구동기어에 의해 맞물려 있는 것

냉각수 펌프, 주윤활유 및 피스톤 냉각유 펌프

14 캠축 조립체

캠축 조립체는 플랜지가 있는 절편(Segment), 전·후부의 스터브축, 스페이서(Spacer)로 구성되어 있고, 스페이서는 중앙부 절편 사이에 사용된다.

15 공기흡입 및 배기 계통

공기흡입은 송풍기(6,300대 이하)에 의한 자연급기와 터보과급기에 의한 과급된 급기를 흡입 하는 두 종류가 있다.

(1) 송풍기

① 송풍기는 저압 다량의 공기를 기관속도에 비례하여 공급한다. 기관에 신선한 공기를 공급 하는 작용과 크랭크케이스의 배기작용을 겸한다.

② 8실린더 기관은 1대, 12 및 16실린더 기관은 2대의 송풍기가 구동된다. 12실린더의 송풍기 구동기어는 8 및 16실린더의 것보다 크게 되어 있어 송풍기 회전이 느리다.

③ 송풍기 회전자 베어링은 보조발전기 구동실에서 공급되는 기관 윤활유가 송풍기의 전단 및 후단판에 뚫린 기름통로를 거쳐 들어가서 각 베어링과 기어를 윤활한다.

(2) 터보차저(터보과급기)

디젤기관의 배기가스는 만부하 시 약 1,000°F(538℃)의 높은 온도와 14psi의 압력을 가지고 있어 가스터빈을 구동하는 에너지원으로 사용할 수 있다. 이와 같은 고온·고압의 배기가스의 열에너지를 이용하여 기관 출력을 증가시키고 연료를 절약하기 위해 설치한 것이 터보차저이다.

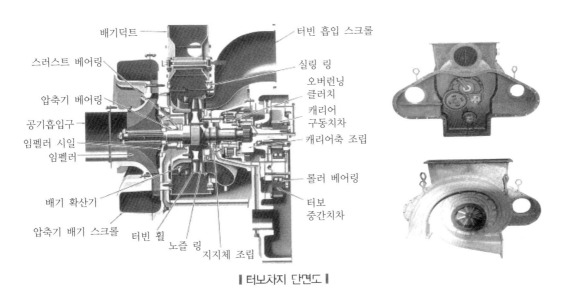

┃ 터보차지 단면도 ┃

① 구조
  ㉠ 압축기부 : 기관 여과실로 유입된 공기를 압축하여 공기함으로 이송하는 부분이다.
  ㉡ 터빈부 : 터빈 부분은 배기가스 흡입구 부품과 터보차저 본체 실에 있는 오버런닝 클러치 조립체를 포함하고 있다.
  ㉢ 치차 구동부 : 유성치차, 선치차(Sun gear), 중간치차(Idler gear), 캐리어축 등으로 구성되어 있으며 기관으로부터 동력을 받아 터보차저를 구동하는 부분이다. 터보차저는 연접 치차열을 갖춘 1단 터빈을 내장하고 있다.
② 터보과급기 조립체
  ㉠ 터보과급기 조립체의 구조
    • 오버런닝 클러치 : 배기가스 열에너지가 약 1,000°F(538℃) 때 기관의 도움 없이 터보차저를 구동 가능하게 하는 장치이다.
    • 터보과급기의 터빈축을 직접 회전시키는 치차 : 선치차
    • 터보차저의 치차 : 선치차, 유성치차, 링치차
  ㉡ 터보과급기 조립체의 특성
    • 배기가스를 이용하여 기관의 마력을 증대시킨다.
    • 연료를 절약하도록 하기 위하여 사용된다.

- 송풍기보다 공기압력이 높으므로 효율을 증대시킨다.
- 윤활은 윤활유 및 흡인유 계통을 통해서 윤활을 한다.
- 회전비가 1 : 18보다 높으면 오버러닝 클러치가 풀리며, 터보과급기 구동은 기관 치차 열로부터 기계적인 연결이 풀린다.

  기관 회전수 : 터보차저 회전수＝1 : 18

🔳 소크백 펌프(Soak back pump) – 흡인 펌프

- 기관이 가동되어 있을 때 터보과급기의 윤활을 확보하고, 기관이 정지된 후에는 터보과급기로부터 열을 제거(냉각작용)하는 역할을 한다(35분간 작동).
- 운행 후 기관 정지 시 메인스위치를 바로 차단해서는 안 되고, 35분 후에 차단해야 한다.

(3) 배기 다기관

배기 다기관은 챔버 조립체, 팽창 조인트, 가감장치 조립체(어댑터 조립체)로 구성되어 있다. 어댑터 조립체는 스테인리스강으로 된 망을 가지고 있는데, 이 망은 터보과급기로 이물질이 침입하는 것을 막는 역할을 한다.

(4) 공기여과기

① 유욕식 : 유욕식 공기여과기는 송풍기에 의해 흡인된 공기가 유류를 거치면서 유류 내에 먼지를 침전시키고 와이어 메시를 통해 송풍기에 들어가는 방식이나, 이 여과기의 정확한 유위는 기관 정지 후 약 30분이 경과되어야 알 수 있다.

② 충동식 – 4000호대 이하에만 사용 : 충동식 공기여과기는 4각 프레임 안에 와이어 메시를 충전하고 와이어 메시가 탈출하지 못하도록 엉성한 철망을 씌운 방식이다.

③ 센트럴 카보디 시스템(중앙 집중식 여과기) : 대부분 사용하고 있는 것으로 10HP 교류 전동기에 의해 구동되는 송풍기가 대기 중인 공기를 끌어들이면서 1차 여과기를 거쳐 불순물을 제거하고 밀폐실로 들어가 습식 또는 건식 여과기를 거쳐 2차 여과된 공기가 송풍기 및 터보과급기에 의해 기관에 공급되고, 견인전동기 냉각 송풍기와 주발전기 냉각 송풍기에 의해 밀폐실 공기로 견인전동기와 주발전기를 냉각한다.

🔳 공기여과기

(1) 집중식 공기여과기를 거친 청정공기의 공급처
- 기관 송풍기(또는 터보과급기), 발전기 냉각 송풍기, 견인전동기 냉각 송풍기
- 기관 냉각 선풍기에는 공급되지 않는다.

(2) 기관차 차체를 통해 여과된 공기의 사용처

  기관의 냉각 – 냉각수와 대기를 이용한다.
- 전동기와 발전기 냉각
- 기관 연료 연소
- 발전제동 격자저항기 냉각

16 기관 윤활유 계통

(1) 개요

① 윤활유 계통은 3개의 분리된 계통, 즉 주윤활유 계통, 피스톤 냉각유 계통, 청정유 계통으로 이루어져 있으며 각각의 계통은 자체 펌프에 의해 윤활유를 순환시킨다.

주윤활유 펌프와 피스톤 냉각유 펌프는 별개의 펌프이지만 하나의 하우징에 조립되어 있고 동일한 축으로 구동되며, 청정유 펌프는 별도로 분리된 펌프이다.

② 윤활유의 주요 작용 : 윤활작용, 냉각작용, 방청작용, 밀봉작용

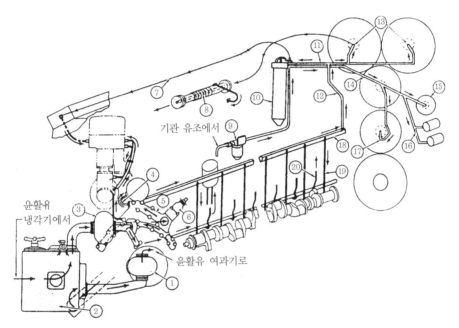

1. 청정유 펌프	2. 청정유 여과망
3. 주윤활유 및 피스톤 냉각유 펌프	4. 조속기 구동치차 스터브축에의 유관
5. 주윤활유 및 피스톤 냉각유 다기관	6. 유압완해변
7. 조속기로 가는 유입관	8. 캠축 유조(캠축 베어링과 로커암)
9. 소크백 여과기	10. 터보차저 여과기
11. 터보차저 여과기유 공급 다기관	12. 좌우 뱅크 캠축 구동 및 터보여과기에의 유관
13. 캠축 스터브축에의 유관	14. 2번 중간치차 스터브축에의 유관
15. 터보차저 치차열	16. 터보차저 베어링 공급유관
17. 1번 중간치차 스터브축에의 유관	18. 주윤활유 다기관
19. 크랭크축 및 베어링으로 공급유로	20. 피스톤 냉각유관

▮ 디젤기관 윤활유 계통 ▮

(2) 주윤활유 계통

주윤활유 계통은 기관의 대부분의 습동 부품에 압력유를 공급하여 원활한 운전을 하게 한다. 윤활유는 주윤활유 펌프에 의해 여과망 하우징으로부터 흡입되어 크랭크축의 상부에 기관 길이 방향으로 뻗어 있는 주윤활유 다기관으로 들어간다. 이 다기관에서 메인 베어링, 커넥팅 로드 베어링, 조화 균형추, 부속장치 구동기어, 터보과급기, 캠축, 로커암, 조속기 내 저유압 보호장치 등에 윤활유를 공급한다. 이때 윤활유의 최대압력은 주윤활유 펌프와 다기관 사이에 위치한 완해변에 의해 125psi로 제한된다.

오일이 차가운 경우에는 약 125psi의 완해변 조정치까지 상승할 것이다. 윤활유 압력은 조절할 수 없으며 작동압력 범위는 제작 공차, 윤활유 온도, 희석률, 마모 및 기관 속도와 같은 것들에 의하여 결정된다. 펌프 방출관 엘보우에 있는 개구에서 파이프 플러그를 빼고 압력계를 붙여 압력을 측정할 수 있다.

최저유압은 유전에서 약 8~12psi이고, 전 속도에서 약 25~29psi이며 유압이 불충분한 경우에는 조속기에 설치된 차단장치가 차단되어 기관을 보호한다. 최대유압은 완해변 조정치에 의해 조정된다.

① 윤활유 압력 완해변
 ㉠ 설치 목적 : 기관 윤활유 계통에 공급되는 윤활유의 최대압력을 제한하기 위한 것으로 주윤활유 다기관 입구에 설치되어 있다.
 ㉡ 밸브의 개방압력 : 645E3 기관 – 125psi, 그 외는 60psi
 ㉢ 645E3 기관의 윤활유 압력 완해변 조정 시 안전판과 변안내 간의 거리가 1–1/2″일 때 변 개방압력 : 125psi
 ㉣ 기관 윤활유에 냉각수가 혼입되는 원인 : 실린더 헤드 플러그 누유, 실린더 헤드 실 불량, 실린더 헤드 방출 엘보우 불량
 ※ 냉각수 흡입 다기관 균열의 경우는 냉각수에 윤활유가 혼입되는 경우이다.

② 기관 윤활유 소비과다 현상 원인
 ㉠ 기관 송풍기 오일실이 손상되었을 때
 ㉡ 피스톤 링이 절손되었거나 고착되었을 경우
 ㉢ 피스톤 오일링 밑에 있는 배유공이 막혔을 경우
 ㉣ 실린더 라이너 과대 마모
 ㉤ 유분리기 망 폐색의 경우
 ※ 라이너 균열이나 유 냉각기 코어가 균열되어 누유되었을 경우는 연료 소비과다 현상이므로 기관 윤활유 소비과다와는 관련이 없다.

(3) 피스톤 냉각유 계통

피스톤 냉각유 계통 펌프는 주윤활유 펌프와 동일한 흡입관에서 오일을 받아 기관 양측에 길이 방향으로 뻗어 있는 피스톤 냉각유 다기관으로 공급한다. 실린더 내부에 흐르는 피스톤 핀, 스러스트 와셔, 실린더 내벽, 피스톤 링에 공급한다.

각 실린더당 하나씩의 피스톤 냉각유관이 캐리어를 통해 오일을 분사하여 피스톤 크라운의 하부와 링 벨트를 냉각한다. 피스톤 냉각유 압력은 오일의 점도, 기관의 속도, 오일의 온도 및 펌프 부품의 마모에 의하여 결정된다.

(4) 청정유 계통

청정유 계통의 펌프는 유조로부터 청정유 여과망을 거쳐 윤활유를 흡입하여 기기 장착대에 설치된 윤활유 여과기와 유냉각기로 압송한다. 여기에서 여과와 냉각과정을 거친 오일은 주윤활유 계통 및 피스톤 냉각유 계통의 펌프로 공급하도록 윤활유 여과망 하우징으로 회귀하며 잉여 오일은 여과망 하우징의 댐(Dam)을 넘쳐 흘러 유조로 회귀한다.

(5) 소크백 오일(Soak back oil) 계통

기관을 기동하기 전에 터보차저 베어링의 윤활과 기관을 정지한 후 터보차저에 잔류하는 열을 제거(소크백 오일 펌프의 역할 – 기동 정지 후 35분간 작동)한다. 베어링의 손상을 방지하기 위하여 별도의 윤활유 공급원이 마련되어 있으며 이 공급원은 기관 "기동" 및 "정지" 제어를 통하여 자동적으로 제어된다.

유조에서 윤활유를 흡입하는 전기 구동 펌프는 소크백 오일 여과기를 통해 오일을 압송하여 터보차저 윤활유 여과기 헤드에서 터보차저 베어링 부분에 직접 공급한다. 55psi로 조정된 압력 완해변이 여과기의 헤드에 위치하고 있다.

기관을 기동하여 모터로 구동되는 펌프가 회전하고 있을 때는 주윤활유 압력이 모터로 구동되는 압력보다 커지게 된다. 낮은 압력의 오일은 배출구가 없으므로 압력이 55psi까지 상승하면 완해변이 개방될 것이다. 이때 오일은 여과기 헤드 장착 플랜지에 있는 통로를 통하여 유조로 회귀할 것이다. 또한 여과기 헤드에는 70psi로 조정된 바이패스 밸브가 있다. 이 밸브는 여과기가 폐색되었을 때 터보차저 손상을 막기 위하여 터보차저에 윤활유를 공급할 수 있도록 소크백 펌프의 압력유를 바이패스할 수 있도록 열릴 것이다. 만일 기관을 정지시켰을 때 소크백 펌프가 작동하지 않는다면 터보차저 손상 방지를 위해 기관을 즉시 재기동하여 무부하 유전속도로 15분 동안 돌려 놓는다.

기관 윤활유 후레싱

기관 윤활유 후레싱은 150~200℉의 온도로 가열하고, 후레싱유는 SAE#40의 동종유를 사용한다.

(6) 유분리기

① 유분리기는 철사망(Screen) 엘리먼트를 내장하고 있는 엘보우 모양을 가진 실린더형 하우징으로 되어 있으며 터보차저에 장착되어 있다. 엘보우 조립체는 배기 연돌에 있는 추출기관 조립체에 유분리기를 연결한다. 언돌 내의 배기가스는 추출기 관에 흡입력을 일으켜 유분리기 엘리먼트를 통하여 기관으로부터의 유분 증기를 빨아들인다.

② 유분리기의 역할 : 유분은 엘리먼트에 모아져 기관으로 회수되며, 엘리먼트를 통과한 가스 상태의 증기는 배기 연돌로 배출되어 대기로 나가게 된다.

17 냉각계통

기관 내부 냉각계통은 기관에 의해 구동되는 원심형 냉각수 펌프, 교체 가능한 냉각수 유입 다기관, 유입 다기관에서 각 실린더 라이너에 하나씩 연결되는 냉각수 유입관, 실린더 헤드 방출 엘보우 냉각수가 순환되어 통과하는 방출 다기관으로 구성되어 있다.

2개의 원심형 펌프는 부속장치 구동기어 하우징에 장착되어 있으며 조속기 구동기어에 의하여 구동된다. 2개의 기관 냉각수 펌프는 기관 크랭크축과는 반대 방향으로 회전하는 자체 급유 및 배유식 원심형 펌프이다.

또한 냉각수는 터보차저 배기 덕트에 위치한 각각의 후기 냉각기를 통해 순환하면서 기관 공기함으로 들어가기 전의 공기를 냉각한다.

냉각수 방출 다기관 내부에는 2개의 사이펀 튜브가 갖추어져 있다. 하나는 우측 뱅크의 후단부에서 두 번째 실린더에, 다른 하나는 좌측 뱅크의 전단부에서 두 번째에 설치되어 있다. 이것은 기관 냉각수를 배출할 때 기관이 수평을 이루지 않는 경우에도 기관 냉각수를 완전히 배출하는 역할을 한다. 기관 냉각수는 물과 방식제로 이루어져 있으며, 필요할 때는 부동액을 첨가하기도 한다.

(1) 에프터 쿨러(After cooler – 후기 냉각기)

에프터 쿨러는 터보차저의 양쪽에 하나씩 설치되어 있으며 기관의 각 뱅크에 유입되는 공기를 냉각하는 역할을 한다. 에프터 쿨러에서 압축된 공기를 냉각하면 공기의 온도가 저하되며 이에 따라 공기밀도가 증가되어 기관 운전효율이 향상된다.

에프터 쿨러 배관에는 밸브가 설치되어 있지 않아 기관이 운전할 때는 항상 냉각수가 공급된다.

(2) 기관 냉각수 온도

정상운전 중의 냉각수 온도는 160~180°F(71~82℃)가 가장 좋으므로 이 온도를 유지하기 위하여 자동온도제어장치가 마련되어 있다.

부하운전이 가능한 기관 내 최저온도는 120°F(49℃)이므로 기관온도가 120°F 이하로 떨어질 때는 유전으로 유지시켜야 한다. 즉, 냉각수 온도가 120°F 이상으로 되기 전에 기관에 만부하를 걸어서는 안 된다. 다만, 130°F까지는 무부하 3노치 이하로 유지시키는 것이 바람직하다(부하온도를 알 수 있는 온도 : 130°F).

기관온도가 120°F 이하인 낮은 온도에서 부하운전을 하면 윤활유의 점도가 높아지고, 각 마찰부의 마찰이 커지고, 실린더 내에서 온도 상승률이 급격해지며, 동력장치의 불완전연소를 유발하는 등 기관에 좋지 않은 영향을 끼친다. 기관 냉각수 온도는 기후, 운전조건, 부하 등에 따라 다르므로 온도제어스위치에 의해 제어되는 팬과 셔터에 의해 조절된다.

> **팬의 구동방식**
>
> - 증속기 구동 : 일반적으로 G형 기관차에 사용되며, 기관 회전수보다 빠르게 기관 냉각 팬과 견인전동기 냉각 팬을 구동한다. 기관 냉각 팬은 기관 회전수의 약 1.5배, 견인전동기 냉각 팬은 기관 회전수의 약 3배의 회전속도로 구동된다.
> - 교류전동기 구동 : 부수 교류발전기가 있는 기관차에서는 3상 유도전동기를 2대 내지 4대로 팬을 구동한다.
> - 벨트 구동 : 비교적 계속적인 부하운전이 적은 입환전용 기관차에 이용된다. 셔터는 제어스위치에 의하여 170~190℉에서 개방되고, 155~175℉에서 폐색된다.
> - 와류 클러치 구동 : 기관 냉각 선풍기 구동방식 중 6,300대 형 기관차의 구동방식으로 에디카렌트 클러치 구동이라고 한다. 최대회전수는 1,200rpm이다. 최대회전수일 때 제어방식은 저항에 의한 전압제어 방식이다.

18 연료계통

기관 연료계통은 연료여과기, 기관부 연료여과기, 연료공급 및 회귀 다기관으로 구성되어 있다. 운전 중에 연료펌프는 연료탱크에서 연료를 흡입여과망을 통하여 흡상하여 기관부 여과기에 공급한다.

연료는 여과기 엘리먼트를 지나 연료 공급 다기관과 각 실린더에 있는 분사변 유압여과기를 거쳐 분사변으로 공급된다. 각 분사변으로 공급되는 연료 중 일부만이 분사변의 니들밸브와 분무첨단을 통하여 대단히 높은 압력으로 실린더 내에 분사된다. 분사되는 연료의 양은 조속기와 분사변 래크에 의해 조정된 플런저의 회전위치에 따라 정해진다. 분사변에서 사용되지 않고 남은 연료는 분사변을 통하여 흐르면서 작동 부분을 윤활하고 냉각하는 역할을 한다. 여기서, 연료는 회기연료여과기(분사변에 설치된 것)를 통하여 분사변에 빠져 나간다. 이 여과기는 회귀관에서 연료가 분사변으로 역류하는 경우에 분사변을 보호해준다.

분사변의 회귀연료여과기에서 나온 초과 연료는 회귀연료 다기관을 통하여 기관부 연료여과기에 있는 회귀연료 투시유리의 완해변 입구로 들어간다. 이 변은 분사변에 배압을 유지하도록 회귀연료의 흐름을 제한한다. 연료는 회귀연료 투시유리로 계속 흘러서 유리속을 채우고, 유리 아래의 직립관과 회귀관을 통하여 연료 공급탱크로 돌아간다. 연료유 압력이 갑자기 떨어지는 원인은 완해변에 불순물이 개재되어 있기 때문이다.

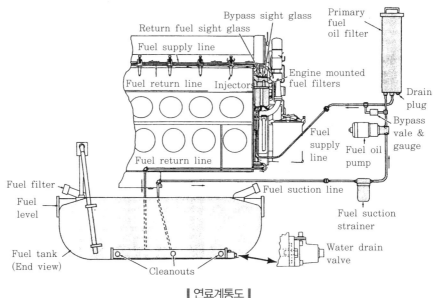

┃연료계통도┃

(1) 연료 분사변 : 연료 분사에 필요한 조건 – 무화, 관철력, 분포

① 연료유 계통에서 가장 중요한 것이 연료를 분사하는 인젝터(분사변)이다. 분사변 외부의 작동부는 로커암 조절 스크류의 단부에서 나오는 윤활유로 윤활되며, 내부의 작동부분은 분사변을 통하여 흐르는 연료유로 윤활되고 냉각된다.

② 플런저 행정 중의 분사시기의 조정은 로커암 끝에 있는 조정나사로 조정된다. 플런지의 각 행정 중에 실린더에 분사되는 연료의 양은 래크와 치차에 의한 플런저의 회전으로 제어된다. 래크의 위치는 조속기에 의하여 작동되는 분사변 조정 레버와 링크기구를 통하여 제어된다. 인젝터의 왕복운동을 회전운동으로 바꾸는 것이 래크이다. 연료 분사변에서 분사되는 연료 분사압력은 12,000~16,000psi이다.

③ 분사변 역지변의 역할 : 연소실에서 발생된 높은 압력의 가스가 분공을 통하여 분사변 내부로 역류하여 들어오는 것을 방지하여 주는 역할을 한다.

(2) 기관부 연료여과기

기관부 연료여과기는 기관의 우측 앞쪽에 설치되어 있으며, 이 여과기 하우징의 상부에는 연료계통의 상태를 육안으로 확인할 수 있도록 2개의 투시유리가 설치되어 있다. 분사변으로부터 회귀되는 연료는 기관에 가까운 쪽에 위치한 회귀연료 투시유리를 통하여 연료탱크로 회귀한다. 정상상태에서 운전 중일 때 투시유리는 항상 충만해 있어야 한다. 회귀연료 투시유리의 유입구 측에는 개방압력 10psi의 완해변이 설치되어 있어 회귀하는 연료량을 제한하고 분사변에 일정 배압을 형성함으로써 양호한 운전을 하도록 한다. 회귀 투시유리 내의 완해밸브는 인젝터에 작용하는 최저유압을 형성시키고, 협로 투시유리 내의 완해밸브는 여과기 오손 또는 그 밖의 원인에 의하여 연료펌프에 걸리는 과대부하를 완화시키는 역할을 한다(연료 협로변을 설치한 목적).

① 운전 중 연료 협로 투시유리에 연료가 유출되는 원인

    ㉠ 2차 연료 여과기 오손

    ㉡ 협로변좌 이물 개입

    ㉢ 협로변 스프링 절손

    ※ 분사변 역지변 누설과는 관련이 없다.

② 기관을 정지하고 연료펌프를 돌렸을 때

    ㉠ 회귀연료 투시유리에 기포가 발생하면 : 연료펌프의 흡입측에 누기가 있음을 표시한다.

    ㉡ 만일 기관 운전 중에만 기포가 발생하면 : 누설되는 분사변이 있어서 연소가스가 연료 계통으로 침입하고 있음을 표시한다.

    ㉢ 바이패스 투시유리는 비어 있고, 회귀연료 투시유리 내에는 연료가 적거나 전혀 없으면 기관으로의 연료공급이 불충분함을 표시한다.

19 기관 조속기

(1) 개요

기관 조속기는 우드워드 PGR형으로 전동 – 유압에 의해 스로틀 핸들 취급으로 기관속도를 제어한다. 전기– 유압식 속도제어장치는 가감간에 의하여 선택된 기관속도를 유지한다.

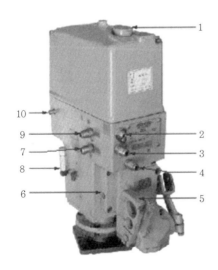 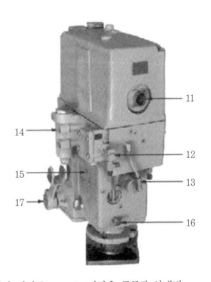

1. 주유구
2. 공기함 공기관 연결구
3. 기관유 공급관 안내변
4. 배유 안내변
5. 단자축 눈금
6. 보정 니들밸브
7. 베인모터 유관연결부 – 여자 증가
8. 유면계
9. 베인모터 유관연결부 – 여자 감소
10. 저유압 차든 플린지
11. 전선연결 리셉터클
12. 기관 유압 연결부
13. 시간지연 축유기
14. 재균형 서보유 여과기
15. 벤트 플러그
16. 배유 콕
17. 단자축

❙ 기관 조속기 ❙

① PGR 조속기 장치의 구성 : 보정 침변, 시간 지연 협로변, 재균형 서보 여과기 등으로 구성된다. 공기냉각장치는 없다.
② 조속기의 역할
    ㉠ 기관속도를 제어
    ㉡ 기관 부하를 조정
    ㉢ 기관을 보호

(2) 작동

기관이 저유압, 고유온에 의하여 작동되었을 때 혹은 저수압 및 크랭크실 압력이 높을 때 기관을 정지시킨다. 조속기 구동부 조립체는 기관 앞쪽 부속장치 구동기어 커버에 장착되어 있다. 조속기는 구동실 위에 취부되어 90° 베벨기어에 의해 구동되며, 조속기 구동기어는 기관과 1 : 1.09의 회전비로 조속기를 회전시킨다.

기관 보호차단이 발생한 경우에는 운전실의 기관제어 패널상에 시각적인 표시와 경보가 작동된다. 정상적인 기관 정지는 정지단추를 눌러 속도조정 솔레노이드 중의 D전자변을 작동시켜야 정지된다. 조속기의 한 부분인 기타의 보호장치로서 부하조정기로 가는 기름을 조절하는 부하조정기 안내변 및 여자 시 부하조정기 안내변을 최소계자 위치로 상승시키는 ORS 솔레노이드가 있다.

기관 조속기

- 기관 조속기에 설치된 전자변의 수 : 5개 – AV, BV, CV, DV, ORS
- 기관 조속기에 설치된 전자변 중 기관의 속도제어와 관계되는 전자변의 수 : 4개 – AV, BV, CV, DV
- 조속기 전자변 중 속도와 관계 없는 전자변 : ORS 전자변
- 기관을 정상적으로 정지시킬 때 여자되는 전자변 : DV 전자변
- 기관 조속기 회전축의 원심력에 의하여 가장 민감하게 작동하는 것 : 플라이 웨이트
- 조속기 기능 : 부하조정, 연료조정 및 보정, 속도조정 및 세팅
- 기관 조속기에 들어있는 안내변 : 3개
  - 속도조정 안내변 : 속도 균형 피스톤에 들어가는 압력유를 제어하는 역할을 한다.
  - 부하조정 안내변
  - 동력 피스톤 안내변 ⇒ ORS와 완충 피스톤에는 안내변이 없다.
- ORS 전자변 조정이 되지 않는 원인
  - 부하조정 안내변 조정 불량
  - ORS 전자변 불량
  - 부하조정기 동작 불량 ⇒ 기관 조속기의 부하조정 안내변을 제어하는 전자변 : ORS 전자변

보정기구는 필요한 속도를 얻기에 충분한 양만큼 이동된 후에는 동력 피스톤의 운동을 억제함으로써 기관의 불규칙한 회전을 방지한다. 속도보정기구는 일체의 수동보정 피스톤, 완충 피스톤 및 스프링 그리고 보정 니들밸브를 포함하고 있다.

부하조정기구(LR)의 역할

주발전기 계자전류를 조절시켜 기관부하를 조정하는데, 기관차의 출력을 걸리는 힘에 따라 자동적으로
조정하는 역할을 한다.

(3) 기관 속도제어

조속기의 속도조정은 A, B, C 및 D 전자변의 서로 다른 조합으로 여자시키면 단계적으로
수행된다. A, B 및 C 전자변은 고정지점에서 서로 다른 거리를 가지고 삼각판 위에서 플런저
베어링을 가지고 있다. 3각판 지점은 회전부싱 내의 속도제어 안내변에 연결되어 있는 레버
위에 위치하고 있다. D전자변 플런저는 캡과 베어링을 통하여 회전부싱 위에 지지되어 있다.
기관속도를 증가시키려면 속도균형 스프링을 압축하고 속도를 감소시키려면 스프링 압력을
늦춰야 한다. D전자변 지점 너트를 풀면 속도는 증가하고, 조이면 감소한다.

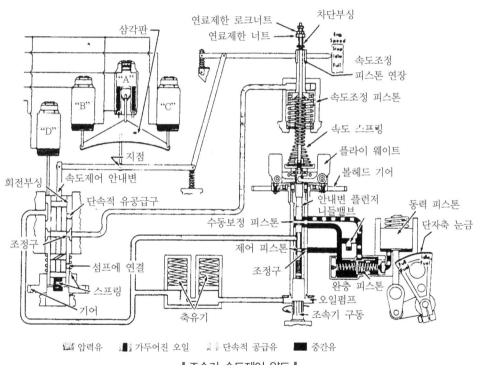

┃ 조속기 속도제어 약도 ┃

센서장치의 설치 목적

절대공기 압력에 따라 정확한 공연비를 확보하기 위하여 부하조정기의 작용 범위 내에서 공기 공급에 비
례하여 기관부하를 조정하는 데 목적이 있다. 이들의 제어는 기관의 공기함 압력과 대기압에 의해 이루어
진다.

20 기관 보호장치

(1) 저유압 차단장치

① 저유압 기관 정지장치는 기관 윤활유 압력이 운전 가능한 최저압력보다 낮아지면 기관을 정지시켜 보호한다.

② 저유압 차단장치 탈출압력

    ㉠ 기관 유전 시 저유압 단추 탈출압력 : 3~5psi

    ㉡ 가감간 8단에서 저유압 단추 탈출압력 : 14~17psi

③ 저유압 차단장치는 조속기 내부에 설치되어 있으며 막판의 좌측에는 기관 윤활유 압력 그리고 우측에는 조속기 자체의 압력이 스프링과 함께 막판을 사이에 두고 균형을 이루고 있다. 기관 운전 중 기관 윤활유 압력이 감소되면 막판이 좌측으로 밀리며 막판에 연결된 저유압 플런저가 함께 움직인다. 저유압 플런저는 유통로를 개방하여 속도조정 피스톤의 압력유를 배출시키므로 기관이 정지된다. ⇒ 자체만 일어날 수 있다.

    ㉠ 저유압 기관정지장치에 의한 기관 정지의 경우

       • 윤활유 및 피스톤 냉각유 펌프의 흡입압력이 높을 때 : 윤활유 여과망의 폐색 등의 이유로 막판실에 16~20″ Hg의 고진공 압력에서 동작하여 펌프를 보호한다.

       • 시간지연 바이패스 밸브가 불량할 때

       • 기관 냉각수가 부족할 때

       • 기관 유조의 압력이 높을 때

    ㉡ 타임 딜레이(Time delay) 장치 - 시간지연 바이패스 밸브 : 기관 기동 시 유압 형성에 필요한 시간을 주기 위하여 저유압 동작을 지연시키는 역할을 한다. 유전 때 40~60초 지연 동작시킨다.

    ㉢ 저유압 동작 시 현상

       • 저유압 단추 탈출

       • 기관 정지

       • 저유압등 점등

       • 경고령 타령

기관 압력유 입구

시간지연 축유기

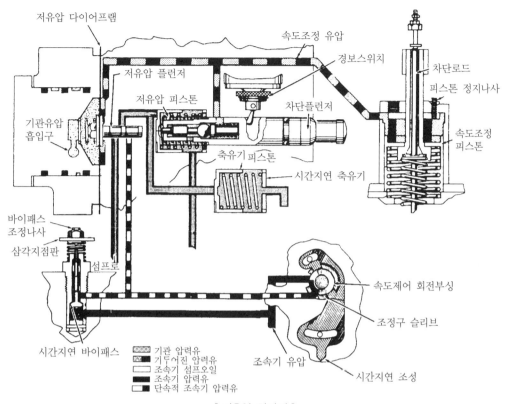

▎저유압 차단기▎

(2) 저수압 탐지장치

저수압 탐지장치는 정상 시 냉각수 압력에 대하여 기관 공기함의 공기압력과 스프링 장력이 합세하여 균형된 위치를 취하고 있다. 만일 어떤 원인으로 수압이 공기함 압력보다 약 1psi 떨어지면(14″/H$_2$O 이하 – 정상 : 15psi) 기계적인 방식으로 작동되어 공기함의 공기압력에 의해 플런저가 복귀단추 스프링에 의해 탈출되어 기관 조속기의 저유압 차단장치에서 기름을 배출하여 기관을 정지시킨다.

탐지기의 수압부는 냉각수 펌프의 흡배출 압력차와 공기함 압력이 균형을 이루도록 되어 있다. 냉각수 펌프의 흡배출 압력차가 공기함 압력에 비해 작아지면, 오일 드레인 밸브가 열려 조속기의 저유압 감지장치로부터 엔진오일이 배출되도록 다이어프램이 움직인다. 이때 조속기는 저유압 상태를 감지하여 저유압 차단을 작동시킨다.

> **예제**
> **저수압 차단시험 시 시험 콕을 수평으로 돌려 놓고 저유압 차단 플런저가 완전히 빠지고 몇 초 내에 기관이 정지되는가?**
>
> [풀이] 55초

121

> **기관 정지의 주원인인 저수압의 원인**
>
> - 좌측 워터펌프의 기능 불량
> - 저수압 탐지장치 불량
> - 동력장치 균열로 압축가스의 역류 기능 불량

(3) 크랭크케이스 압력탐지장치(정상 시 유조함 압력 : −1/2~1″H₂O)

크랭크케이스 압력탐지장치는 크랭크실의 압력이 0.8~1.8″ H₂O 이상 상승하면 저유압 차단장치를 작동시켜 기관을 정지시키는 장치이다. 이는 동력장치의 연소실 압력이 크랭크실에 역류하여 대기압 이상 상승하는 것을 예방하기 위하여 설치되었다.

① 크랭크케이스 내 압력 상승 원인

- ㉠ 실린더 헤드 및 변안내, 헤드 시트링, 배기 블록 균열
- ㉡ 유조와 공기함 접합 볼트 이완 및 탈락
- ㉢ 메인 및 로드 베어링 발열
- ㉣ 피스톤링 홈 또는 피스톤 머리부분 균열
- ㉤ 유분리기 호스 및 오리피스 기능 불량

② 크랭크케이스의 압력 상승을 탐지하는 고유조 압력탐지장치의 막판 양단의 균형 압력

- ㉠ 유조압력 = 대기압력 + 스프링 압력
- ㉡ 크랭크실 압력감지장치가 작동하여 기관 차단이 발생한 경우 기관이 정지된 후 적어도 2시간 동안 냉각될 때까지는 검사를 위해 핸드홀 커버나 톱데크 커버를 개방해서는 안 된다.

> **스모그 테스트**
>
> - 크랭크케이스 내 압력 상승 시 압력가스 누설 실린더를 발견하기 위한 방법이다.
> - 주의사항 : 부축수동 간 레버를 놓지 말 것, 무연료 위치에 고정할 것, 시험 실린더에 1~2회 이상 회전시키지 말 것

(4) 기관 과속트립(Trip)장치

과속트립기구는 기관속도가 과도하게 상승할 경우 실린더의 연료분사를 중지시키는 안전장치로 설치된 것이다. 기계적으로 작동하는 과속트립기구는 기관속도가 설정된 한계치로 증가하면 과속트립장치가 기관을 차단하게 된다.

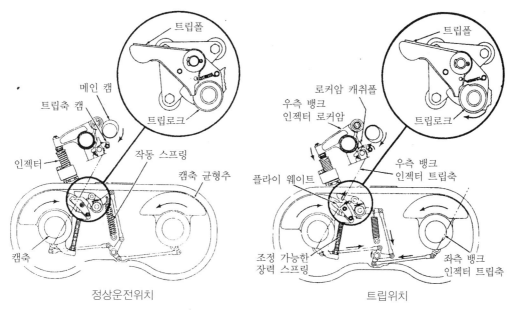

정상운전위치   트립위치

┃ 기관 과속트립장치 ┃

① 과속방지장치 동작 원인

　　㉠ 차륜 공전(Slip한 경우) : 차륜이 갑자기 Slip할 경우, 즉 순간적으로 발전이 중지되었
　　　거나 부하가 잔뜩 걸려 있다가 발전될 경우

　　㉡ 주발전기 내부에 이상이 있는 경우(주발전기 계자 단선)

　　㉢ 기관 조속기 자체가 불량할 경우(조속기의 회전수 조정이 불량일 경우)

　　㉣ 분사변이 고착되었을 경우

② 과속방지장치 동작 회전수

　　㉠ 567기관 : 900~915rpm

　　㉡ 645기관 : 990~1,005rpm

기관의 회전수가 규정한 최고 회전을 초과하면 플라이 웨이트는 원심력에 의하여 작동 스프링
의 장력을 이기고 외방으로 탈출되어 회전한다. 기관이 과속되면 과속방지장치 중 최초로
동작하는 장치이다.

복귀시킬 경우에는 복귀레버를 반시계 방향으로 회전시켜 트립축 캠을 인젝터 로커암 캐치폴
에서 완해시키면 된다.

기관 회전속도 및 기관 정지 조정

- 속도 균형 피스톤 조정은 유전 시 조정
- 차단너트 조정은 유전 시 조정
- 보징기구 조정은 기관 유전 시 조정
- 고진공관 기관 정지 조정은 3노치에서 조정

(5) 고유온 차단장치

① 고유온 차단장치는 서모스탯 밸브와 관련 배관으로 이루어져 있으며 서모스탯 밸브는 주윤활유 펌프의 방출관 엘보우에 설치되어 있다.

② 서모스탯 밸브로부터 나온 배관은 저수압 및 크랭크케이스 압력탐지장치와 조속기 사이의 유압관에 연결되어 있으며 또한 밸브로부터 조속기 하우징으로 가는 드레인 라인이 설치되어 있다.

③ 오일 온도가 124~126℃(260℉)까지 상승하면 서모스탯 밸브가 열리고 압력유는 밸브를 통해 조속기 구동 하우징으로 배유된다. 조속기는 이에 따른 저유압 상태를 감지하여 기관을 차단시킨다.

④ 645E3 기관은 유전에서 50~60초, 3노치에서 약 2초만에 기관이 정지되는지 확인한다.

> **645E3 기관 고유온 차단장치의 동작온도**
>
> 124~126℃(255±5℉)

(6) 디젤전기기관차 조속기의 기관 정지 조정

기관 정지 조정은 최저 회전(정상유전 및 저유전)에서,

① 속도 세팅 피스톤 연장부와 연료제한너트(또는 치단니드)와의 간격이 0.79mm(1/32″)가 되도록 조정하여야 한다.

② 속도 세팅 피스톤 정지나사는 속도지시 포인터가 "STOP" 표시보다 약간 높은 위치에 있도록 조정한다. 이 위치는 조정나사가 피스톤에 닿은 후 1-1/2회전 풀은 위치와 맞먹게 한다.

③ 차단너트와 속도 세팅 피스톤 연장부와의 간격이 과소하면, 유전위치에서 기관이 정지되고, 정지나사가 과도하게 박히면 정지스위치를 눌러도 기관이 정지되지 않는다.

> **디젤기관의 주요 특성**
>
> **1. 디젤기관의 특징**
> - 기관의 열효율은 가솔린기관은 20~26%, 디젤기관은 30~40%로 디젤기관이 좋다.
> - 기계효율은 가솔린기관은 80~92%, 디젤기관은 75~82%로 디젤기관이 낮다.
> - 디젤기관은 압축비가 높아 마력당 중량이 가솔린기관보다 무겁다.
> - 제작비가 많이 들지만 출력이 큰 기관을 제작할 수 있고, 연료비가 적게 든다.
>
> **2. 압축비**
>
> $$R = \frac{A+B}{B} = \frac{A}{B} + 1$$
>
> 여기서, R : 압축비, A : 행정용적, B : 간극용적

3. 열효율

열효율 $y = \dfrac{q}{Q} \times 100\%$

여기서, Q : 공급 받은 총열량, q : 일로 바뀐 열량

4. 지시마력

$$1HP = \frac{P \times F \times S \times N \times Z}{75 \times 60 \times R}$$

여기서, 1HP : 지시마력

F : 피스톤 단면적[cm^2]

S : 피스톤 행정[m]

N : 회전수[rpm]

Z : 실린더수

P : 평균유효압력[kg/cm^2]

R : 한 사이클 완성에 필요한 회전수(4사이클 기관 = 2)

75 : 단위시간당 일의 양(1HP = 75kg - m/sec)

60 : 1HP의 시간단위(초를 분으로 환산)

5. 피스톤 속도계산

$$S = \frac{D \times rpm \times 2}{1,000 \times 60} = [m/sec]$$

여기서, D : 피스톤 행정

2 : 1회전당 스트로크수

1,000 : mm를 m로 환산

60 : 분당 속도를 초당 속도로 환산

※ 삼동변 제동통 압력 계산

$P = 3.25r - 1$

여기서, P : 제동통 압력, r : 제동관 감압량

6. 주파수 계산

$n = \dfrac{120f}{p}$ 에서 $f = p \times \dfrac{n}{120}$

여기서, n : 회전수[rpm], p : 극수, f : 주파수

02 전기장치

1 주발전기

(1) 직류 주발전기

① 직류 주발전기의 특성은 일정 출력을 내는 직류발전기이며, 공칭전압은 DC 600V이다.

② 기관차의 발전기는 보조발전기 축에 연결된 송풍기 장치에 의해 주발전기 내부를 강제로 환기시켜 냉각시킨다.

③ 주발전기는 자타여자 방식을 채택하였으며, ALCO 기관차의 것은 분권발전기이고, GMC 기관차의 주발전기는 차동복권발전기이다.

(2) 교류 주발전기 조립체(AR10 – CA5형)

디젤기관차의 주발전기 조립체는 견인전동기에 전류를 공급하기 위한 AR10 주발전기와 AR10 주발전기의 여자 및 소마력 전동기에 전류를 공급하기 위한 D14 발전기(신형은 CA5)로 이루어 져 있다.

① AR10 교류 주발전기 : AR10 주발전기는 고정자 권선과 회전계자 권선으로 구성되어 있는 3상 교류발전기이다. 발전기의 고정자 권선에서 나오는 출력은 두 개의 공냉식 정류기 조립체에 공급된다. 정류기 조립체는 3상 2중 통로 전파 정류기 회로에 고전류, 고전압용 실리콘 다이오드(직류발전기의 정류자편과 쇄자 역할)로 구성되어 있다. 이들 회로에는 정류 과도현상의 억제를 위하여 델타형으로 구성된 저항기와 축전기(Capacitor)가 마련되어 있고 손상된 다이오드를 자동 제거하기 위하여 퓨즈가 설치되어 있다. 다이오드는 백색의 +다이오드와 핑크색의 −다이오드로 구분된다.

② D14 부수 교류발전기(신형 : CA5)

ㄱ D14 교류발전기는 가변주파수, 가변전압, 회전계자, 고정발전자 3상 "Y"결선의 교류발전기이다. − 실리콘 다이오드와는 관련이 없다.

ㄴ D14 교류발전기의 공칭출력은 디젤기관이 900rpm의 속도로 회전할 때 120사이클에서 215V이다.

ㄷ D14 교류발전기는 주발전기와 같은 축에 연결되어 있으나 전기적으로는 독립되어 있다.

ㄹ D14 교류발전기와 주발전기는 디젤기관의 크랭크축에 직결되어 있다.

ㅁ D14 교류발전기는 여과기 송풍전동기, 방열기 송풍전동기, 주발전기의 계자 및 제어회로에 동력을 공급한다.

ㅂ D14 교류발전기의 여자전류는 직류 보조발전기에 의하여 공급된다.

ㅅ 보호용 퓨즈를 제외하고는 D14 교류발전기 여자회로는 제어되지 않는다. 그러므로 D14 교류발전기는 디젤기관이 운전될 때는 여자되어 발전한다.

③ CA5 부수 교류발전기 : CA5 교류발전기는 AR10 주발전기와 기계적으로 연결되어 있으나 전기적으로는 독립되어 있다.

ㄱ CA5 교류발전기의 회전자는 AR10 주발전기 활동환에 인접한 한 벌의 활동환을 통하여 직류 보조 발전기로부터 저압전류에 의해 여자된다.

ㄴ CA5 교류발전기 여자회로에는 제어장치가 없어서 디젤기관이 운전되는 때에는 언제나 여자되어 발전할 것이다.

ㄷ 발전전압은 회전속도, 발전기 온도 및 부하에 따라 변화할 것이다.

ㄹ 교류발전기의 공칭출력은 기관 전속 회전인 900rpm에서 120cycle, 215V이다.

ㅁ CA5 교류발전기는 가변주파수, 가변전압, 회전계자, 고정전기자, 3상 Δ결선 AC발전기이다.

ⓑ CA5 교류발전기와 주발전기 회전기 조립체는 디젤기관의 크랭크축에 직접 물려 있다.

ⓢ CA5 교류발전기는 여과기 송풍전동기 및 방열기 송풍전동기와 같은 보조장치를 위한 동력을 제공하며 주발전기 여자와 다양한 제어회로용 동력을 제공한다.

(3) 보조발전기 : 분권 직류발전기

보조발전기는 플렉시블 커플링과 연장축에 의하여 기관에서 직결되어 회전한다. 그의 아마추어 축에 팬이 설치되어 공기를 빨아들여 내부를 환기하고 냉각한다.

기관이 기동되면 잔류자기에 의하여 발전이 시작되어 기관속도의 증가에 따라 출력을 발휘한다. 계자전류는 전압조정기에 의하여 회전속도에 따라 알맞게 공급되어 항상 조정된 범위 내에서 일정 전압을 발생하게 한다. 이 발전기의 회전속도는 기관회전수의 약 3.037배이나 회전속도 전반에 걸쳐 거의 일정한 전압(74±2V)을 발전한다.

> **보조발전기에서 발전한 전원의 사용처**
>
> 견인전동기는 공급처가 아님
> - 축전지 충전
> - 주발전기 축전지 계자(한, GMC – 7000∼7500호대)
> - 부수 교류발전기 계자
> - 보조발전기 사이지 : 보조발전기 자체의 계자
> - 헤드라이트(전조등) 및 각 등회로
> - 소마력전동기 : 난방전동기, 난방전열기, 연료펌프전동기
> - 각 계전기 및 제어회로

2 견인전동기

(1) 견인전동기의 구조

주발전기에서 발전되는 전기동력은 대차에 장착된 D77B형 견인전동기에 공급된다.

① 각 전동기는 열차 사업의 종류에 따라 선정된 치차비인 62 : 15 및 57 : 20의 치차비로 차축 치차에 치합되어 있다. 즉, 각 전동기는 한 쌍의 차륜이 끼워진 차축과 기어로 물려져 있다.

② 견인전동기의 냉각은 기관으로부터 기계적으로 구동되는 외부의 송풍기에 의해 이루어진다.

③ 견인전동기 계자와 아마추어는 기관차 사업에 있어서 필요한 높은 기동 회전력을 갖도록 직렬로 결선되어 있다.

④ 견인전동기의 회전방향은 계자권선에 흐르는 전류의 방향을 바꾸어 주므로 전환된다. 이러한 작용은 전기제어분전함에 있는 스위치 기어(Switch gear)의 역전접촉기에 의하여 이루어진다. 이 스위치 기어는 발전제동을 위하여 견인전동기를 발전기로 전환시키는 데 사용된다. 스위치 기어는 발전제동 시 전동기 계자를 발전기 출력측에 직렬로 연결시키고, 전동기 아마추어를 열방산 저항기 격자와 발전제동 격자 송풍기에 연결하는 역할을 한다.

⑤ 견인전동기는 3지점에 지지되어 있다. 즉 전동기 프레임에 차축이 끼워지도록 좌·우측

두 곳에 서포트베어링을 설치하고 베어링 캡을 조여 두 곳에서 지지한다. 또한 한 곳은 전동기의 뒷편으로서 대차 프레임과 노스서스펜션으로서 지지된다. 노스서스펜션은 견인 전동기의 전동자 회전방향에 따라 위 또는 아래의 것이 서스펜션 스프링 조립체에 닿아서 회전방향이 바뀔 때 또는 회전력이 급격하게 변할 때 충격을 완화한다.

▣ 부수 교류발전기에 의해 전원 공급되는 전동기

- 견인전동기 송풍전동기 : 4극 3상 유도전동기이다.
- 여과기 송풍전동기 : 교류발전기에 직결되어 기관 운전 중 계속 회전한다.
- 기관 냉각 선풍전동기 : 교류전원에 의해 구동되는 3상 유도전동기이다.

(2) 견인전동기의 특성

직류직권 전동기로서 열차 견인용으로 가장 적합한 특성을 가진 전동기이다.

① 저회전에서 견인력이 크므로 열차 시발에 적합하고, 고회전에서는 견인력은 약하나 속도가 증가하는 특성을 가지고 있다.

② 직류직권 전동기의 회전속도는 부하전류에 반비례하고, 회전력은 부하전류의 자승에 비례한다.

③ 전동기의 토크는 전기자 전류와 자계의 세기와의 곱에 비례하고, 전기자 전류의 제곱에 비례한다. 즉, 전기자 전류가 클수록 발생하는 토크는 커진다.

④ 전기자 전류는 전동기에서 발생하는 여기전력에 반비례하며, 역기전력은 속도에 반비례한다.

▣ 발전제동 격자 송풍기 전동기

직류직권 전동기로 발전제동 체결 시 견인전동기에서 발생되는 직류전원에 의해 구동되어 제동전류를 소모시킨다.

▣3 연료펌프 및 터보윤활펌프 전동기

연료펌프 전동기는 기기 장착대에 위치하며 초기에는 축전지 전원으로 회전한다. 기동 후 엔진속도의 상승으로 보조발전기의 출력전압이 축전지 전압보다 높아지면 보조발전기의 전원으로 회전한다. 연료펌프는 연료탱크로부터 연료를 흡입하여 기관에 연료를 공급하며 74V의 전원을 받아 1,200rpm으로 회전한다.

동일한 출력 및 구조로 이뤄진 터보윤활펌프 전동기(소크백 펌프 전동기)는 기관을 기동하기 전 터보차저 베어링의 윤활과 기관을 정지한 후 터보차저에 잔류 열을 제거하기 위해 기관 좌측에 마련되어 있다.

4 제어부품

(1) 무접점 릴레이에 사용되는 무접점 소자
① 다이오드 : 정방향의 전압에 대해서는 거의 저항치 "0"을, 역방향의 전압에 대해서는 큰 저항치를 나타내는 소자를 말한다.
② 사이리스터(SCR)의 구성 : 게이트(G), 애노드(A), 캐소드(K)
③ 트랜지스터 3단자 : 베이스, 콜렉터, 이미터

(2) 무전압계전기(NVR)
교류발전기의 전원이 8노치 때 52V 이하가 되면 무여자되어 경고령이 울리고 기관 회전수는 유전으로 되며 경고등을 점등한다.
① NVR의 동작 원인 : 교류계통이 고장났을 때
② NVR의 목적 : 기관 과열 방지, 후대차 견인전동기 소손 방지
③ NVR 동작 시 현상
  ㉠ 무전압 경고등이 점등된다.
  ㉡ 경고령이 울린다.
  ㉢ 기관 회전수는 유전으로 감소된다.
  ㉣ 기관차 출력은 1노치 때와 같은 출력을 발생한다.

(3) 공기제어스위치(PCS)의 기능
① 안전제어 혹은 비상공기제동 적용이 일어난 경우에 기관차 동력을 자동적으로 감소시킨다. 또한 기관속도를 유전으로 하강시킨다.
② PCS 스위치가 동작되면 제어기에 있는 PCS 개방 표시등이 점등된다. PCS 스위치를 복귀시키면 이 표시등이 소등되고, 동력이 다시 발생한다. 이러한 현상은 공기제동의 제어가 회복되고 스로틀을 유전위치로 놓으면 자동으로 일어난다.

03 대차 및 제동장치

1 디젤기관차 대차장치의 특성

대차장치의 역할

- 차체의 하중을 지지
- 견인력과 제동력을 전달
- 주행 시 레일로부터의 충격을 흡수하여 양호한 승차감과 안전성을 유지

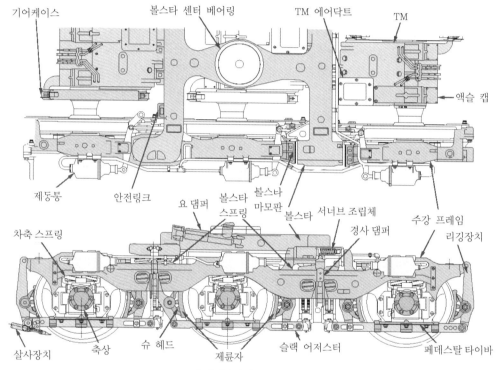

기어케이스　　　볼스타 센터 베어링　　　TM 에어닥트　　　TM

액슬 캡

제동통　　　안전링크　　　요 댐퍼　　　볼스타 스프링　　볼스타 마모판　볼스타　서너브 조립체　　수강 프레임

차축 스프링　　　　　　　　　　　　　　　　　　　경사 댐퍼　　　리깅장치

살사장치　　축상　　슈 헤드　　제륜자　　슬랙 어저스터　　페데스탈 타이바

❚ 디젤기관차 주행장치 ❚

(1) 현가장치

프레임의 각 차축 축상 위에는 내구연한을 증가시키기 위해 쇼트 피닝과 마그나 플러스 처리를 한 두 개의 코일스프링이 장착되어져 있으며, 주행 중 레일로부터 오는 충격을 차축과 프레임 사이에서 완충시키는 작용을 한다.

프레임과 볼스타 사이의 두 개의 코일스프링은 H형 볼스타 각 끝에 위치하여 볼스타와 차체를 지지하며 대차와 차체의 수직운동을 완충시키는 역할을 한다.

(2) 치차함

치차함은 견인전동기 피니언과 차축 기어쪽이 맞물리는 부위를 이물질로부터 보호하며, 오일의 누유를 막기 위하여 상하로 분리된 이음부위에 실링 처리가 되어 있다.

윤활제로는 상온에서 유동성이 낮은 기어 컴파운드가 주입되어 있어 치차에 유막을 형성함으로써 치차의 고착현상을 방지한다.

(3) 차륜과 차축

① **차륜** : SSW3의 재질로서 직경 1,016mm, 림 두께 65mm, 단면구배 1/40로 압연 제작되며 열처리 후 림 부위는 담금질에 의해 경화되어져 있다. 삭정할 수 있는 마모한도는 940mm 이다.

② **차축** : 탄소강으로 제작되었으며 운행 중 일어나는 결함보다는 윤활 부족으로 인한 차축의 손상·조립 시 오염물질 등에 의해 손상될 수 있다.

차축   차축기어   애슬 캡   차륜

‖ 차륜, 차축기어, 차축 조립체 ‖

(4) 센터 플레이트

견인력을 차체에 전달하며 대차의 회전운동을 유도하는 볼스타 센터는 차체의 센터 플레이트와 맞물려 있다.

볼스타 센터에는 마찰베어링이 삽입되고 구체 센터 플레이트에는 부싱이 취부되어 두 조립체의 상대운동에 따르는 마찰을 흡수하도록 하였다.

(5) 축상

탄소강 주물로 제작된 저널박스는 속도계나 열차제어장치로 취부할 수 있는 조합형 박스와 무취부형인 평박스로 분류되며 내부에는 오일로 윤활되는 원통형 롤러베어링이 있다. 본체의 양쪽 구동면에는 마찰판이 취부되어 있어 프레임의 페데스탈 사이에서 수직운동에 따르는 습동부위의 마찰을 흡수하며, 본체 하부에는 오일통이 있어 베어링 작동면에서 나오는 이물질의 침전작용과 운행 중 오일의 와류현상을 방지한다.

▌평축상▐

▌**2** 공기압축기

디젤기관차에 사용되는 공기압축기는 수냉식 2단 압축식 왕복형으로서 오일펌프 및 압력식 윤활장치를 구비하고 있다. WLG형 공기압축기는 4개의 저압실린더와 2개의 고압실린더로 구성되어 있고, 저압실린더는 수직 고압실린더와 각을 이루고 배치되어 있다.

고압과 저압 실린더 피스톤은 한 개의 크랭크축에 의하여 작동한다.

(1) 작용

① 대기의 공기 → 공기여과기 → 저압실린더 → 중간냉각기(Inter cooler) → 고압실린더(130 ~140psi, 무부하변) → 냉각관 → 제1주공기통 → 제습기 → (H형 여과기) → 제2주공기통 (CCS : 제어공기스위치 130~140psi) → 26C 제동변(중계변, 조정변 우측)

② MV-CC 무부하변 동작 시 흡입변이 개방 : 압축 불능

(2) 공기압축기 부하 · 무부하 작용

① 무부하운전 : CCS(공기압축기 제어스위치)는 주공기압력 140psi 이상에서 접촉 ⇒ CCR (공기압축기 제어계전기) 코일여자 ⇒ CCR 1, 2연동 접촉 ⇒ MV－CC(공기압축기 마그네트밸브) 코일 여자 ☞ 공기압축기 무부하운전

② 부하운전 : CCS(공기압축기 제어스위치)는 주공기압력 130psi 이하에서 개방 ⇒ CCR(공기압축기 제어계전기) 코일 무여자 ⇒ CCR 1, 2연동 개방 ⇒ MV-CC(공기압축기 마그네트밸브) 코일 무여자 ☞ 공기압축기 부하운전

(3) 공기압축기의 특성

① 공기압축기 조압기의 역할 : 공기압축기 제어작용

② 공기조압기가 무부하운전을 계속 유지시키는 밸브 : 입하변

③ GT26CW 공기압축기 안전변 동작압력 : 170psi

④ 공기압축기(WBG형) 제어스위치의 정확한 부하운전 개시압력 : 130psi

⑤ 공기압축기 CCS 또는 조압기 동작 공기 : 주공기

⑥ 공기압축기 고압 무부하변 스프링이 절손되었을 때 현상 : 무부하 시 인터쿨러 안전변 분출

⑦ 공기압축기 중간냉각기 압력이 무부하운전 때 비정상적으로 높아지는 원인

    ㉠ 저압 흡입변 불량

    ㉡ 저압 무부하변 기능 불량

    ㉢ 고압 방출변 기능 불량

    ㉣ 고압 방출변 변좌 가스켓 불량 : 고압 흡입변 불량의 경우는 부하운전 중 중간냉각기의 압력이 높아지는 경우이다.

⑧ 중간냉각기의 역할 : 저압에서 압축된 뜨거운 공기를 식혀 고압으로 전송하며, 부하운전 중 중간냉각기의 압력은 55psi 근방에 있어야 한다. 중간냉각기 안전변의 압력 조정치는 50~60psi이다.

⑨ 오리피스 시험의 목적 : 기관의 속도별 주공기압력을 검사하여 공기압축기의 성능(압력공기 생산기능)시험을 위해 시행한다.

(4) 압축공기 제습장치 설치 목적

① 제동부품 부식 방지

② 압축공기 수분 제거

③ 동절기 제동장치 동파 방지

※ 압축공기 냉각과는 관련이 없다.

3 기초 제동장치

제동장치는 대차마다 6개의 제동통과 12개의 제륜자로 구성되어 있으며, 제륜자는 차륜마다 1개씩 장착된 실린더에 의해 작동한다. 레버비는 6.87(GT26CW-2), 5.75(GT26CW)이며, 제륜자와 차륜의 마모는 슬랙 어저스터를 조정함으로써 보상된다. 제동레버와 행거는 경화처리된 핀과 부시로 연결되어 있다.

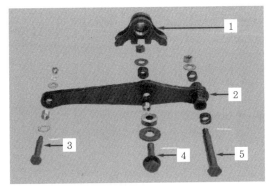
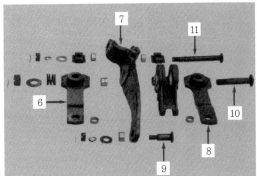

1. 제륜자 헤드	2. 제동 행거	3. 행거 핀	4. 제륜자 헤드 핀
5. 어저스터 핀	6. 행거	7. 레버	8. 행거
9. 레버 핀	10. 제륜자 헤드 핀	11. 어저스터 핀	

▌기초 제동장치 부품 ▌

4 26-L 제동장치

(1) 자동제동밸브

자동제동밸브는 26-C형이 사용되며, 핸들위치는 완해, 최소감압, 상용, 억제, 핸들취거, 비상 등 6개 위치가 있다.

이 밸브는 자동래프되는 자동제동밸브로 기관차 및 열차제동을 제어하는 데 사용된다.

> **제동변 핸들을 최소감압 위치로 이동 시 균형공기 압력**
>
> 90psi(6kg/cm²)

① 균형공기 조정변과 중계변

　　㉠ 중계변(Relay valve)

　　　　• 막판 좌우의 양면 공기압력차에 의하여 동작하는 변으로 균형공기통 압력과 제동관 압력이 항상 균등하도록 제어하는 역할을 한다.

　　　　• 좌측 균형공기 압력에 의해 우측 제동관 공기를 공급 혹은 배기작용을 자동적으로 하여 준다.

　　　　• 충기, 배기, 자기랩(Self-lapping)의 3위치를 취한다.

　　㉡ 균형공기 조정변(Requlating valve)

　　　　• 자동제동변 핸들축에 붙어 있는 캠에 의해 동작한다.

캠(Cam) 실내의 고장

- 각 캠의 돌기부가 절손 또는 마모되면 각 변의 작용이 불가능하므로 모든 제동작용이 불가능하게 된다.
- 각 변 중 균형공기 조정변, 비상 토출변, 비상변, 억제변이 동작하지 않는다.
- 26 – C 자동제동변 캠에 의해 동작되지 않는 변 : 중계변
- 26 – C 자동제동변 캠에 의해 동작되는 변 : 균형공기 조정변, 비상변, 토출변, 억제변

- 균형공기통 압력의 조절은 자동제동변을 반드시 운전위치에 놓고 균형공기 조정변의 조정나사 손잡이 "A"를 돌려서 조절한다.
- 균형공기 압력을 공급 혹은 배출하여 제동관의 압력을 조정하는 역할을 한다.
- 충기, 배기, 자기랩(Self-lapping)의 3위치를 취한다.
- 균형공기 조정변(급기변)의 압력
  - 화물 : 70psi(5kg/cm^2)
  - 여객 : 90psi(6kg/cm^2)

여객위치에서 주요 공기통 압력

- 균형공기통 압력 : 90psi(6kg/cm^2)
- 주공기통 압력 : 140psi(9kg/cm^2)

② 삼방차단변과 균형공기통 차단변
  - ㉠ 삼방차단변 차단위치 : 균형공기통 차단변이 차단되어 균형공기 충기가 안 되고 이로 인해 제동관 충기 불능
  - ㉡ 삼방차단변 화물위치 : 자동제동변 운전위치에서만 균형공기통 차단변이 개변되고 다른 위치에서는 폐변, 그러므로 계단완해 불능
  - ㉢ 삼방차단변 여객위치 : 모든 위치에서 항상 균형공기통 차단변이 개변되어 있어 균형공기를 자변에 의해 항상 충기 혹은 배기가 가능하여 계단완해작용을 할 수 있다.
③ 제동관 차단변(Brake pipe cut-off valve) : 제동관 차단변은 중계밸브에서 제동장치에 통하는 제동관 공기의 흐름을 막는 역할을 한다. 제동관 차단변이 차단되는 경우는 다음의 3가지가 있다.
  - ㉠ 삼방차단변을 차단위치에 놓았을 때 : 주공기가 공급되어 중계변 공급변에서 제동관으로 공급되는 제동관 공기의 유통을 차단시킨다.
  - ㉡ 자동제동변 핸들을 핸들취거위치 또는 비상위치에 놓았을 때 : 제동관 압력공기가 "0"으로 감압되면 제동관 차단변 내 복귀스프링에 의해 변이 닫힌다.
  - ㉢ A-1 충기차단 안내변이 설치된 기관차 : 제동관 호스 파열 현상(제동관 급강하 현상)시 주공기가 제동관 차단변에 공급되어 제동관 공기를 차단하는 작용을 한다.

제동관 차단변

> • 제동관 차단변을 개변시키는 공기 : 제동관 공기(BP)
> • 제동관 차단변을 폐변시키는 공기 : 주공기

④ 비상변(Emergency valve)
  ㉠ 자동제동변 핸들축에 붙어 있는 캠에 의해 동작한다.
  ㉡ 자동제동변 비상제동위치에서 균형공기 압력을 직접 비상변에서 토출시켜 비상효과를 신속하게 해준다.
  ㉢ 비상스위치관(12번 관)을 통해 주공기 압력을 PCS(PCR 무여자 → 기관유전), DCS(DBI 무여자 → 발전제동 무효화)에 공급하여 기관회전을 유전으로, 발전제동 시 발전제동을 무효화시킨다.
  ㉣ 복귀는 핸들취거위치에만 이동해도 PCS에 공급된 공기는 바로 대기로 배출되어 복귀된다.

⑤ 토출변(Vent valve)
  ㉠ 자동제동변 핸들축에 붙어 있는 캠에 의해 동작한다.
  ㉡ 자동제동변 비상제동위치에서 제동관 공기압력을 직접 토출시켜 비상효과를 신속하게 해준다.
  ㉢ 도출번이 제동관 차단변 아래에 설치되어 있어 삼방차단변을 차단위치에 놓고도 비상제동이 가능하다.

⑥ 억제변(Suppression valve)
  ㉠ 자동제동변 핸들축에 붙어 있는 캠에 의해 동작한다.
  ㉡ 삼방차단변 화물위치 때 균형공기통 차단변의 동작관계
    • 자동제동변 운전위치 : 균형공기통 차단변 아래에 주공기가 공급되어 개변
    • 자동제동변 제동위치 : 억제변에서 균형공기 차단변 아래에 작용한 주공기 압력은 스위치관을 통해 억제변으로 배출되어 폐변
  ㉢ 자동제동변 억제, 핸들취거, 비상위치에서는 주공기가 억제관으로 공급되어 P-2-A 제동작용변 내 억제변을 작용시켜 FA-4 전자변으로 빠져나가는 공기통로를 차단한다. 이로써 P-2-A 제동변 작용을 억제시켜 주며 한편 작용된 P-2-A 제동작용변을 복귀시킬때 록-오버관은 자변 억제위치에서 억제변이 막아주기 때문에 복귀된다.
    ATS 동작, 안전제어, 열차제어 현상을 복귀 또는 억제한다.
    • 자동제동변 핸들을 상용제동위치로 이동했을 때 제일 먼저 배기되는 공기 : 균형공기
    • 상용제동 후 제동통의 압력공기가 누설되면 : 작용피스톤 양면의 차이로서 작용변의 동작으로 제동통의 누설량만큼 보충된다.

(2) 26 – C 제동변 제동작용

① **운전위치** : 제동장치 계통에 충기 혹은 완해작용을 시키는 위치이다.

② **상용제동위치** : 운전위치에서 우측으로 이동함에 따라 최소감압위치(6~8psi)와 만제동위치(24psi)로 구분제동위치가 있으나 이는 상용제동위치로 통일할 수 있다. 열차에 서서히 제동을 체결시키기 위한 위치이다.

③ **억제위치** : 역할

    ㉠ P-2-A 제동작용변이 설치된 기관차에서 작용되는 과속안전제어, 졸음방지장치, A.T.S 동작 등의 작용을 무효 또는 억제에 사용되며 이미 작용된 P-2-A 제동작용변 작용을 복귀시킬 때 취하는 위치이다.

    ㉡ P-2-A 제동작용변이 동작되면 약 5~6초간 경보소리(휫슬)가 울렸다가 만제동 정도의 제동이 체결된다.

    ㉢ 제동이 체결되기 직전에 억제위치에 놓으면 제동작용을 피할 수 있다.

④ **핸들취거위치** : 핸들취거위치는 무화기관차 또는 총괄제어 시 피제어차에서 제동밸브의 핸들을 취거하는 위치이다.

    ㉠ 총괄제어 시 피제어차와 열차에 무화기관차의 제동변 기능을 조정한다.

    ㉡ 제동변 내 균형공기 및 제동관 압력이 "0"으로 떨어지게 되고 제동변 내의 여러 가지 변들이 정상적 작용을 못하도록 한다.

⑤ **비상제동위치**

    ㉠ 제동관 압력을 빠르게 배출하기 위해 : 토출변 → 제동관 압력 배출, 비상변 → 균형공기 압력 배출

    ㉡ 비상변 내 비상스위치관 → PCS, DCS : 기관유전, 발전제동 무효

🔧 자동제동변

- 26 – L 제동장치에서 26 – C형 자변에 사용되는 제동관 압력은 완해위치에서 90psi(6kg/cm^2)이다.
- 비상위치에서 기관차 제동통 압력은 60psi이다.

(3) 26 – F 제어변(Control valve)

26형 제어변은 26-D와 26-F의 두 형식이 있다. 제어밸브는 객화차 제동의 삼동변 역할을 한다.

26-F 제어변은 자동식 제어변으로서 상용변부와 신속 완해변부로 나누어진다.

이 밸브는 제동관 감압에 의하여 제어공기통 압력과 제동관 압력이 관계하여 기관차 제동통 압력을 제어하여 제동을 제어하는 작용을 한다.

> **✍ 26-D와 26-F 제어밸브의 차이점**
>
> 26-F 제어밸브에는 총괄제어에 필요한 선택밸브, 계단 및 직접 완해를 위한 캡(Cap), 제동통 압력 제한 밸브가 있는 것이 26-D와 크게 다르다.

(4) SA-26 단독제동변

단독제동밸브는 SA-26형이 사용되며, 자동제동에 관계없이 기관차 제동을 제어하는 데 사용된다. 이 제동밸브에는 완해위치와 전제동위치의 2개의 핸들위치가 있으며, 핸들축에 붙은 캠의 동작으로 주공기통 공기가 J-1 중계변에 공급하여 기관차 제동을 제어한다.

핸들을 완해위치에서 누르면, 자동으로 적용된 기관차 제동이 완해된다. 이때 주공기통 공기는 신속완해부의 작은 막판 밑에 작용하여 스풀밸브를 상승시켜 J-1 중계변의 제어공기를 배출시켜 제동을 완해한다.

> **✍ 26L 제동장치에서 신속완해 시 배출되는 압력**
>
> 제어공기

(5) J-1 중계변(Relay valve)

① 기관차 제동 중계용으로 J-1 중계밸브가 사용된다. 이 밸브는 막판에 의해 동작하며, 제동 중 기관차 제동통에 공기를 공급하거나 배출하며, 자동 래프를 취한다.

　이 중계밸브는 단일 밸브부로 구성되며, 제어밸브에서 제어공기가 큰 막판을 상승하여 역지밸브를 열어 주공기통 공기가 기관차 제동통으로 들어가게 한다.

　26L 제동장치의 J-1 제어변은 6BL 제동장치의 분배밸브 작용부와 같은 작용을 한다.

② J-1 중계변의 특징

　㉠ J-1 중계변의 작용
　　• 제동체결작용
　　• 완해작용
　　• 래프작용

　㉡ J-1 중계변에 처음 공급되는 공기 : 주공기

　㉢ 자변으로 제동체결 시 J-1 중계변을 작동시키는 공기 : 보조공기

　㉣ 단변으로 제동체결 시 J-1 중계변 막판에 들어가는 공기 : 주공기

　㉤ J-1 중계변 작용공기는 제동완해 시 토출변을 통해 대기로 토출됨

　㉥ 기관차 제동완해 불능 시 검사개소 : J-1 중계변 역지변
　　• 막판 하부에 작용하는 공기압력에 의해 동작하는 변(제동, 랩, 완해위치)
　　• 자변 제동체결 시
　　　보조공기 → F-1 선택변 전환변 → 이중 역지변 → J-1 중계변 막판 하부 유입
　　　막판 변봉 상승 → 역지변 상부 주공기 → 제동통

• 자변 제동완해 시

J-1 중계변 막판 하부 → 이중 역지변 → F-1 선택변 → 제어변 배기구로 배기

막판 변봉 하강 → 제동통 압력 → J-1 중계변 배기구로 배기되어 기관차 제동완해

• 단변 제동체결 시

주공기 → MU-2A 중련변 → 이중 역지변 → J-1 중계변 막판 하부 유입

막판 변봉 상승 → 역지변 상부 주공기 → 제동통

• 단변 제동완해 시

J-1 중계변 막판 하부 → 이중 역지변 → MU-2A 중련변 → 단변 배기구로 배기

막판 변봉 하강 → 제동통 압력 → J-1 중계변 배기구로 배기되어 기관차 제동완해

(6) MU-2A 중련밸브

① 중련밸브는 수동으로 손잡이를 조작하여 공기통로를 바꾸는 장치로 MU-2A 밸브가 사용되며, 2위치와 3위치의 두 종류가 있다.

② MU-2A 중련밸브는 F-1 선택밸브를 안내하여 한 기관차에서 다른 기관차의 제동장치를 제어하는 데 이용된다.

③ 손잡이 위치는 제어차는 "LEAD", 피제어차는 "TRAIL 6-26 또는 TRAIL 24" 표시에 맞춰야 한다. 2위치 밸브는 "TRAIL 6" 위치가 없으므로 6형 제동장치와 총괄제어가 불가능하다.

(7) F-1 선택밸브 : MU-2A 중련변으로 제어

F-1 선택밸브는 여러 대의 기관차를 총괄제어할 때 다른 형식의 제동장치를 지닌 피제어차와 26형 제동장치를 지닌 차의 제동제어를 원활하게 하기 위하여 사용된다.

(8) P-2-A 제동작용변(Brake application valve)

P-2-A 밸브는 과속제어, 열차제어, 안전제어 및 ATS 제어 중 어느 하나가 동작하면 점차 감압시켜 전 제동을 적용하여 페널티 제동을 거는 역할을 한다.

과속제어는 견인전동기 최고회전수 초과 시, 열차제어는 열차 허용속도 초과 시, 안전제어는 풋 페달(Foot pedal) 취급 실패 시, ATS 제어는 신호 모진 시 4~6초 동안 경고하여도 기관사가 적절한 조치를 하지 않으면 사고를 방지하기 위하여 제동이 체결되도록 한 열차 안전을 위한 장치이다.

① P-2-A 작용변 특징

㉠ P-2-A 작용변 구성요소

• 작용밸브, 억제밸브, 과감압 역지밸브, 완해 제어밸브

• 과감압 역지밸브 : P-2-A 작용변 작동 시 추가제동을 목적으로 설치된 밸브이다.

㉡ ATS 작용 시 P-2-A 작용변에서 맨 처음 배기되는 공기 : 큰 막판 상부 스프링실 주공기

㉢ P-2-A 작용변 동작 시 현상

• ATS가 동작하였을 때 작동

- 균형공기가 배출
- 동력 차단
- PCS(공기제어스위치)가 동작
- 기관속도 유전
- 발전제동 무효화

페널티 제동이 되지 않기 위한 조치

- 푸트밸브에서의 공기누설 차단
- 제동밸브 핸들을 억제위치에 이동

② 역할 : ATS 동작 시 P-2-A 제동작용변이 휫슬 소리를 4~6초간 울린 후 동작
　ㄱ 균형공기 압력을 팽창시켜 압력을 약하게 하여 만제동 체결
　ㄴ 주공기가 동력차단관 → PCS, DCS → 기관유전, 발전제동 차단
③ 복귀
　ㄱ 자변 억제위치 → 억제관 → P-2-A 제동작용변 내 억제변을 동작
　ㄴ 록크 오버관 폐쇄하면 → 주공기 → 졸림구(F)를 통해 작용변 복귀
④ FA-4 전자변(Magnet valve) : P-2-A 제동작용변을 동작시키기 위해 설치되었으며 FA-4 전자변이 여자되었을 때는 P-2-A 제동작용변이 동작되지 않으며 무여자되므로 P-2-A 제동작용변을 동작시켜 주고 휫슬 소리를 울리게 한다.

(9) A-1 충기차단 안내변(Charging cut-off pilot valve)

A-1 충기 차단변은 열차분리 시 자동 살사, 동력차단, 발전제동 차단 및 제동관의 공기 누출을 차단한다. ⇒ 기관이 정지되지는 않는다.
① 열차분리, 자변 비상제동 체결 시 등 제동관 압력 급강하 시 동작
② 자동 살사 – 살사용적 공기관, 동력차단 – 부하 및 발전제동 차단관
　발전제동 차단 – 부하 및 발전제동 차단관, 제동관 차단변 차단 – 제동관 차단관
③ 복귀 : 작용피스톤 복귀(약 10~15초)를 기다린 후 자변을 비상위치에 두었다가 다른 위치로 이동하면 복귀
④ A-1 충기차단 안내변 복귀위치 : 자동제동밸브 비상위치
⑤ A-1 충기차단 안내변 구성요소 : 차단피스톤, 차단역지밸브, 선택역지밸브, 자동살사 타이밍 초크, 활동피스톤

(10) 무화장치

무화 회송 시 제동관 차단콕을 개변시켜야 제동관 공기가 무화장치 역지변을 밀고 운전위치 때 무화기관차의 주공기관에 공급한다.
① 운전위치 : 공기압축기에서 → No.1 주공기통 → No.2 주공기통 → 주공기 차단콕 → H형 여과기 → 무화장치 상부 실에 공급된 상태(제동관 쪽 차단콕은 폐색)

② 무화작용위치 : 무화 회송 시 제동관 차단콕을 개변 → 제동관 공기는 무화장치 역지변을 밀고 → 운전위치 때 주공기관에 제동관 공기가 공급

③ 무화 회송 시의 특징

    ㉠ 무화 회송 시 선택사항 : 자변 핸들 OFF 위치, MU-2A 제어변 무화위치, 단변 운전위치, 제동관 차단변 차단위치

    ㉡ 무화장치의 구성요소 : 차단콕, 체크밸브, 스트레이너

    ㉢ 무화 회송 시 분배변 안내변 분출압력 조정치 : 35psi

    ㉣ 무화 회송 시 주공기 압력은 제동관 압력보다 20psi 작다.

🛠 기관차 공기누설시험

- 기관차 공기누설시험은 1분 동안 시행한다.
- 제동관 공기누설시험 시 균형공기통 압력이 $1kg/cm^2$가 되도록 감압해야 한다.
- 제동관 누설량 시험 시 압력강하가 1분에 5psi를 초과해서는 안 된다.

5 전자-공기 제동장치

(1) 정의

① 전자-공기 제동장치는 EP 제동장치로 불리며, 현재 고속 고정편성 차량에 설치되어 있다. 기관차 운전실에서 제동 적용과 동시에 전기 접점을 접촉시켜 각 차량의 전자배기밸브를 여자하여 전 차량이 동시에 제동관 압력을 감소하도록, 제동관 공기를 배출하는 제동방식을 전자-공기 제동이라 한다.

② 현 고정편성 차량에 채택된 EP 제동장치는 ARE형으로 "A"는 A형 동작밸브, "R"은 중계밸브, "E"는 전자밸브를 뜻한다. 중계밸브는 J-1형, 전자밸브는 B형(상용, 비상) 및 A형(완해) 전자밸브가 사용된다.

③ ARE 제동장치의 특징은 고속에서 제동통 압력을 낮추어 활주를 방지하고, 저속에서 마찰계수에 비해 점착계수가 큰 때 제동통 압력을 높여 제동거리를 단축하는 데 있다.

(2) 특징

① 전공제어장치의 주제어기에 균형을 이루는 압력 : 균형공기통 압력 + 제동관 압력

② EP 제동장치의 전원 플러그의 선번호 : 기관차, 발전차, 객차

    공기제동 관련 27Pin 전기제어선 사용 내역

    #71-제동 충기(완해 단자), #72-제동 상용(상용제동 단자), #73-제동 공통, 배터리(-), #74-제동 예비, #75-제동 비상(비상제동 단자), #76-제동압력 절환 전자변, #77-제동확인 루프회로(Loop 단자), #78-비상등(+), #79-비상등(-)

③ EP 제동장치의 설치 목적 : 제동거리 단축, 제동 완해시간 단축, 공주시간 단축

④ 전자공기 제동장치가 설치된 편성 객차에 연결하는 공기관 : 주공기관

■6 삼동변

① 삼동변의 정의 : 객화차에 취부된 자동제동기 명칭
② 삼동변의 구성요소 : 균형피스톤, 활변, 도합변
③ 삼동변의 분해 및 조립순서 : 균형피스톤 → 활변 → 도합변
④ 삼동변의 작용 : 충기위치, 제동위치, 완해위치
⑤ 기관차에서 삼동변과 같은 역할을 하는 것은 26L 제동장치의 제어변이다.
⑥ 객화차 제동관에 처음 공급되는 공기는 기관차 제동관에서 공급받는다.

■7 동력장치 조립 및 해체

디젤기관의 동력장치는 실린더 헤드 조립체, 피스톤 및 커넥팅 로드 조립체, 실린더 라이너 조립체로 구성되며, 동력을 발생하는 주요 기능을 담당한다. 이 장치의 해체 및 조립 시 각별히 유의해야 할 사항은 다음과 같다.

(1) 실린더 헤드 해체 시

헤드 및 크래브 너트를 풀기 전에 다음 사항을 확인해야 한다.
① 기관 냉각수 배설
② 피스톤 냉각유관 철거
③ 실린더 검사밸브 철거
④ 축전지 메인스위치 차단

(2) 실린더 헤드 장착 전 확인사항

① 헤드 밑면상태
② 실린더 검사밸브 나사상태
③ 헤드의 수압시험 및 전반적 상태

(3) 조립 시

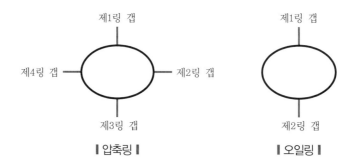

| 압축링 | | 오일링 |

142

① 스프링이 들어있는 오일링은 맨 밑의 오일링 홈에 조립한다.

② "top groove only"로 표시된 압축링은 반드시 제1압축링 홈에 조립한다.

③ 압축링의 경우 제1 및 제2링의 갭(Gap)은 서로 180° 방향에 두고, 제3링은 제2링의 갭과 90°, 제4링은 제3링의 갭과 180°, 그리고 오일링의 경우는 서로 180° 방향에 위치하도록 조립해야 한다.

④ 새 피스톤 핀은 새 베어링 인서트와 조립해야 한다.

⑤ 캐리어의 냉각유 홈은 포크 로드의 톱니부에 있는 맞춤 못과 같은 위치 또는 브레이드 로드의 롱토우의 반대쪽에 위치하게 조립한다.

⑥ 피스톤 핀 볼트는 약 10ft – lbs 정도 손으로 조인 후 공구로 450ft – lbs까지 조인다.

⑦ 스냅링과 캐리어 간의 간격은 0.64mm(0.025″)를 초과해서는 안 된다.

⑧ 라이너를 크랭크케이스에 넣을 때 안내 스터드는 5시 위치에 위치시켜야 한다.

⑨ 포크 로드 바스켓은 맞춤 못이 있는 쪽의 일련번호와 포크 로드의 일련번호와 맞아야 한다.

⑩ 하위 바스켓 볼트는 75ft – lbs, 상위 바스켓 볼트는 190ft – lbs로 조인다.

⑪ 헤드와 라이너 사이에 사용되는 가스켓은 "top" 표시된 쪽이 위로 향하고, 노치 표시된 구멍이 안내 스터드에 끼워져야 한다.

⑫ 헤드 시트 링은 모서리를 죽인(Chamfer) 쪽이 위로 향하고, 노치 표시가 6시에 위치하게 놓는다.

8 연결장치

디젤기관차에 설치된 연결장치는 AAR "E"형 자동연결기 및 300ton 용량의 완충기가 설치되어 있다. 열차를 끌기 위해 기관차에서 발생한 힘은 기관차의 드라프트 기어와 연결기를 통해 작용된다. 드라프트 기어는 기관차 전체 견인력을 견딜 수 있어야 할 뿐만 아니라 연결할 때나 출발할 때 발생하는 충격을 흡수할 수 있어야 하며, 운전 중의 부하에 의한 요동도 흡수할 수 있도록 충분한 유연성이 필요하다.

고무가 진동 및 충격 흡수에 가장 좋은 재료로 알려져 있기 때문에 현재 고무 드라프트 기어가 가장 많이 사용되고 있다. 드라프트는 기어 조립품은 드라프트 기어와 요크로 구성된다.

디젤기관차가 견인력을 발휘할 때 그 힘은 드라프트 기어 포켓을 통해 드라프트 기어 포켓, 기관차 언더 프레임 부분과 기관차 연결기에 연결된 요크 사이에 삽입되어 있다.

너클 핀

드라프트 기어 포켓

너클

연결기 몸체

해방 레버

록크 리프트

드라프트 기어 포켓

너클 핀

너클

연결기 몸체

‖ 디젤기관차 연결장치 ‖

단원 핵심정리 한눈에 보기

(1) 동력전달 순서

크랭크축 회전력 → 주발전기 전력(전기적 에너지) → 견인전동기 출력(기계적 에너지)
→ 피니언과 기어 → 동륜 회전

(2) 645계 기관 특징

- 마력당 중량이 가볍다.
- 청정공기 계통이 완전하다.
- 유닛 인젝터(Unit injector)에 의한 무기 분사방식(연료가 착화되기 쉽도록 안개형태 (霧)로 분사)을 채택하였다.
- 압축비가 높다.
- 단류소기방식으로 소기작용이 완전하다.

(3) 크랭크케이스의 주요 구성부

- 상부갑판(Top deck) : 크랭크케이스의 위쪽에 위치한 노출부를 말하며, 실린더 헤드를 장착하고 헤드의 변기구를 수용하는 곳이다.
- 프레임(Main bearing "A" frame) : 실린더 뱅크 응력판과 베이스 레일에 용접되어 있는 A자 모양이며 메인 베어링 캡으로 크랭크축을 지지시켰다.
- 실린더 뱅크(Cylinder bank) : 기관의 좌우 양측에 있으며 강판을 서로 용접한 후 실린더 라이너를 장착하여 수용하는 곳이다.
- 공기함(Air box) : 실린더 라이너를 에워싸고 있는 공간부로써 실린더 뱅크와 크랭크 케이스의 측판과 단판으로 둘러싸여 있으며 소기용 공기가 저장되는 곳이다.
- 공기함실 핸드 홀(Air box handhold) : 이 핸드 홀은 다음의 각부를 검사할 때 사용한다.
  - 실린더 내의 일반 상태
  - 피스톤 상태 및 링의 상태
  - 공기함 내의 상태
  - 분사변의 기능 상태
  - 기관송풍기 실 상태
- 각 다기관(Manifold) : 크랭크케이스에 설치되어 있는 다기관은 기름, 냉각수, 배기가스 등이 한 곳에서 갈라지거나 또는 여러 곳에서 모이도록 설계된 관을 말하며, 다음과 같은 다기관이 있다.
  - 윤활유 및 피스톤 냉각유 다기관
  - 연료유 다기관
  - 냉각수 유입 및 방출 다기관
  - 배기 다기관

(4) 디젤전기기관차의 GT26CW형에 설치된 윤활유 과열 탐지기가 윤활유 온도 260°F가 되면 기관을 정지시킨다.

📐 고유온 차단장치

고유온 차단장치는 오일 온도가 124~126℃까지 상승하면 서머스탯 밸브가 열리고 압력유는 밸브를 통해 조속기 구동 하우징으로 배유된다. 조속기는 이에 따른 저유압 상태를 감지하여 기관을 차단시킨다.

> **예제**
>
> 디젤기관차에서 기관의 회전수가 900rpm, 극수가 12일 때 주파수는 몇 Hz인가?
>
> [풀이] $N = \dfrac{120f}{p}$, $900 = \dfrac{120f}{12}$, $f = \dfrac{12 \times 900}{120} = 90\,Hz$
>
> 여기서, N : 회전수, f : 주파수, p : 극수

(5) 디젤기관에서 기관의 윤활계통에 들어가는 윤활유의 최고 압력을 제한하기 위한 것 : 윤활유 압력 완해변

(6) 실린더 헤드 조립체

- 실린더 헤드 : 실린더 위에 장착하며 크래브볼트 너트와 크래브에 의하여 크랭크케이스 헤드 리테이너에 고정하며 그 사이에는 시트링과 방수 실을 끼우고 8개의 스타트와 너트로 조립한다.
- 로커암(Rocker arm) : 1개의 실린더 헤드에 3개의 로커암이 장착되어 있으며 1개는 분사변을 작동시키고 2개는 4개의 배기변을 동시에 개폐시킨다. 로커암 캠에 접촉되는 곳에는 종동 롤러가 있고, 반대쪽에는 분사변 시기조정과 액압충격조절기 조절을 위한 조절나사와 고정너트가 붙어 있다.
- 배기변(Exhaust valve) : 배기변은 한 헤드에 4개가 장착되어 있고, 니켈-크롬강을 단조하여 만든 헤드와 첨단을 경화한 강제변봉을 마찰 용접법으로 제작한 것이다.
- 변교와 액압충격조절기 : 변교는 한 개의 로커암으로 두 개의 배기변을 동시에 개폐하기 위하여 장착된 것이며 로커암과 배기변 사이에서 다리 역할을 한다.
  액압충격조절기는 변봉과 변교 간의 간격을 언제나 "0" 상태로 유지시키면서 로커암에서 받는 충격적인 힘을 조절하여 배기변의 동작을 원활하게 하는 역할을 한다.
- 냉각수 방출관 : 냉각수 방출엘보는 실린더 헤드의 맞춤 못 역할을 하며 냉각수를 방출하기 위한 것이다.
- 시트링 : 실린더 헤드 시트링(Seat ring)은 크랭크 실 헤드 좌와 실린더 헤드 사이에 사용하는 동제의 링으로 실린더 헤드의 좌면을 이루며 피스톤과 헤드 사이에 간격을 유지하게 한다.

- 실린더 검사변(Cylinder test valve) : 실린더 검사변은 몸체, 니들밸브, 패킹, 너트로 구성되어 있으며 몸체는 크랭크케이스 측판에서 실린더 헤드 리테이너를 지나 실린더 헤드 내에 이른다.

(7) 디젤기관의 가솔린기관에 대한 단점
- 동일 체적의 실린더로는 가솔린기관에 비해 마력이 떨어진다.
- 마력당의 중량, 체적이 크다.
- 일반적으로 최고압력은 높지만 평균압력은 낮다.

(8) 디젤기관차 터보차저 소크백 계통의 유압이 55psi에 도달하면 완해변이 동작한다.

⚙ 소크백 오일(Soak back oil) 계통

기관을 기동하기 전에 터보차저 베어링의 윤활과 기관을 정지한 후 터보차저에 잔류하는 열을 제거하기 위하여 기관 "기동" 및 "정지" 제어를 통하여 자동적으로 제어된다.

유조에서 윤활유를 흡입하는 전기구동펌프는 소크백 오일여과기를 통해 오일을 압송하여 터보차저 윤활유 여과기 헤드에서 터보차저 베어링 부분에 직접 공급한다. 55psi로 조정된 압력 완해변이 여과기의 헤드에 위치하고 있다. 기관을 기동하여 모터로 구동되는 펌프가 회전하고 있을 때는 주윤활유 압력이 모터로 구동되는 압력보다 커지게 된다. 낮은 압력의 오일에 대하여는 배출구가 없으므로 압력이 55psi까지 상승하면 완해변이 개방될 것이다. 이때 오일은 여과기 헤드 장작 슬랜시에 있는 통모를 통하여 유조로 회귀할 것이다. 또한 여과기 헤드에는 70psi로 조정된 바이패스밸브가 있다. 이 밸브는 여과기가 폐색되었을 때 터보차저 손상을 막기 위하여 터보차저에 윤활유를 공급할 수 있도록 소크백 펌프의 압력유를 바이패스할 수 있도록 열릴 것이다. 만일 기관을 정지시켰을 때 소크백 펌프가 작동하지 않는다면 터보차저 손상 방지를 위해 기관을 즉시 재기동하여 무부하 유전속도로 15분 동안 돌려 놓는다.

(9) 디젤기관차의 저수압 탐지장치에서 정상시 냉각수 압력과 대항되어 균형위치를 취하고 있는 것 : 기관공기함의 공기압력 + 스프링 장력

(10) 디젤기관차의 고유조압 탐지장치에서 유조압이 작용하는 막판 반대측의 압력은 스프링 압력이다.

(11) 디젤기관차 배기 다기관 중 과급기에 불순물이 들어가는 것을 방지하기 위하여 트랩형식의 스크린을 내장하고 있는 부분 : 어댑터 조립체

(12) 기관 과속트립(Trip)장치
- 과속트립기구는 기관속도가 과도할 경우 실린더로의 연료분사를 중지시키는 안전장치로 설치된 것이다. 기계적으로 작동하는 과속트립기구는 기관속도가 설정된 한계치로 증가하면 과속트립장치가 기관을 차단하게 된다.
- 캠축 하부에 기관 좌우 양측의 뱅크길이 방향으로 연장되어 있는 트립축에는 각 실린더마다 하나씩의 캠이 설치되어 있어서 트립축이 회전할 때는 실린더 헤드에

장착되며 인젝터 로커암의 바로 아래에 있는 스프링 부하를 받는 캐취폴에 접촉하게 된다. 이 트립축은 기관 전단부의 과속트립장치 하우징 내에서 스프링 힘으로 동작하는 링크 및 레버기구와 연결되어 있다. 트립 고정축에 있는 복귀레버는 우측 뱅크쪽으로 당겨졌을 때 작동 스프링에 장력을 주게 된다. 장력은 트립폴이 트립 고정레버축의 노치에 걸려서 지속적으로 유지된다.

- 정상위치에서는 트립축의 캠이 로커암 캐취폴에서 떨어져 있게 된다. 과속트립장치 완해기구는 우측 뱅크의 전방 캠축 균형추와 결합되어 있으며 장력 조정이 가능한 스프링으로 지지되는 플라이 웨이트로 되어 있다.
- 기관속도가 설정한도를 넘으면 플라이 웨이트의 원심력이 스프링 장력보다 커져서 플라이 웨이트는 트립폴에 접촉하도록 외측으로 움직이며 작동 스프링은 연결 링크를 통해 트립축을 회전시키게 된다.
 결과적으로 트립축 캠이 인젝터 로커암 폴과 접촉하여 이를 들어올리며, 인젝터 로커암 롤러는 메인 캠과 분리된다. 이렇게 하여 연료분사가 방지되고 기관이 정지하게 된다. 복귀시킬 경우에는 복귀레버를 반시계 방향으로 회전시켜 트립축 캠을 인젝터 로커암 캐취폴에서 완해시키면 된다.
- 기관 기동 시에 캠축이 회전하면 로커암이 들어올려져 캐취폴이 걸리지 않는 위치로 되고 인젝터 로커암은 정상운전위치로 완해된다.

(13) A-1 충기차단 안내변의 역할
- 열차분리 또는 비상제동 시 자동살사, 부하차단, 발전제동력 차단, 제동관 차단의 4가시 삭용을 하며, 복귀 시에는 제동변을 비상위치로 하지 않으면 복귀가 되지 않도록 하여 열차를 보호한다.
- 선택역지변, 차단역지변, 차단피스톤, 작용피스톤 등으로 구성되어 있다.

(14) 크랭크축 스러스트 칼라(Thrust collar)
스러스트 칼라는 구형 단면을 가진 반원형의 청동제품이다. 스러스트 칼라의 목적은 스러스트 베어링 면과 축의 기계가공된 표면 간에 설정된 간격이 있기 때문에 크랭크축이 축방향으로 이동되는 것을 방지하여 추력을 흡수하는 데 있다. 이 곳의 윤활은 메인 베어링에서 새어 나오는 윤활유에 의해 이루어진다.

(15) 저유압 차단장치
- 저유압 차단장치는 조속기 내부에 설치되어 있으며 막판의 좌측에는 기관 윤활유 압력 그리고 우측에는 조속기 자체의 압력이 스프링과 함께 막판을 사이에 두고 균형을 이루고 있다.
- 기관 운전 중 기관 윤활유 압력이 감소되면 막판이 좌측으로 밀리며 막판에 연결된 저유압 플런저가 함께 움직인다. 저유압 플런저는 유통로를 개방하여 속도조정피스톤의 압력유를 배출시키므로 기관이 정지된다.
- 저유압 플런저는 저유압 피스톤실의 유압을 배출시켜 저유압 피스톤이 동작한다.

- 저유압 피스톤의 이동으로 차단 플런저가 조속기 외방으로 탈출된다. 이때 경보스위치가 동작되어 경보등과 경고령을 울린다.
- 기관을 재기동하려면 차단 플런저를 복귀시켜야 한다. 원활한 기동을 위하여 저유압 플런저는 50~60초의 시간지연기능이 있다.

(16) 조화 균형추(Harmonic balancer)

- 조화 균형추는 크랭크축 전단에 있으며 크랭크축의 비틀림을 감쇄시키는 작용을 한다.
- 조화 균형추의 스프링은 크랭크축을 통하여 공급된 기름을 스프링실의 방사상의 통로를 통하여 공급된다.
- 645E3형 일부 기관에는 비스코스 댐퍼(Viscous damper)를 사용하여 비틀림 진동을 흡수하고 있다.

(17) 기관과속방지장치(Overspeed trip)

기관차가 고속으로 전부하 운전 시 차륜공전, 주발전기 계자에 전류 차단 또는 기관사 운전법 불량 및 기관 조속기 불량 등으로 기관의 부하가 급속히 감소되어 기관속도가 과대해지면 기관의 각부 손상과 주발전기 전기자의 바인드선 탈출이 초래되므로 이를 방지하기 위하여 645E 및 645E3 기관은 990~1,005rpm을 초과할 때에는 기관과속방지장치가 동작되어 각 실린더에 연료분사를 중시시켜 기관을 정지하도록 되어 있다.

(18) 7,000대 디젤기관차의 졸음방지장치에서 E - B 전자변의 역할 : 기관사가 졸음방지장치 페달을 정상적으로 조작하지 않을 경우 이 전자변이 무여자(소자)되어 P-2-A 제동작용변의 공기를 배출하여 제동한다.

(19) 디젤기관차에 사용되는 살사시한계전기의 약호 : TDS

(20) 2행정 기관의 장점

- 동일 피스톤 배기량으로 많은 동력 발생
- 무변의 것도 있어 변기구가 간단함
- 회전력이 균일하여 플라이휠이 가벼움

(21) 디젤전기기관차의 ORS가 자화되었을 때 부하조정기가 최대계자 위치까지 이동되는 시간은 6초이다.

(22) 직류 주발전기에서 일정출력을 유지하기 위한 계자 : 차동계자

계자

- 기동계자(Starting field) : 기동계자는 기관을 기동시킬 때 축전지의 전원에 의하여 여자되어 주발전기를 기동전동기와 같은 작용을 시켜 기관을 기동하는 역할을 한다.
- 분권계자(Shunt field) : 분권계자는 발전자와 병렬로 연결되어 있고 주발전기의 발전전원에 의하여 여자되는 자여자 계자이다. 분권계자에 흐르는 전류는 총 유효 부하전류의 극소 부분에 지나지 않으나, 기관 회전수 증가에 따라 자기여자 작용을 급속히 증가시켜 발전전압을 상승시키는 역할을 한다.
- 축전지계자(Battery field) : 축전지계자는 발전자와 별도로 축전지와 보조발전기회로에 연결되어 저압전원에 의하여 여자되는 타여자 계자이다. 축전지계자에 흐르는 전류는 부하조정기에 의하여 주발전기와 기관의 최대출력 범위 이내에서 조절되어 스로틀 단계에 알맞은 일정한 기관마력을 발생하게 한다. 축전지계자는 분권계자와 더불어 주발전기의 출력을 내는 주요 작용을 하는 발전기이다.
- 차동계자(Differential field) : 차동계자의 권선은 분권 및 축전지 계자권선의 방향과 반대이며 발전자의 권선과 직렬로 연결되어 있다. 이 계자는 자여자 계자로서 발전기 자체에서 전류를 받아 여자되나 전류의 방향이 분권계자와 반대로 되어 자력선이 서로 상쇄되어 있다. 자동적으로 발전기의 발전력을 견제하여 일정출력(Constant kilo watt)을 유지시키는 역할을 한다.
- 정류계자(Commutating field) : 정류계자는 자여자 계자로서 발전자와 직렬로 연결되어 보극에 감겨 있으므로 보극, 즉 "Interpole"로 불린다. 보극은 주극(Main pole)과 주극 사이에 설치되어 발전자 권선에 유기된 전류가 정류(Commutation)되어 브러시를 통해 외부로 나올 때 발전자 권선에 생기는 자기력이 정류를 방해하므로 이를 없애 정류를 개선하도록 자력(Magnetic force)을 발생시켜 정류작용을 돕는 역할을 한다.
- 보정계자(Compensating filed) : 보정계자는 자여자 계자로서 발전자 권선과 직렬로 연결되어 있으나 전류의 방향이 정반대이다. 이 계자는 정류계자가 없애지 못한 정류를 방해하는 기자력을 없애도록 하여 정류가 잘 되도록 정류계자가 하던 일을 보정하는 역할을 한다. 이 계자는 용량이 크고 부하변동이 심한 발전기에 반드시 필요하다. 현재 소형 입환용 발전기에는 없다.

(23) 윤활유 계통

- 관윤활유는 펌프에 의하여 기관 각부의 마찰부를 윤활시켜 마모를 방지하고 냉각시켜 원활한 운전을 하게 하고 방청작용과 기밀작용을 부수적으로 담당한다.
- 윤활유 계통은 크게 청정유 계통, 주윤활유 계통, 피스톤 냉각유 계통으로 구분된다.

(24) 조속기 저유압장치에 의해 기관을 차단하는 경우

- 윤활유 계통의 저유압
- 크랭크실 압력이 정압
- 냉각수 압력 저하
- 윤활유 과열

(25) 액압충격조절기 역할

- 로커암의 충격적인 운동을 완화한다.
- 배기밸브의 닫힘동작을 원활하게 한다.
- 배기밸브 파손 고장을 예방한다.

(26) 2사이클 기관에서 소기(스카밴징)효율

$$\frac{흡입한\ 신기량}{실린더\ 내\ 전\ 가스량}$$

(27) 디젤 노크 방지책

- 연료의 착화성을 좋게 한다.
- 착화기간을 짧게 한다.
- 압축비를 높게 한다.
- 분사 초기에 분사량을 적게 한다.

(28) 디젤전기기관차의 PGR 조속기에 공기센서장치(Air sensor assembly)의 작용

- 흡입공기와 연료의 비를 정확하게 한다.
- 절대공기압력에 따라 정확한 공연비를 확보하기 위하여 부하조정기의 작용범위 내에서 공기 공급에 비례하여 기관부하를 조정하는 데 있다.

기출 · 예상문제

01 1개의 로커암으로 2개의 배기변을 개폐시키는 기기는?

① 변교
② 액압충격조절기
③ 크래브
④ 전향장치

해설 변교는 1개의 로커암에 의해 2개의 배기밸브를 작동시킨다.

02 26-C 제동변에서 비상제동위치 때 균형공기를 대기로 배출시켜 주는 밸브로 맞는 것은?

① 토출변
② 비상변
③ 억제변
④ P-2-A 제동작용변

해설 자동제동변 비상제동위치에서 균형공기압력을 직접 비상변에서 토출시켜 비상효과를 신속하게 해준다.

03 26-C 제동변의 삼방차단변을 어느 위치로 이동하여야 계단완해가 이루어지는가?

① 여객위치
② 화물위치
③ 차단위치
④ 운전위치

해설 26-C 제동변의 삼방차단변을 여객위치에 놓으면 계단완해가 이루어진다.

04 26-L 제동장치에서 균형공기압력이 유통되는 곳은?

① F-1 선택변
② P-2-A 제동작용변
③ 26F 제어변
④ J-1 중계변

해설 26-L 제동장치에서 P-2-A 제동작용변 동작 시 균형공기가 배출된다.

05 26-L 제동장치에서 비상제동 체결 시 균형공기를 직접 대기로 토출시키는 변은 무엇인가?

① 토출변
② 비상변
③ 제동관 차단변
④ 억제변

해설 자동제동변 비상제동위치에서 균형공기압력을 직접 비상변에서 토출시켜 비상효과를 신속하게 해준다.

06 7400호대 총괄제어운전 시 피제어차에서 단독제동을 사용해도 제동이 걸리지 않는다. 다음 중 어떤 장치가 동작한 결과인가?

① MU-2A 중련변
② F-1 선택변
③ J-1 중계변
④ 삼방 차단변

해설 MU-2A 중련밸브는 F-1 선택밸브를 안내하여 한 기관차에서 다른 기관차의 제동장치를 제어하는 데 이용되며 피제어차의 단독제동은 사용할 수 없다.

정답 01. ① 02. ② 03. ① 04. ② 05. ② 06. ①

07 ATS 경보벨 동작 시 제동작용을 억제하기 위한 자동제동변 위치는?

① 상용제동위치

② 억제위치

③ 핸들취거위치

④ 비상제동위치

해설 자변 억제위치 → 억제관 → P-2-A 제동작용변 내 억제변을 동작시켜 제동이 체결되지 않는다.

08 강판을 용접하여 제작한 것으로 기관의 기초부 역할을 하는 디젤기관의 구성부는?

① 베이스 레일

② 실린더 뱅크

③ 크랭크케이스

④ 유조

해설 기관 유조는 크랭크실을 지지하고 기관 기초부와 같은 역할을 하는 강제 조립체이다.

09 견인전동기의 설명 중 틀린 것은?

① 저회전에서는 견인력이 크다.

② 고회전에서는 속도가 증가하는 특성이 있다.

③ 기계적 동력을 전기적 동력으로 바꾸는 트랜스미션 장치이다.

④ 열차 출발 시 강력한 회전으로 열차를 견인한다.

해설 견인전동기는 전기적 에너지를 기계적 에너지로 변환시키는 장치이다.

10 공기함 핸드홀을 통하여 검사할 수 있는 곳으로 맞는 것은?

① 로커암과 변교

② 메인 베어링과 로드 베어링

③ 피스톤 및 링의 상태

④ 유조 내 전반적인 상태

해설 공기함 핸드홀을 통해 검사할 수 있는 사항

• 기관송풍기의 회전자와 오일실 기능 검사

• 실린더 라이너 내벽의 상태 확인

• 피스톤 링의 상태

• 피스톤의 상태

• 피스톤과 헤드의 간격 측정

• 분사변(인젝터)의 기능 또는 공기함의 상태

11 공기압축기에서 발생된 공기를 무슨 공기라 하는가?

① 제동관 공기

② 주공기

③ 균형공기

④ 제동통 공기

해설 공기압축기에서 생산된 공기를 주공기라 한다.

12 공기압축기의 부하운전과 무부하운전을 제어하기 위하여 흡입변 상부에 취부하는 장치는?

① 무부하변

② 브리더

③ 방출변

④ 안전변

13 결선도 용어에 대한 설명 중 틀린 것은?

① 동작(Pick up)은 계전기 또는 접촉기의 작용코일에 전압 또는 전류에 의해 작동하는 것을 말한다.

② 복귀(Drop out)는 작용코일에 작용하던 전류 또는 전압이 강하되어 무여자되는 것을 말한다.

③ NC 연동계전기는 접촉기의 작용코일의 무여자 상태에서 상시 개방되어 있는 연동이다.

④ 연동은 계전기 또는 접촉기가 동작함에 따라 접촉 혹은 개방되는 보조적인 접촉편이다.

해설 NC 연동은 무여자 상태에서 상시 접촉되어 있는 접점을 말한다.

정답 07. ② 08. ④ 09. ③ 10. ③ 11. ② 12. ① 13. ③

14 기관 윤활유 과열탐지기가 개방되어 기관 정지되는 윤활유 온도는?

① 208℉   ② 260℉
③ 180℉   ④ 160℉

해설 GT26CW형에 설치된 윤활유 과열탐지기가 윤활유 온도 260℉가 되면 기관을 정지시킨다.

15 기관 전단부에 장착된 부속장치가 아닌 것은?

① 기관 윤활 및 피스톤 냉각유 펌프
② 기관 조속기
③ 유분리기
④ 기관 과속방지장치

해설 조속기, 냉각수 펌프 및 윤활유 펌프, 기관 과속방지장치는 기관의 앞쪽에 위치해 있고, 터보차저와 플라이휠은 기관 후단부 혹은 카프링 단부에 설치되어 있다.

16 기관 조속기 보정기구 구성부가 아닌 것은?

① 플라이웨이트   ② 보정피스톤
③ 니들밸브   ④ 완충피스톤

해설 속도보정기구는 일체의 수동보정피스톤, 완충피스톤 및 스프링 그리고 보정 니들밸브를 포함하고 있다.

17 기동 시는 축전지, 기동 후는 보조발전기 전원에 의해 구동되는 것은?

① 연료펌프전동기   ② 부스터펌프전동기
③ 기동전동기   ④ 견인전동기

해설 **연료펌프전동기**
기동 시는 축전지 전원을 사용하여 연료를 공급하고, 기동 후는 보조발전기 전원 직류 74V 전원을 사용하여 연료를 공급한다.

18 다음 설명 중 틀린 것은?

① 전이란 주발전기와 견인전동기의 동력 회로를 변경하는 것이다.
② 견인전동기 회로 2직3병렬에서 6병렬로 바뀌는 것이 전방전이이다.
③ 견인전동기 회로 6병렬에서 2직3병렬로 바뀌는 것이 후방전이이다.
④ 전방전이는 견인전동기의 부하전류가 증가하고 열차속도는 느려진다.

해설 견인전동기의 회전속도가 증가되어 주발전기의 허용치 이내에 최고전압이 발생하면 주발전기와 견인전동기의 회로를 병렬로 연결 자동적으로 바뀐다. 이것을 전방전이라 한다. 직렬운전 중 전이가 이루어져 병렬로 연결되면 각 견인전동기는 알맞게 전류를 받아 열차 속도가 상승된다.

19 다음 중 공기함 핸드홀 커버를 통하여 검사할 수 없는 것은?

① 실린더 내의 일반적인 상태
② 피스톤의 상태
③ 분사변의 기능
④ 피스톤 캐리어

해설 **공기함 핸드홀을 통해 검사할 수 있는 사항**
• 기관송풍기의 회전자와 오일실 기능 검사
• 실린더 라이너 내벽의 상태 확인
• 피스톤 링의 상태
• 피스톤의 상태
• 피스톤과 헤드의 간격 측정
• 분사변(인젝터)의 기능 또는 공기함의 상태

20 다음 중 기관 과속방지장치 역할로 맞는 것은?

① 주발전기 보호   ② 보조발전기 보호
③ 견인전동기 보호   ④ 공기압축기 보호

정답 14. ②   15. ③   16. ①   17. ①   18. ④   19. ④   20. ①

21 다음 중 기관이 과열되는 원인으로 틀린 것은?

① 냉각수 펌프의 불량
② 냉각수 누설로 수량이 부족
③ 셔터가 열렸을 때
④ 방열기 냉각선풍기 작동이 불량일 때

해설 기관이 과열되는 원인은 냉각수 펌프의 불량, 냉각수 누설로 수량이 부족, 셔터가 닫혀 있을 때, 방열기 냉각선풍기 작동이 불량일 때 등이 있다.

22 다음 중 기관 후단부에 장착된 부속장치가 아닌 것은?

① 기관 윤활유 펌프
② 윤활유분리기
③ 보조발전기
④ 주발전기

해설 조속기, 냉각수 펌프 및 윤활유 펌프, 기관 과속방지장치는 기관의 앞쪽에 위치해 있고, 터보차저와 플라이휠은 기관 후단부 혹은 카프링 단부에 설치되어 있다.

23 다음 중 디젤전기기관차의 동력전달 순서로 맞는 것은?

① 디젤기관 – 견인전동기 – 주발전기 – 피니온과 기어 – 동륜
② 디젤기관 – 주발전기 – 견인전동기 – 피니온과 기어 – 동륜
③ 디젤기관 – 주발전기 – 피니온과 기어 – 견인전동기 – 동륜
④ 디젤기관 – 견인전동기 – 주발전기 – 피니온과 기어 – 동륜

해설 디젤전기기관차의 동력전달 순서는 디젤기관 – 주발전기 – 견인전동기 – 피니온과 기어 – 동륜 순으로 전달된다.

24 다음 중 분사변 내부 동작부를 냉각시키는 것은?

① 연료유
② 냉각수
③ 윤활유
④ 공기함 공기

25 다음 중 유분리기의 역할은?

① 윤활유 냉각
② 유증기 냉각
③ 크랭크실 내 유압 형성
④ 유분 중의 기름을 기소에서 수집하여 기관으로 돌려보낸다.

해설 유분은 엘리먼트에 모아져 기관으로 회수되며 엘리먼트를 통과한 가스상태의 증기는 배기 연돌로 배출되어 대기로 나가게 된다.

26 다음 중 윤활유 압력과 관련이 적은 것은?

① 윤활유 점도
② 기관 온도
③ 베어링의 상태
④ 윤활유량

해설 윤활유량은 윤활유 압력과 관계 없다.

27 다음 중 저유압의 원인과 관계가 적은 것은?

① 윤활유 완해변이 개방한 위치에서 고착
② 각 베어링의 과도한 마모
③ 윤활유 유관의 파손
④ 소크백 펌프의 고장

해설 소크백 펌프는 기관이 가동되어 있을 때 터보과급기의 윤활을 확보하고, 기관이 정지된 후에는 터보과급기로부터 열을 제거(냉각작용)하는 역할을 한다(35분간 작동).

정답 21. ③ 22. ① 23. ② 24. ① 25. ④ 26. ④ 27. ④

28 다음 중 치차의 회전방향이 같은 치차는?

① 크랭크축치차와 청정유펌프치차

② 제1유차와 터보구동치차

③ 우측캠축치차와 제1유차

④ 크랭크축치차와 우측캠축치차

29 다음 중 공기함 핸드홀을 통하여 검사할 수 있는 것은?

① 메인 베어링과 로드 베어링

② Pee 파이프 및 피스톤 캐리어

③ 유조의 전반적인 상태

④ 분사변의 기능 상태

해설 공기함 핸드홀을 통해 검사할 수 있는 사항
• 기관송풍기의 회전자와 오일실 기능 검사
• 실린더 라이너 내벽의 상태 확인
• 피스톤 링의 상태
• 피스톤의 상태
• 피스톤과 헤드의 간격 측정
• 분사변(인젝터)의 기능 또는 공기함의 상태

30 다음 중 디젤기관차 공기압축기의 압축공기 공급처가 아닌 곳은?

① 객차 제동장치

② 객차 진공식 화장실

③ 객차 급수장치

④ 객차 승강문

31 디젤전기기관차의 저유압 원인이 아닌 것은?

① 윤활유 완해변이 개방한 위치에서 고착되었을 때

② 윤활유 펌프의 고장이 발생하였을 때

③ 각 베어링의 마모가 과대하게 되었을 때

④ 윤활유 완해변 폐색위치에서 고착

32 디젤기관 분사변에 대한 설명 중 바르지 않은 것은?

① 분사변 외부 작동부는 로커암을 지나온 윤활유로 윤활된다.

② 분사변 내부 작동부는 연료유로 윤활하고 냉각한다.

③ 분사변 침변은 분사변 내의 고압가스가 역류되는 것을 방지한다.

④ 분사변 상반체는 분사펌프 역할을 하고, 하반체는 분사노즐 역할을 한다.

해설 분사변 역지변은 연소실에서 발생된 높은 압력의 가스가 분공을 통하여 분사변 내부로 역류하여 들어오는 것을 방지하여 주는 역할을 한다.

33 디젤기관 전단부의 부속장치로 맞게 연결된 것은?

① 기관 조속기 – 유분리기

② 청정유 펌프 – 냉각수 펌프

③ 냉각수 펌프 – 에프터 쿨러

④ 공기압축기 – 제습기

해설 조속기, 냉각수 펌프 및 윤활유 펌프, 기관 과속방지장치는 기관의 앞쪽에 위치해 있다.

34 디젤기관 터보과급기의 구성부가 아닌 것은?

① 클러치부

② 터빈부

③ 압축기부

④ 치차구동부

해설 터보과급기는 압축기부, 터빈부, 치차구동부로 구성되어 있다.

35 디젤기관의 과속방지장치가 동작하는 원인이 아닌 것은?

① 고속으로 전부하 운전 시 차륜 공전
② 상구배 운전으로 부하가 많이 걸릴 때
③ 만부하 운전 시 주발전기 계자전류 차단 시
④ 기관 조속기가 불량일 때

해설 상구배 운전 시 부하가 많이 걸리는 것은 정상적인 운전상태이다.

36 디젤기관의 특징으로 맞지 않는 것은?

① V형 2사이클 기관으로 마력당 중량이 가볍다.
② 유닛 인젝터에 의한 무기분사식이다.
③ 567계 기관은 14.5 : 1로 압축비가 높다.
④ 단류소기방식이라 청정공기 계통이 완전하다.

해설 디젤기관의 특징
• 마력당 중량이 가볍다.
• 청정공기 계통이 완전하다.
• 유닛 인젝터(Unit injector)에 의한 무기분사방식(연료가 착화되기 쉽게 안개형태(霧)로 분사)을 채택하였다.
• 압축비가 높다.
• 단류소기방식으로 소기작용이 완전하다.

37 디젤기관차의 기관 조속기에 대한 설명으로 옳지 않은 것은?

① 디젤기관차에는 우드워드 PGR형 전동–유압식 기관 조속기가 사용된다.
② 기관 조속기는 부하조정기에 의해 기관속도를 제어한다.
③ 터보과급기 사용 기관차에는 리미팅과 밸런싱이 되는 조속기를 사용한다.
④ 기관 조속기의 센서장치는 공기 공급에 비례한 연료공급을 한다.

해설 조속기의 속도 조정은 A, B, C 및 D 전자변의 서로 다른 조합으로 여자시키면 단계적으로 수행된다.

38 디젤전기기관차의 공기압축기 조압기가 동작했을 때 현상은?

① 보조공기가 무부하변을 동작시킨다.
② 제어공기가 무부하변을 동작시킨다.
③ 선택공기가 무부하변을 동작시킨다.
④ 주공기가 무부하변을 동작시킨다.

해설 공기압축기 CCS 또는 조압기를 동작시키는 것은 주공기이다.

39 디젤전기기관차에서 상용제동 체결 시 제동통에는 어느 공기가 들어오는가?

① 제동관 공기　② 주공기통 공기
③ 보조공기통 공기 ④ 압력공기실 공기

해설 상용제동 시 제동관 공기의 김입량에 따라 주공기통 공기가 제동통으로 들어간다.

40 디젤전기기관차의 공기압축기 제어스위치(CCS)는 어느 압력에 의하여 동작되는가?

① 저압 실린더 압력
② 고압 실린더 압력
③ 제1주공기통 압력
④ 제2주공기통 압력

해설 공기압축기 작용 순서
대기의 공기 → 공기여과기 → 저압 실린더 → 중간냉각기(Inter cooler) → 고압 실린더(130~140psi, 무부하변) → 냉각관 → 제1주공기통 → 제습기 → (H형 여과기) → 제2주공기통(CCS : 제어공기스위치 130~140psi) → 26C 제동변(중계변, 조정변 우측)

정답　35. ②　36. ③　37. ②　38. ④　39. ②　40. ④

41 다음 중 기관 조속기의 역할에 해당되지 않는 것은?

① 기관속도 제어   ② 기관부하 조정
③ 기관 보호   ④ 제동력 제어

해설 조속기의 역할
• 기관속도를 제어
• 기관부하를 조정
• 기관을 보호

42 기관 조속기에서 기관을 정상적으로 정지시킬 때 여자되는 전자변은?

① AV 전자변   ② BV 전자변
③ CV 전자변   ④ DV 전자변

해설 기관을 정상적으로 정지시킬 때 여자되는 전자변은 DV 전자변이다.

43 삼동변을 처음 작용하게 하는 공기 이름은?

① 세동관 공기   ② 주공기
③ 균형공기   ④ 제동통 공기

44 운전자경계장치, 방호장치, ATP 장치 등이 동작하였을 때 자동으로 제동을 체결해주는 장치는?

① J-1 중계변
② P-2-A 제동작용변
③ 26F 제어변
④ F1 선택변

해설 P-2-A 제동작용변은 과속제어, 열차제어, 안전제어 및 ATS 제어 중 어느 하나가 동작하면 점차 감압시켜 전 제동을 적용하여 페널티 제동을 거는 역할을 한다.

45 26L 제동장치 J-1 중계변의 작용이 아닌 것은?

① 제동체결작용
② 열차제어작용
③ 완해작용
④ 랩작용

해설 J-1 중계변의 작용
• 제동체결작용
• 완해작용
• 랩작용

46 크랭크축이 축방향으로 이동되는 것을 방지하고 추력을 흡수하는 것은?

① 스러스트 와셔
② 스러스트 칼라
③ 비스코스 댐퍼
④ 조화 균형추

해설 스러스트 칼라의 목적은 스러스트 베어링면과 축의 기계가공된 표면 간에 설정된 간격이 있기 때문에 크랭크축이 축방향으로 이동되는 것을 방지하여 추력을 흡수하는 데 있다.

47 크랭크축 전단에 있으며, 크랭크축의 비틀림을 감쇄시키는 작용을 하는 장치는 무엇인가?

① 스러스트 와셔
② 스러스트 칼라
③ 비스코스 댐퍼
④ 조화 균형추

해설 조화 균형추는 크랭크축 전단에 있으며, 크랭크축의 비틀림을 감쇄시키는 작용을 한다.

정답 41. ④ 42. ④ 43. ① 44. ② 45. ② 46. ② 47. ④

CHAPTER

04

전기동차

CHAPTER 04 전기동차

1 전동차의 개요

교류전철화 방식과 직류전철화 방식을 모두 채택하여 지상구간에는 교류 25kV, 60Hz 지하구간에는 직류 1,500V의 전원을 사용하는 통근용 교직류 전기동차이다.

> **전차선**
>
> • 지상구간 : 카테너리식 전차선
> • 지하구간 : 강체 가공전차선

2 교류방식과 교·직류 전기동차의 특징

(1) 교류방식의 특징

교류방식은 직류방식에 비하여 다음과 같은 특징이 있다.

① 장점
   ㉠ 고압송전이 가능하다.
   ㉡ 변전소설비의 간이화
   ㉢ 지상설비의 경감
   ㉣ 보안도가 높다.

② 단점
   ㉠ 고주파에 의한 유도장애가 있다.
   ㉡ 전기동차의 구조가 복잡하다.
   ㉢ 보안점검이 곤란하다.
   ㉣ 고전압이므로 인명의 위험도가 높다.

(2) 교·직류 전기동차의 특징

① 교류, 직류 양 구간을 운행할 수 있다.
② 보안도가 높아진다.
③ 교류구간에서는 AC 25kV의 높은 전압을 수전하기 때문에 각 기기의 절연도가 높아야 한다.
④ 교·직 양용이기 때문에 차량제작비가 높다.

■■3 전차선 전압과 구분

전차선에는 직류구간의 경우 DC 1,500V가 흐르고, 교류구간에서는 AC 60Hz, 25kV가 가압되고 있어 서로 상이한 전력 간을 연결하기 위하여 「교직섹션」을 설치한다. 또한 같은 교류구간에서도 「교교섹션」이 있는데, 이는 같은 25kV이지만 전원의 위상이 틀려 구분하기 위하여 설치된 것이다. 섹션이라 함은 전차선에 전원이 흐르지 않는 곳으로 보통 사구간이라 한다.

섹션(사구간)

- 교직 사구간 : 66m
- 교교 사구간 : 22m

■■4 VVVF 전동차 방송장치

① 형식 및 전원 : 트랜지스터 분산형으로 DC 100V 전원이 공급된다.
② 주요 기능 : 자동안내방송기능, 공지사항, 홍보방송, 직접방송기능
③ 특징 : I.C 메모리 방식에 의한 자동안내방송, 실내 여객안내 전광판과의 연계 방송

■■5 VVVF 제어 전기동차의 특징

(1) 승객에 쾌적하고 안락한 서비스를 제공

저항제어차에는 없는 차내 안내 전광판을 각 차량의 객실 천장 중앙에 설치하여 승객에게 다음 정차역명 등의 운전정보를 보여주어 승객 서비스의 질적 향상을 도모하였고, 객실 바닥은 중앙부위에 특수 처리된 무늬를 넣어 객실 내의 미려도를 향상시켰다.

(2) 안전을 고려한 운전실 기기설비

① 모니터 표시기 설비
② 기관사 안전장치(DSD ; Driver Safety Device)
③ 열차번호 및 행선표시기
④ 운전대

(3) 교류 유도전동기 채택

주행시스템은 PWM(Pulse Width Modulation) 컨버터 및 VVVF 인버터로 구성된 주변환장치에 의해 유도전동기를 구동한다.

161

(4) 주행장치

주행부는 볼스터리스(Bolsterless) 공기스프링 대차를 사용하여 차량 경량화 및 승차감을 향
상시켰다.

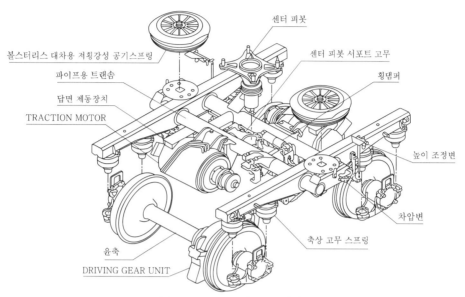

(a) Driving bogie의 주요 장치

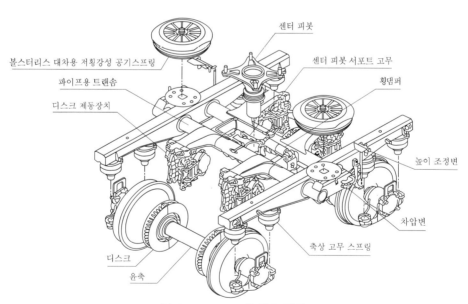

(b) Trailing bogie의 주요 장치

┃구동 및 부수 주행장치┃

① 차체 지지장치 및 견인장치 : 볼스터리스(Bolsterless) 대차의 큰 특징 중의 하나는 차체 지지장치 및 견인장치로서 그 구성품 및 기능은 다음과 같다.

> • 공기스프링, 횡댐퍼 및 완충고무에 의한 차체 진동의 완충
> • 센터 피봇, 블록, 적층고무의 조합에 의한 전·후력의 전달
> • 공기스프링 내압이 이상 상승하는 경우, 이상상승방지장치에 의한 차체 상승의 억제
> • 높이 조정변(Levelling valve)에 의한 차체 높이 제어 및 차륜 삭정 시 차체높이 조정

㉠ 공기스프링(Air spring) : 승차감 향상과 볼스터리스 대차의 곡선 통과를 원활히 하기 위해서 횡강성의 새로운 구조인 공기스프링을 채용하였다. 차체와 직접 연결되는 공기 스프링 상부 급기구는 차체측 배관과 직접 연결되어 있고, 하부 급기구는 대차 프레임 내에 있는 보조공기실로 연결되어 이 보조공기실과 공기스프링 내의 오리피스로 인하여 감쇄작용을 함으로서 차체 상하 진동과 롤링(Rolling)을 억제하고, 수직 오일댐퍼와 Anti-rolling 장치를 특별히 필요로 하지 않는다. 또한 공기스프링 밑에 있는 완충 적층고무(Stopper)는 곡선 통과 시에 변형되어 벨로즈 부하를 경감한다. 또한 공기스프링의 파손 시에 상하 진동의 완충도 행한다.

㉡ 횡댐퍼(Lateral damper) : 공기스프링의 횡강성을 저하시킴에 따라 차체 횡방향 운동 특성을 개선하기 위해 적절한 감쇄력을 적용하였다.

㉢ 횡방향 완충고무(Lateral buffer) : 공기스프링의 저횡강성에 대응하는 유연한 횡방향 완충고무를 사용하였다.

㉣ 센터 피봇(Center pivot) : 센터 피봇은 전·후력을 전달하는 센터 피봇 블록에 삽입되며 상하방향 및 회전운동을 자유로이 할 수 있다. 센터 피봇에는 부시가 압입되어 있고, 이것과 센터 피봇 블록에 압입되어 있는 레진제 부시와의 사이에서 습동을 한다. 센터 피봇과 센터 피봇 블록 사이에 먼지 침입 방지를 위해 더스트 커버(Dust cover)를 취부하였다. 이것은 먼지에 의한 습동부의 마모를 방지한다.

㉤ 센터 피봇 블록(Center pivot block) : 종래의 대차 볼스터가 소형으로 된 것으로 생각하면 좋다. 대차 프레임과 센터 피봇 블록 간에는 센터 피봇 서포트 러버(Rubber)가 삽입·취부되어 있다.

㉥ 센터 피봇 서포트 러버(Center pivot support rubber) : 1대차에 4개가 사용된다. 종래 대차의 볼스터 앙카 완충고무와 같은 기능을 한다. 제1종 방진고무를 중간 판으로 갈라 본드 접착하고 있다. 센터 피봇 블록에 취부 시 전후 방향(X-X방향)에 대하여 3° 정도 기울어져 있는 것은 센터 피봇 블록을 대차 중심에 위치시키기 위함이다. 또한 센터 피봇 서포트 러버를 트랜섬 사이에 취부할 때 약 2.5ton의 힘으로 고무에 압축력을 줌으로서 설치가 가능하다. 따라서 센터 피봇 블록에 전·후력이 작용하여도 고무는 압축된 상태이기 때문에 인장하중을 받지 않게 됨으로서 고무제품의 수명을 연장시킬 수 있다.

ⓢ 이상상승방지장치 : 대차에서 볼스터를 없애기 위해 종래 볼스터 방식의 대차와 달리 센터 피봇 하단에 이상상승방지장치를 취부하였다. 차체를 들어올리거나 내릴 때 쉽게 조립 및 분해하기 위한 구조로 간소화에 유의하였다. 또한 차륜 마모 시에도 특별히 조정을 요하는 부위는 없다.

ⓞ 높이 조정변에 의한 차체 높이 조정 : 조정봉은 레벨링 밸브 레버와 대차 프레임 사이에 취부되며 곡선 통과 시 충분한 변위를 허용하여야 하므로 상하 연결부에는 구면 베어링을 사용한다.

② **축상 지지장치** : 축상 지지장치는 구조의 간소화와 경량화를 목적으로 원추형 롤러 고무식 축스프링을 사용하였다. 대차 프레임에 ϕ232mm의 스프링 시트가 들어 있고, 2개의 볼트로 고정되어 있다. 대차 프레임 스프링 시트와 액슬박스 상면 간의 간격은 조정 라이너를 삽입하여 조정할 수 있다.

┃ VVVF 대차 분리 ┃

③ **액슬박스 및 저널 베어링** : 액슬박스는 액슬박스 몸체, 프런트 커버(Front cover), 액슬 앤드 캡(Axle Ene Cap), 슬링거(Slinger), 그리스 실(Grease seal), 개스킷(Gasket) 등으로 구성되고, 내부에는 ϕ130 규격의 실린드리칼(cylindrical) 롤러 베어링이 장착되어 있다. 또한 구동대차 액슬박스에 축당 1개의 안티 스키드(Anti skid)장치가 장착되어 있고, 부수 대차 가운데 운전실이 있는 차량의 전부대차에는 접지장치(Earth brush) 및 ATC 장치가 장착 부수대차에는 ATS 센서장치가 취부되어 있다.

④ **도유기장치** : TC차에 도유기장치가 설치되어 주행 시 차륜과 레일 마모를 감소시키며 작동 원리는 차륜과 접촉된 도유링이 차륜 회전 시 도유기 몸체에 장착되어 프랜지 펌프에 의해 일정량의 오일이 차륜 답면에 분사된다. 차륜 삭정에 따른 도유기 위치 조정은 브라켓과 볼트의 조정에 의한다.

⑤ 레벨링 밸브 : 레벨링 밸브는 공기시스템을 채용한 차량에 설치하여 차체 하중 증감에 따른 차체와 대차 사이의 상대변위를 검출하여 공기스프링 내의 공기량을 자동적으로 저장하여 공기스프링 높이를 일정하게 유지시키는 역할을 한다.

(5) 제동장치

제동방식은 디지털 전기지령에 의해 작동되며, 전자회로에 의하여 제동력을 연산제어하여 회생제동과 공기제동을 병용하는 일괄교차 연산식 HRDA 전공제동을 채택하고 있다. 비상제동은 상시 비상제동계전기를 여자하는 방식으로 제동제어스위치(저항차의 제동변)의 조작, ATS 작동, 주공기압력 부족, 열차분리, 비상제동스위치(저항차의 차장스위치) 조작 등의 조건에 의해 동작되며 감속도를 충족하기 위해 공기제동만을 사용하도록 하였다.

(6) 열차자동제어장치(ATC)

ATC(Automatic Train Control System)는 지상신호장치와 차상신호장치의 신호를 중계처리하는 첨단설비로 열차사령으로부터 수신된 제한속도와 차축발전기에서 수신된 실제속도를 연산 비교하여 열차의 속도를 제어하는 장치이다. 즉 제한속도보다 실제속도가 높을 경우 즉시 상용 7단 제동 및 경고음을 출력하여 열차의 운행속도를 지령 제한속도 이내로 운행되도록 한다.

6 교·직류 전기동차의 차종 및 편성

(1) 전기동차의 차종

전기동차는 객실공간의 이용 및 축당 중량 등을 고려한 「동력분산방식」을 채택함에 따라 각 차량을 기능별, 용도별로 구분하여 다음과 같이 분류하고 있다.

차량 종류	호칭 약호	구조 및 기능
제어차	TC	동력장치는 없고 운전실을 구비하여 전동차를 제어하는 차량
구동차	M	동력장치를 가진 차량
	M′	동력장치와 집전장치를 가진 차량
부수차	T	부수차량
	T1	부수차량이나 보조전원장치(SIV)를 가진 차량(인버터 제어차)

(2) 전동열차의 편성

전동차가 열차로서의 기능을 갖는 최소편성 단위는 4량으로 그 형태는 TC + M + M′ + TC이나 편성량 수를 증가·운행함에 따라 6량 편성, 8량 편성, 10량 편성으로 "M + M′" 2량을 1유닛 단위로 편성하며 4량 편성 열차는 1유닛, 6량 편성 열차는 2유닛, 8량과 10량 열차는 3유닛으로 되어 있고 M차와 M′차는 각각 4개씩의 견인전동기가 있다.

(3) 차량별 기기배치

① 주요 기기의 배치

구분 / 차종	주요 배치기기	
	저항제어차	인버터제어차
TC차	• 운전실이 설치된 차로 견인전동기가 없고 구동차와 편성되어 전 차량을 일괄제어하는 차 • 주간 제어기, 제동변, 각종 스위치 등 운전 취급에 관련된 기기 및 ATS와 열차무선전화기 등의 운전보안장치	• 운전실을 가지고 공기압축기, 축전지, 190kVA 인버터(SIV)를 구비한 제어차 • 보조전원장치, 축전지, 공기압축기와 운전 취급에 관련된 주제어기, 제동제어기, 모니터 등 및 ATC/ATS와 열차무선전화기 등이 배치되어 있다.
M차	• 제어차에서 보낸 제어전류에 의하여 차량을 제어할 수 있는 기기들이 설치된 차로 견인전동기 4대가 설치되어 있다. • 주제어기, 주저항기, 약계자 리액터 등의 속도제어용 기기와 축전지, 공기압축기 등이 설치된다.	• 주변환장치(컨버터-인버터)를 구비하고 동력을 갖춘 제1구동차 • 주변환장치(C/I)와 4개의 교류유도견인전동기 및 필터 리액터가 있다.
M′차	• 집전설비가 장치된 차로 견인전동기 4대가 설치되어 있고 M차와 고정편성 운행된다. • 집전장치와 주변압기, 주정류기 등과 보조전원장치(SIV)가 탑재된다.	• 팬터그래프, 교직절환기, 주변환장치 등을 구비하고 동력을 갖춘 제2구동차 • 주변환장치(C/I)와 4개의 교류유도전동기 및 필터 리액터, 집전장치, 주변압기(M차 외의 치이점) 등이 비치된디.
T1차	• 운전실도 동력설비도 없는 차이다.	• 보조전원장치(SIV)와 공기압축기를 구비한 부수차

② 옥상 위 기기배치(M′차) : M′차 지붕 위 기기배치는 저항제어차와 VVVF 제어차가 동일하나 VVVF 제어차의 경우 M′차 반대편 지붕 위에 팬터그래프가 하나 더 장착되어 있다.

③ 제어방식

　㉠ 저항제어 전동차 속도제어방식 : 저항제어, 직·병렬 제어, 계자제어 3방식을 택하고 MM′차 2량을 한 유닛(Unit)으로 하여 견인전동기 8대를 일괄제어한다.

　㉡ VVVF식 전동차 속도제어방식 : AC/DC 회생제동 병용 가변전압 가변주파수 인버터에 의한 제어이다.

전동차 차륜 직경

• 신품 : 860mm
• 마모한도 : 780mm
• 사용한도 : 774mm

7 전기동차의 사양 및 성능

VVVF(Variable Voltage Variable Frequency) 제어

입력전압과 주파수를 변화시켜 교류유도전동기의 회전수를 제어하는 것을 뜻한다.

┃ 사양 및 성능 ┃

항 목		저항제어차	VVVF 제어차
정격전압		• 교류 : 25kV, 60Hz • 직류 : 1,500V	• 교류 : 25kV, 60Hz • 직류 : 1,500V
전압변동		• 교류 : 20.0~27.5kV • 직류 : 900~1,800V	• 교류 : 20.0~27.5kV • 직류 : 900~1,800V
전차선		• 교류 : 심플 커테너리식 • 직류 : 강체가선	• 교류 : 심플 커테너리식 • 직류 : 강체가선
사구간		• 교-교 : 22m • 교-직 : 66m	• 교-교 : 22m • 교-직 : 66m
제동	방식	SELD 발전제동 병용(자동비상부)	HRDA 회생제동 병용 디지털전기 지령, 전기 연산식
	종류	상용제동, 수제동, 비상제동	상용제동, 비상제동, 수제동, 보안제동
공기 압축기	전동기	DC 1,500V, 2,200rpm, 30분 정격	AC 440V, 60Hz, 유도전동기
	압축기	왕복식, 2,250L/min, 1,700rpm	스크류식, 1,600L/min, 1,700rpm
보조공기 압축기	전동기	DC 80V, 1,700rpm, 10분 정격	DC 80V, 1,700rpm, 10분 정격
	압축기	왕복식, 2,250L/min, 1,700rpm	왕복식, 2,250L/min, 1,700rpm

(1) 전기차의 전기제동 제어

① 발전제동 : 운전 중인 전동기를 전원에서 분리하여 발전기로 작용시키고 회전체의 운동에너지를 전기적인 에너지로 변환하여 이것을 저항 안에서 열에너지로 소비시켜 제동하는 방법이다.

② 회생제동 : 전기자에 가해진 전압 이상으로 역기전력이 증가하면 전동기는 발전기로서 부하를 받게 되기 때문에 계자저항기의 저항을 감소시키고 자속을 증가시켜 발생된 전력을 다시 전원에 반환하여 제동하는 방법이다.

③ 역전제동 : 전동기를 전원에 접속시킨 상태로 전기자의 접속을 반대로 하고, 회전방향과 반대 토크를 발생시켜 이것을 급속히 정지시키거나 역전시키는 방법이다.

(2) 전기차의 속도제어

① 직류직권 전동기의 구조 : 실제 구조는 전기자, 계자, 정류자, 브러시 및 계철로 구성되어 있다.

ㄱ 전기자 : 원동기로 회전시켜 자속을 끊으면서 기전력을 발생하는 부분이다. 전기자 철심은 맴돌이 전류와 히스테리시스 현상에 의한 철손을 적게 하기 위하여 두께 0.35~0.5mm의 규소강판을 성층하여 만든다.

ㄴ 계자 : 계자권선, 계자 철심, 자극 및 계철로 구성되어 있고, 전기자가 쇄교하는 자속을 만드는 부분이다.

ㄷ 정류자 : 직류기에서 가장 중요한 부분이며, 브러시와 접촉하여 전기자 권선에 유도되는 교류 기전력을 정류해서 직류로 만드는 부분이다.

ㄹ 브러시 : 정류자면에 접촉하여 전기자 권선과 외부회로를 연결하는 것으로 접촉저항이 적당하고 마멸성이 적어서 정류자면을 손상시키는 일이 적고, 기계적으로 튼튼해야 한다.

ㅁ 계철 : 주철로 만들어진 전동기의 기체를 이루는 부분

② 직권 전동기의 속도 특성

$$E = \frac{PZ}{60a} \times \phi \times N = K\phi N, \quad V = E + IR$$

$T = KI^2$, 포화되면 $T = K\phi I$: 토크는 전류의 제곱에 비례한다.

여기서, E : 기전력, T : 토크, P : 극수, Z : 전기자 도체수, ϕ : 자속, N : 회전속도, K : 기계상수, I : 전류, R : 저항, a : 병렬회로수

※ 속도제어 : 전압제어방식, 저항제어방식, 계자제어방식

③ 진기차의 속도제어 : 최근에 직류제어는 초퍼 제어방식, 교류제어는 사이리스터 제어방식이 사용된다.

ㄱ 저항제어 : 전기자 회로에 저항을 넣으면 속도를 저하시킬 수 있다.

ㄴ 직·병렬 제어 : 전압제어의 일종으로 2대 이상의 전동기를 같은 목적으로 사용하는 경우에 이들을 직렬 또는 병렬로 하여 전동기에 가하는 전압을 변화시켜 속도 조정하는 방법이다.

ㄷ 계자제어 : 주행 시에 견인전동기의 출력은 역기전력에 의해 저하되는데 속도를 더욱 증가시키려면 증가 속도에 비례하여 증가되는 역기전력을 감소시키는 방법이다. 계자의 자속수를 감소시키거나, 계자전류를 감소시키는 방법이 있다.

ㄹ 전자제어 : 탭이 전혀 없는 무접점 방식으로 변압기 2차측에서 얻어진 전력은 주정류기에 의해 직류로 변환되어 직류직권 전동기에 공급되어 동력을 발생하는데 기관사가 요구하는 조건을 정류기 사이리스터에 의해 견인전동기에 공급되는 전류의 양을 조정하는 방법이다. 전기기관차(8,000대)에서 채택하고 있다.

(3) 저항제어식 전기동차(구형) 차체 및 주행장치

① 밀착 연결기

ㄱ 승객의 안전도를 위해 차량 간 연결 간격을 좁히고자 밀착식 자동연결기를 설치한다.

ㄴ 기계적인 연결이 되면 자동적으로 주공기관, 제동관 및 직통관 공기가 관통하도록 되어 있다(호스가 필요 없다).

ⓒ 연결기 평면 상·하에 3개의 공기관이 설치되고 고무패킹이 삽입되어 있어 연결 시는 중앙에 돌출된 기계적인 연결부가 상호 삽입된다.

ⓒ 연결될 때 고무패킹이 상호 압착되면서 공기관이 관통되고 기밀도 유지하도록 되어 있으며, 운행 중에는 서로 연결된 상태를 유지하여 함께 작동함으로써 기밀을 계속 유지하도록 한다.

② 주행장치

㉠ 대차는 스윙 볼스터 2축 보기로 강판형 용접구조이다.

㉡ 제어차용(KH-91형) : 디스크 제동장치 설비를 위해 크로스 프레임이 2개이다.

㉢ 구동차용(KH-90형) : 센터 핀이 들어갈 수 있는 넓고 큰 크로스 프레임을 1개로 양측에 견인전동기를 장착시키게 되어 있다.

㉣ 축상지지는 원통형 안내방식이고, 모든 스프링은 코일스프링을 사용한다.

㉤ 차체 하중은 3점 지지방식으로 공차 시 하중을 센터 플레이트에서 80%, 양측 사이드 베어러에서 10%씩 분담한다.

㉥ 제어차 및 부수차는 디스크제동, 구동차는 답면제동을 체결하도록 되어 있다.

㉦ 구동차 차축에는 대형 헬리컬 기어를 압입하여 견인전동기로부터 평행 카르단식 구동장치와 피니언 기어를 통해 15 : 87로 1단 변속시켜 동력을 전달·구동시킨다.

③ 출입문이 열리는 시간 : 2.5±0.5초, 닫히는 시간 : 3.0±0.5초이다.

출입문 개폐 시 종단 80mm 이상에서 쿠션작용이 이루어진다.

8 전동차 회로

(1) 저항제어차

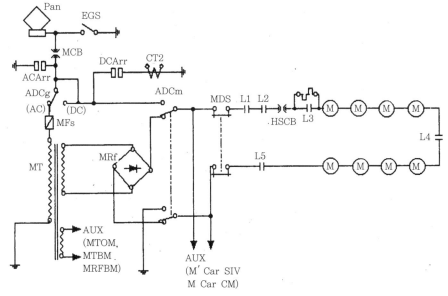

‖ 저항제어차 회로도 ‖

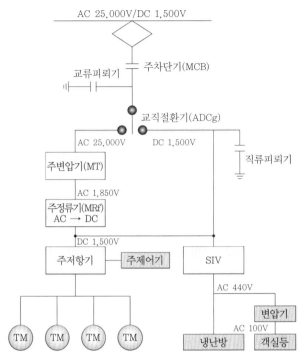

‖ 저항차량 제어계통도 ‖

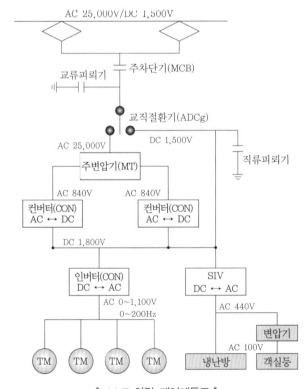

‖ VVVF 차량 제어계통도 ‖

① 교류구간 : 팬터그래프(Pan) → 주차단기(MCB) → 교직절환기(ADCg) → 주퓨즈(MFs) → 주변압기(MT) → 주정류기(MRf) → 교직전환기(ADCm) → 주회로단로기(MDS) → 견인전동기

② 직류구간 : 팬터그래프(Pan) → 주차단기(MCB) → 교직절환기(ADCg) → 교직전환기(ADCm) → 주회로단로기(MDS) → 견인전동기

(2) VVVF 제어차

① 교류구간 : 팬터그래프(PAN : 2개) → 주차단기(MCB) → 교직절환기(ADCg) → 주퓨즈(MFS) → 주변압기(MT) → PWM 컨버터 → VVVF 인버터 → 견인전동기

② 직류구간 : 팬터그래프(PAN : 2개) → 주차단기(MCB) → 교직절환기(ADCg) → VVVF 인버터 → 견인전동기

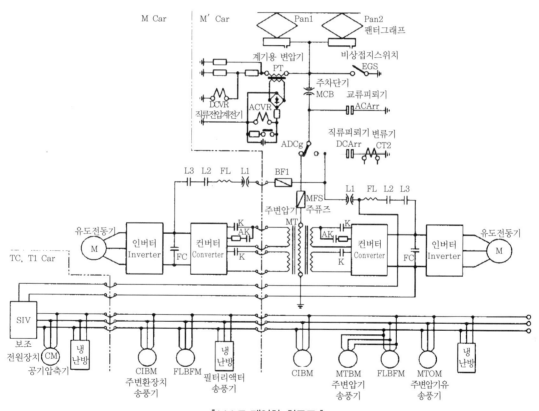

‖ VVVF 제어차 회로도 ‖

9 팬터그래프(Pantograph)

(1) 개요

전차선의 전원을 전동차로 받아들이는 장치로 팬터가 적당한 압력을 유지하여 전차선에 접촉하도록 작용하는 기기와 상승·하강에 사용되는 기구를 총칭하여 집전장치라 한다.

전동차의 집전장치는 M′차 지붕에 설치되어 있으며 경합금의 판을 마름모형으로 하여 조립되어 있다. 또한 VVVF 제어차의 경우 회생제동 시 발생할 수 있는 전차선과 팬터그래프의 분리를 고려하여 M′차 1량당 2개의 팬터그래프가 장착되어 있다.

▍팬터그래프▍

저항제어차의 경우 팬터그래프의 압상력이 지하구간에서는 압상력 증가장치(인버터차에는 없음)에 의해 압상력이 증가하여 지상구간 6kgf보다 1.5kgf 증가한 7.5kgf로 작용하도록 하여 지하의 강체가선 방식에서도 원활한 접촉능력을 갖도록 하였다.

① 전차선 전압 : AC 25kV, 60Hz, DC 1,500V
② 전차선 방식 : 지상 – 심플 커테너리, 지하 – 강체가선
③ 압상력 : 지상 6.0kgf, 지하 7.5kgf
④ 조작방식 : 전자공기식
⑤ 동작방식 : 공기 상승, 스프링 하강식
⑥ 동작시간 : 상승 시 12±2초(10~14초), 하강 시 5±1초(4~6초)

(2) 팬터그래프가 상승될 수 있는 조건
① 제어전원이 있을 것(103선 가압상태)
② 전부운전실(HCR)이 선택되고 MCN이 투입되어 있을 것
③ ACM의 공기가 확보되어 있을 것
④ EGCS가 동작되어 있지 않을 것
⑤ EpanDS가 눌려져 있지 않을 것
⑥ MCB가 차단되어 있을 것
⑦ 각 M′차의 PanVN이 투입되어 있고 Pan 공기관 콕이 차단되어 있지 않을 것

10 주차단기(MCB ; Main Circuit Breaker)

주차단기는 교류구간을 운전 중 주변압기 1차측 이후의 전기기기에 고장이 발생하였거나 과대전류 혹은 이상전압에 의한 장애발생 시, 또는 교류피뢰기가 방전하였을 때 등 전차선과 전동차 간의 회로를 신속·정확하게 차단하는 목적으로 설치된 교류차단기이다. 직류구간에서는 차단동작을 할 수 없게 되어 있다(직류 차단능력은 없다).

주차단기는 절연내력이 높고, 절연회복이 빠른 성질을 가진 진공을 이용한 차단기로 그 특징은 다음과 같다.
① 소형이기 때문에 구조가 간단하고 조작음이 적다.
② 차단부는 진공밸브를 사용하기 때문에 접점에 대한 별도의 보수점검이 불필요하다.
③ 투입조작에 사용되는 공기의 양이 극히 적기 때문에 별도의 공기통이 필요 없다.
　㉠ 주차단기(MCB)는 M′차 지붕 위에 설치되어 있다.
　㉡ 구조 : 주회로를 개폐하는 차단부(전자변, 차단코일, 투입코일, 조작실린더 및 조작기구 등) 외에 지지애자 및 애관 등으로 구성된다.
　㉢ 차단기 조압기 및 팬터압력스위치 : 주차단기 조압기(MCB-G)는 저항제어차에 있고, 팬터압력스위치(PanPS)는 VVVF 제어차에 설치되어 있으며 팬터그래프의 상승작용 시의 압력공기에 의해 전기적인 회로를 구성시킨다. 즉, 팬터그래프가 상승된 조건에서 주차단기를 투입할 수 있도록 회로를 구성함과 동시에 팬터그래프 상승작용에 사용되는 공기압력이 미약(MCB-G : 4.2~4.7kg/cm^2, PanPS : 4.1~4.4kg/cm^2)할 경우에는 이 기기의 접점이 붙지 않아 주차단기 투입제어회로를 구성하지 않으므로 주차단기

가 투입되지 않도록 하거나, 일단 주차단기가 투입된 상태에서도 팬터그래프 상승에 작용하는 공기압력이 규정치보다 낮을 경우에는 자동으로 접점을 개로하여 주차단기를 차단하도록 하였다.

ㄹ 주차단기의 투입은 조작공기압력에 의해 이루어지며, 차단은 차단코일(MCB-T)이 여자되면 차단스프링에 의해 차단된다.

▌ 주차단기 ▌

11 교직절환기(ADCg)

교류구간 및 직류구간을 선택하는 장치로 회전애자가 회전(60°)되면서 가동접촉부가 고정접속부에 삽입 또는 분리되어 회로를 개폐시키도록 되어 있다.

M′차 지붕 위에 설치된 교직절환기(ADCg)로 운전실에서 기관사가 교직절환스위치(ADS)를 조작함으로써 회로를 절환시켜 주는 압축공기조작식 단로기이다. 아울러 저항제어차의 경우에는 M′차 상하의 교류제어기 상자 내에 있는 교직전환기(ADCm)와 같이 회로를 절환하도록 되어 있다.

운전실의 교직절환스위치(ADS)를 소정의 전차선 전원에 맞춰 절환하면 먼저 주차단기(MCB)가 개방된 후 ADS 위치와 동일하게 직류 또는 교류 전자변이 여자되어 교직절환작업을 하게 된다(ADCg는 전류차단 능력이 없다).

정격은 AC 25kV-100A, DC 1,500V-800A이다.

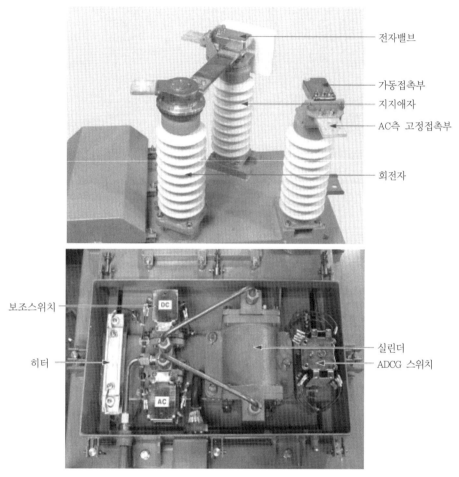

전자밸브

가동접촉부
지지애자
AC측 고정접촉부

회전자

보조스위치

히터

실린더
ADCG 스위치

‖ 교직절환기 ‖

12 직류피뢰기(DCArr)와 피뢰기과전류계전기(ArrOCR)

직류피뢰기는 직류구간을 운행 중 외부로부터 차량의 전기기기에 진입하는 서지를 흡수하여 차량을 보호하고, 또한 전동차가 직류구간에서 교류구간으로 진입 시 기관사가 운전실의 교직절환스위치(ADS)의 조작을 실념하여 전동차의 회로가 직류인 상태에서 교류구간으로 진입하는 경우를 「교류모진」이라 하는데, 직류피뢰기의 동작은 외부 서지에 의한 것보다는 주로 이와 같은 「교류모진」에 의해서 방전된다.

그 방전전류는 변류기(CT₂)를 통하여 피뢰기과전류계전기(ArrOCR)를 여자시켜 주차단기를 차단한다.

▮직류피뢰기▮

▮교류피뢰기▮

13 주변압기(MT)

주변압기는 팬터그래프에서 수전한 교류 25kV의 전원을 공급받아 전압을 강압하여 저항제어차인 경우 교류 1,850V를 주정류기에 보내고, VVVF차는 2×840V를 주변환장치에 보내준다.

지항제어차는 3차 권선이 별도로 있어 교류 237V로 강압하여 주변압기 내의 냉각송풍전동기(MTBM)와 냉각유 펌프전동기(MTOM) 전원으로 사용되며, 또한 주정류기 냉각송풍전동기(MRFBM) 전원으로 사용한다.

VVVF 제어차의 경우 보조전원장치(SIV)의 전원에 의해 주변압기를 냉각하도록 되어 있다. 직류구간에서는 주변압기는 작용되지 않으며, M′차 상하에 설치되어 있다. 또한 주변압기 냉각방식은 냉각유 강제순환에 의한 풍냉식이다.

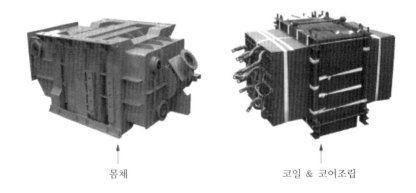

몸체   코일 & 코어조립

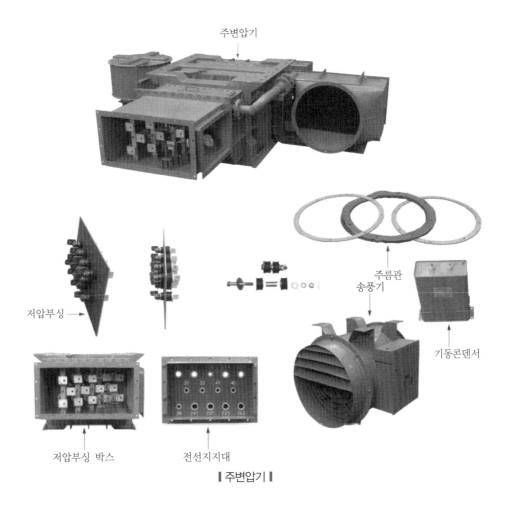

주변압기

주름관 송풍기

기동콘덴서

저압부싱

저압부싱 박스

전선지지대

❚ 주변압기 ❚

14 주정류기(MRF)

주정류기는 저항제어차에 설치되어 있으며 실리콘정류기로서 M′차 상하에 취부되어 있다. 교류구간에서 수전된 AC 25kV의 전원은 주변압기에서 AC 1,850V로 강압되고 다시 그 전원을 주정류기에서 전파 정류하여 맥류 1,500V로 변환시켜 견인전동기 및 고압보조기기의 전원으로 공급된다.

① 결선방식 : 단상 브릿지 회로로 결선

② 연속정격 출력 : 1,000kW, 연속정격 직류전압 : 1,500V, 연속정격 직류전류 : 666A, (60Hz)

③ 소자 형식 : 평형 실리콘 다이오드, 소자 구성 : 4S-1P-4A(16개)

④ 정류기 효율 : 98%, 냉각방식 : 강제 풍냉식

주정류기 전류 소자의 접속을 표시하는 데는 4S-1P-4A의 기호를 사용하며, S는 직렬 개수, P는 병렬 개수, A는 Arm의 수를 나타낸다.

15 주변환장치(PWM 컨버터)

주변환장치는 VVVF 제어차에 설치되어 있으며, 전기동차 MM′차에 탑재되어 있고, 견인전동기 (교류전동기) 4대의 전원을 제어하는 것이다.

CANNON/제어회로 입·출력

주회로 배선 입·출력 덕트　　Inverter　Relay Unit, Acpt,　　DCPT, OVRe,　Control, Anti Skid Unit
　　　　　　　　　　　　　　Unit　Power Supply Unit　　OVECRt

진공 콘택터, CRe, DCHK　　　　　　　　　　　　　Conerter Unit

❙ 주변환장치 ❚

🚃 견인전동기

4극 3상 유도전동기로 내열성이 우수한 H종 절연시스템을 채용
- 형식 : 4극 3상 농형 유도전동기
- 냉각방식 : 자기 통풍식, 출력 : 200kW, 주파수 : 70Hz
- 전압 : 1,100V, 전류 : 130A

① 방식
　㉠ 컨버터부 : 단상 전압형 PWM(컨버터, AC ⇒ DC, 2상 병렬 접속)
　㉡ 인버터부 : 3상 전압형 PWM(인버터, DC ⇒ AC)
② 정격
　㉠ 입력 : 단상 AC 840V, 60Hz, 중간 직류회로전압 : DC 1,800V
　㉡ 인버터 출력 : 3상 AC 1,100V, 508A, 0~200Hz

178

16 보조전원장치(SIV) – VVVF식 전기동차

AC 440V와 전동차 제어전원 DC 100V를 공급하는 보조전원장치이다.

보조전원장치는 전동차의 차내 냉방, 난방장치, 공기압축기, 조명장치, 제어장치 및 기타 환기장치 등에 필요한 안정된 전원을 얻기 위한 보조전원 공급장치이다(견인전동기에는 전원을 공급하지 않는다. – 주변환장치에 의해 전원을 공급받는다).

SIV는 DC 900~1,500V의 변동전원을 입력으로 받아 GTO 초퍼회로에 의해 안정된 DC 전원을 트랜지스터로 구성된 인버터 회로에 공급한다.

인버터 박스는 입력전압을 3상 6스텝 교류 출력전압으로 변환시킨 후 트랜스포머 박스에서 변압기에 의해 3상 12스텝의 교류 출력전압을 생성한 후 AC 필터 콘덴서를 거쳐 전압손실이 적고 신뢰도가 높은 양질의 3상 440V, 60Hz 교류전원을 얻는다.

① 회로방식 : 12펄스 전압형 인버터

② 제어방식 : 초퍼 PWM 제어

③ 입력전원 : DC 1,500V, 제어전원 : DC 100V

④ 교류출력 : AC 440V, 3상, 60Hz, 직류출력 : DC 100V

고압 보조회로 기기(저항제어식 전기동차)

고압 보조회로의 전압은 DC 1,500V로 주공기 압축기용 전동기 구동, 정지형 인버터(SIV) 구동에 소요되는 전원을 공급하고자 주회로 전원과 병렬로 공급되고 있으며, M′차(제2구동차)의 하부 언더 프레임에 탑재한 120kVA 인버터는 교류 3상 440V, 60Hz의 전원을 공급한다. 이 전원은 각 차의 냉난방에 사용되며, 또한 각 차의 실내 끝부분에 설치된 4kVA 보조변압기에 공급된다. 이 440V 전원은 단상 100V로 변압되어 실내조명(형광등), 행선표시기, AC 100V 제어전원 등에 사용되고 있다.

인버터함 정면

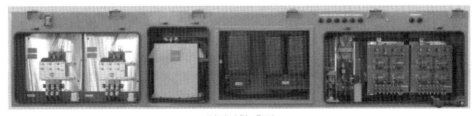

인버터함 후면

‖ 보조전원장치함 ‖

17 모진보호

전동차의 교직절환 조작은 운전실에서의 수동조작방식이므로 인위적인 실수를 보완해주는 모진보호설비가 필요하다.

(1) 사구간에서 MCB의 차단(1차 보호)

전동차가 아무런 교직절환 조작을 하지 않고 사구간에 진입하더라도 1차적으로 사구간(무가압 구간)에서 ACVR 또는 DCVR이 소자되므로 ACVRTR, DCVRTR이 해방되어 $MCBR_1$ 계전기를 소자시켜 MCB를 차단함으로써 전차선과 전동차의 기기회로를 분리시켜 모진에 대한 보호를 해준다. 이것이 무가압 구간에서 MCB 자동차단에 의한 모진보호방식이다.

(2) 2차적 보호

무가압 구간에서 $MCBR_1$의 소자로 MCB 차단회로가 전기적으로 구성되었다 하더라도 MCB 장치의 기계적인 고장이 발생하였을 경우에는 전동차 회로와는 서로 다른 전차선 전원이 전동차로 인입되는데, 만일 그와 같은 상이한 전원을 그대로 받아들일 경우 전동차 기기에 중대한 사고를 야기하게 된다. 따라서 이와 같은 사고를 방지하기 위해 설치한 것이 주퓨즈(MFS), 직류피뢰기(DCArr) 및 피뢰기과전류계전기(ArrOCR)이다.

직류모진(교류구간에서 직류구간으로 진입 시 발생) 시에는 대전류가 주변압기 1차측으로 들어오게 되므로 이때는 주퓨즈((MFS)가 용손되어 주변압기를 보호하여 준다.

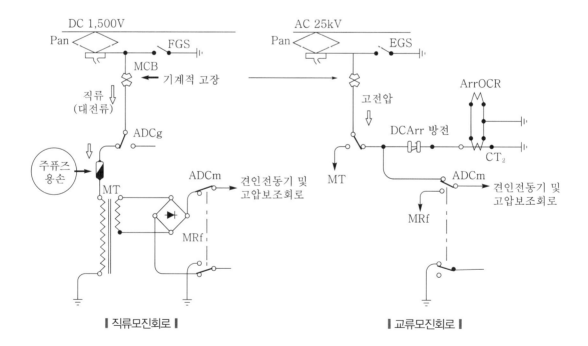

‖ 직류모진회로 ‖   ‖ 교류모진회로 ‖

180

교류모진(직류구간에서 교류구간으로 진입 시 발생) 시에는 AC 25kV의 높은 전압이 DC 1,500V의 회로로 인입되어 직류피뢰기(DCArr)가 방전하여 변류기(CT_2)를 통한 피뢰기과전류계전기(ArrOCR)를 여자하게 된다. 따라서 DCArr 방전에 의한 전차선의 접지와 ArrOCR 동작에 의한 MCB의 차단동작을 재차 시도하고 ArrOCR 동작에 따른 운전실에 표시를 해준다. 결국 교류모진 시에는 DCArr과 ArrOCR의 2중의 보호장치가 동작을 하나 MCB의 기계적 고장에 의한 교류모진의 경우 ArrOCR 동작에 따른 MCB 차단 지령은 별다른 의미가 없고 DCArr에 의한 전차선 접지로 전차선을 단전시켜 보호한다고 보는 것이 타당할 것이다.

18 보조전동공기압축기(ACM) 구동회로

무동력 상태의 전기동차를 기동시키기 위해서는 팬터그래프나 주차단기, 교직절환기 등을 제어하는 계전기를 작동시키는 전기력(DC 100V)뿐만 아니라 기기를 실제적으로 동작시키는 제어공기력이 축전지 전원에 의해 구동되는 보조전동공기압축기(ACM)에서 얻게 된다.

보조전동공기압축기는 M′차 객실의자 밑에 설치되어 있으며 여기에서 압축된 공기는 압력조정변에서 5kg/cm^{2}로 조정되어 팬터그래프, 주차단기, 비상접지스위치, 교직절환기, 교직전환기(저항제어차 한), 인버터 고속도차단기(저항제어차 한), $L_1 \cdot L_2 \cdot L_3$(VVVF 제어차 한) 등에 공급된다.

단원 핵심정리 한눈에 보기

(1) 인버터 제어 전동차의 교류구간 역행 시 전기흐름

PT → MCB → ADCg → MT → 컨버터 → 인버터 → TM

(2) 전동차의 특징
- 총괄제어가 가능하다.
- 동력이 분산되어 있다.
- 고가속, 고감속 운전이 가능하다.
- 차량의 사용효율이 높다.
- 출입문이 많아 승·하차가 신속하다.

(3) 교류전원 방식의 장점
- 고전압 송전 가능
- 변압기를 이용하여 간단히 승압 및 강압이 용이
- 지상 설비비의 경감
- 보안도가 높다.

(4) VVVF차의 자동방송장치의 입력 전압 : DC 100V

(5) 교·직류 전기동차의 특징
- 교류구간이나 직류구간을 모두 운행할 수 있다.
- 사고전류의 구분이 쉬워 보안도가 높아진다.
- 교류구간에서는 높은 전압(AC 25kV)을 수전하므로 각 기기의 절연도가 높아야 한다.
- 직류구간 운행 중에는 교류구간에서만 사용되는 기기들은 사용되지 않는다.
- 교·직 양용이기 때문에 차량제작비가 높다.

(6) 열차의 편성
- VVVF 제어
  - 4량 편성 : TC - M - M′ - TC(TC - M′ - M′ - TC)
  - 6량 편성 : TC - M - M′ - T - M′ - TC
  - 8량 편성 : TC - M - M′ - T - T′ - M - M′ - TC
    * 준고속전기동차(ITX-청춘) : TC - M′ - M - T - T - M - M′ - TC
  - 10량 편성 : TC - M - M′ - T - M′ - T1 - T - M - M′ - TC
- 간선형 전기동차
  - 간선형 전기동차(누리로) : MC - T1 - T2 - MC
  - 간선형 전기동차(ITX-새마을) : TC - M′ - M - T - M′ - TC

(7) VVVF 인버터 차량의 Data 공유를 위한 통신라인 : RS-485

(8) 인버터 제어 전동차의 주변압기에서 사용하는 절연유 : 실리콘유

(9) Unit 구성의 기본조건
- 최초 기동에 필요한 에너지원 : 축전지(Battery)
- 최초 기동에 필요한 압력공기 : 보조공기압축기(ACM)
- 객실등, 냉난방 등 승객 서비스 전원 : 보조전원장치(SIV)
- 열차 운행에 필요한 외부전원 수전장치 : 집전장치(Pantograph)
- 동력을 발생시키기 위한 제반기기 : 제어기기, 인버터, 견인전동기 등

(10) 전기동차에서 TCMS 유닛의 구성품
- TC(Train Computer) : 편성제어 컴퓨터
- CC(Car Computer) : 차량제어 컴퓨터
- 모니터 장치

> **TCMS(Train Control Monitoring System) : 전동차 종합제어장치**
>
> 5호선 System의 주요 기능 : 승무원 지원 기능, 검수 지원 기능, 차상시험 기능, 고전압장치, 추진장치, 제동장치, 보조전원장치 등의 상태 감시 및 제어를 수행한다.

(11) 전동차의 주차 제동장치 내장형 브레이크실린더의 작용방식 : 스프링 작용식 제동 공기완해 방식

(12) 속도제어 방식
회생제동 병용, 가변전압 가변주파수(VVVF) 방식의 인버터 제어

(13) 차종
- Tc : 운전실이 있고, 동력을 갖지 않은 제어차
- M : 운전실이 없고, 동력을 가진 구동차
- M′ : 운전실이 없고, 동력을 가진 구동차로 집전장치가 설치된 차량
- T : 운전실과 동력을 갖지 않은 부수차
- T1 : 운전실과 동력을 갖지 않은 부수차로 일반적으로 중간유닛 제어기능(축전지, 정지형 인버터, 공기압축기)을 담당하는 차량

(14) 모진보호 방식
무가압 구간 주회로차단기 개방

(15) 제어회로 전압

- 직류 : DC 100V(DC 70~110V)
- 교류 : AC 100V, 60Hz(AC 90~105V)

(16) 제어공기 압력

$5kg/cm^2$(변동범위 $4~6kg/cm^2$)

기출 · 예상문제

01 현 전기동차 운행구간 중 중앙선, 경춘선, 경의선이 8량 편성으로 운행하고 있다. 8량 편성 구성이 맞게 연결된 것은?

① TC – M′ – M – T – T – M – M′ – TC
② TC – M – M′ – T – T – M′ – M – TC
③ TC – M – M′ – T – T – M – M′ – TC
④ TC – M′ – M – T – T – M′ – M – TC

02 직류피뢰기(DC Arrester : DCArr)에 대한 설명 중 맞는 것은?

① 교류모진 시 보호동작
② 직류모진 시 보호동작
③ ACOCR을 여자시킨다.
④ CT1을 통하여 피뢰기과전류계전기(ArrOCR)를 여자시킨다.

해설 직류구간에서 교류모진 시 기기를 보호하기 위해 설치되어 있다.

03 전기회로에 과전류가 흘렀을 때 회로를 보호하는 것은?

① 전자변   ② 회로차단기
③ 접촉기   ④ 계전기

해설 회로차단기는 전기회로에 과부하가 걸리는 것을 방지하는 안전장치이다.

04 전기동차의 특징이 아닌 것은?

① 동력이 집중되어 있다.
② 총괄제어가 가능하다.

③ 가 · 감속 운전이 가능하다.
④ 차량의 사용효율이 높다.

해설 전기동차의 특징
• 총괄제어가 가능하다.
• 동력이 분산되어 있다.
• 고가속 · 고감속 운전이 가능하다.
• 차량의 사용효율이 높다.
• 출입문이 많아 승 · 하차가 신속하다.

05 전기동차 팬터그래프 상승 · 하강 방식은?

① 공기 상승, 스프링하강식
② 공기 상승, 자기하강식
③ 스프링 상승, 공기하강식
④ 스프링 상승, 자기하강식

해설 팬터그래프 동작방식은 공기 상승, 스프링하강식이다.

06 손가락 끝으로 레버를 직선적으로 왕복운동시켜 이를 기계적으로 접점부에 전하여 전로의 개폐 조작을 하는 것을 무엇이라 하는가?

① 회로차단기
② 푸시버튼스위치
③ 토글스위치
④ 리미트스위치

해설 토글스위치는 레버를 어떤 각도 이상으로 기울이면 접촉용의 금속편이 용수철의 작용에 의해 급히 이동하여 전류를 개폐시키는 소형 스위치이다.

정답 01. ③ 02. ① 03. ② 04. ① 05. ① 06. ③

07 보조공기압축기(ACM)의 압축공기 공급처가 아닌 기기는?

① 팬터그래프
② 주회로차단기(MCB)
③ 계기용 변압기(PT)
④ 비상접지스위치(EGS)

해설 보조공기압축기 압축공기 공급처는 팬터그래프, 주회로차단기, 비상접지스위치 등이다.

08 버튼을 누르고 있는 동안만 접점이 개 또는 폐가 되고, 버튼에서 손을 떼면 스프링의 힘으로 원위치로 복귀하는 제어용 스위치는?

① NFB
② 리미트스위치
③ 토글스위치
④ 푸시버튼스위치

해설 푸시버튼스위치는 버튼을 눌러 회로의 절단 또는 접속을 하는 스위치이다.

09 동력장치가 없고, 운전실을 구비하고, 전동차 운전(제어)을 담당하는 차는?

① TC
② M
③ M′
④ T1

해설
• TC : 운전실이 있고, 동력을 갖지 않은 제어차
• M : 운전실이 없고, 동력을 가진 구동차
• M′ : 운전실이 없고, 동력을 가진 구동차로 집전장치가 설치된 차량
• T : 운전실과 동력을 갖지 않은 부수차
• T1 : 운전실과 동력을 갖지 않은 부수차로, 일반적으로 중간유닛 제어기능(축전지, 정지형 인버터, 공기압축기)을 담당하는 차량

10 냉방유닛 구성품에 대한 설명이다. 틀린 것은?

① 증발기(Evaporator) : 저온 · 저압의 액체를 저온 · 저압 기체 냉매로 증발시켜 공기를 냉각시킨다.
② 팽창밸브(Expansion valve) : 고온 · 고압의 액체 냉매를 저온 · 저압의 액체로 단열 팽창시킨다.
③ 고 · 저압 스위치(Dual pressur switch) : 압축기 모터에는 440V의 고압, 증발기 팬에는 220V의 저압을 공급하는 제어스위치이다.
④ 액분리기(Accumulator) : 미 증발된 액 냉매를 저장시켜 압축기에 흡입을 방지한다.

해설 냉매의 압력을 검지하는 장치로 냉매 부족 및 증발기에 액체 냉매가 증가할 경우 압축기를 보호하고, 모니터에 냉방유닛 고장을 현시한다.

11 현재 전동차 지하구간에서 많이 사용하고 있는 직류전압으로 맞는 것은?

① 5,000V
② 3,000V
③ 1,500V
④ 1,000V

해설 전동차 전원으로 직류구간 사용 전압은 DC 1,500V이다.

12 VVVF 전동차 10량 편성 중 보조공기압축기(ACM)가 설치된 차량은?

① TC
② M
③ M′
④ T1

해설 팬터그래프가 설치되어 있는 차량은 팬터그래프를 상승시키기 위한 공압을 생산하는 보조공기압축기가 필요하다.

정답 07. ③ 08. ④ 09. ① 10. ③ 11. ③ 12. ③

13 집전장치(Pantograph)의 스프링 중 압상력을 조정하는 스프링은?

① 주스프링
② 복원스프링(Restoring spring)
③ 평형스프링(Balancing spring)
④ 완충스프링(Buffer spring)

해설 팬터그래프의 압상력을 조정하는 것은 주스프링이다.

14 다음 중 전기식 출입문의 기능에 대한 설명으로 틀린 것은?

① 재열림(Re-open) 기능 – 공기식 출입문과 다르게 재개폐 기능이 없다.
② 장애물 감지 기능 – 전류제어 방식을 통하여 DCU는 스스로 장애물을 감지한다.
③ 장애물 감지 정지 기능 – 장애물 감지 기능을 정지할 수 있다.
④ 차량 정지 인지 기능 – 출입문을 닫지 않고 출발할 경우 자동으로 출입문을 닫게 되어 있다.

15 인버터 제어형 전기동차의 주요 제원 중 맞지 않는 것은?

① 최소곡선반경(영업선 : 200m, 차고선 : 146m)
② 차륜경 : 860mm(차량성능 계산 : 820mm)
③ 가속도 : 속도 35km/h까지 3.0km/h/s 이상(5M5T 편성 기준, 하중 20ton/량까지 일정)
④ 감속도
　상용 : 3.5km/h/s 이상 (표준치, 하중 20ton/량까지 일정)
　비상 : 4.5km/h/s 이상 (표준치, 하중 20ton/량까지 일정)

해설 최소곡선반경
• 영업선 : 140m
• 차고선 : 76m

16 열차종합제어장치(TGIS)에 대한 주요 기능 중 맞지 않는 것은?

① 운전 지원 기능
② 검수 지원 기능
③ 차장 지원 기능
④ 고장차량 개방 기능

해설 고장차량 개방은 수동 취급이다.

17 열차 편성 중 맞지 않는 것은?

① 저항제어 4량 편성 : TC – M – M′ – TC
② VVVF 제어 4량 편성 : TC – M – M′ – TC (광명셔틀 : TC – M′ – M′ – TC)
③ 저항제어 8량 편성 : TC – M – M′ – M – M′ – M – M′ – TC
④ VVVF 제어 10량 편성 : TC – M – M′ – T1 – M′ – T1 – T – M – M′ – TC

해설 VVVF 제어 10량 편성
TC – M – M′ – T – M′ – T1 – T – M – M′ – TC

18 연결이 옳지 않은 것은?

① 최초 기동에 필요한 압력공기 – 주공기 압축기
② 최초 기동에 필요한 에너지원 – 축전지
③ 객실등, 냉난방 등 승객 서비스 전원 – 보조전원장치
④ 열차 운행에 필요한 외부전원 수전장치 – 집전장치(Pantograph)

해설 최초 기동에 필요한 압력공기는 보조공기압축기에서 생산한다.

정답 13. ① 14. ① 15. ① 16. ④ 17. ④ 18. ①

19 상용제동제어의 동작순서는?

① 구동차 회생제동 → 부수차 공기제동
→ 구동차 공기제동

② 부수차 공기제동 → 구동차 공기제동
→ 구동차 회생제동

③ 구동차 공기제동 → 부수차 공기제동
→ 구동차 회생제동

④ 구동차 회생제동 → 구동차 공기제동
→ 부수차 공기제동

해설 전기제동이 우선 들어가고 공기제동, 혼합제동 순으로 동작한다.

20 모진에 대한 설명 중 맞지 않는 것은?

① 주회로차단기(MCB) 절연불량 시 ADCg 가 정상적으로 동작하므로 교직절환스 위치(ADS)를 취급하는 즉시 직류구간 에서 직류피뢰기(DCArr)가 용손되고 또 한 교류구간에서는 주퓨즈(MFS)가 동 작되어 단전현상이 발생한다.

② 절연구간 전방에서 교직절환 미조작 시 절연구간(무가압 구간)에서 교류전압계전 기(ACVR) 또는 직류전압계전기(DCVR) 가 무여자되므로 MCBR1을 무여자시켜 주회로차단기(MCB)를 차단한다.

③ 직류모진 시에는 직류구간에서 직류 대 전류가 주변압기 1차측으로 들어오게 되 므로 이때는 주퓨즈(MFS)가 용손되어 주변압기(MT)를 보호하여 준다.

④ 교류모진 시에는 AC 25kV의 높은 전압 이 인가되어 직류피뢰기(DCArr)가 방전 하고 변전소의 차단기를 트립시켜 전차선 전원을 단전시키며, 또한 변류기(CT2)에 의해 피뢰기과전류계전기(ArrOCR)를 여 자하여 MCB를 차단시킨다.

해설 ADCg가 정상적으로 동작하려면 MCB가 차 단되어야 한다.

21 냉방장치의 주요 기능 부품 중 열방출 작용을 하는 것은?

① 증발기   ② 압축기
③ 응축기   ④ 팽창변

해설 응축기는 압축기에서 토출된 고온·고압의 냉 매가스를 상온의 공기 또는 냉각수 중에 열을 방출하여 응축·액화시키는 장치이다.

22 교·직 전기동차의 특징이 아닌 것은?

① 교류구간이나 직류규간을 모두 운행할 수 있다.

② 교·직 겸용이기 때문에 차량제작비가 높다.

③ 교류구간에서는 높은 전압을 수전하므로 각 기기의 절연도가 높아야 한다.

④ 교·직 절연구간의 길이는 22m이다.

해설 **교·직류 전기동차의 특징**
• 교류구간이나 직류구간을 모두 운행할 수 있다.
• 사고전류의 구분이 쉬워 보안도가 높아진다.
• 교류구간에서는 높은 전압(AC 25kV)을 수 전하므로 각 기기의 절연도가 높아야 한다.
• 직류구간 운행 중에는 교류구간에서만 사용 되는 기기들은 사용되지 않는다.
• 교·직 양용이기 때문에 차량제작비가 높다.

23 추진제어장치 등에 사용되며, 전류를 검출하여 그 값에 비례하는 전류값으로 변성하여 전력변환장치의 제어에 주로 사용되는 전류검출소자는 무엇인가?

① ACPT   ② 계기용 변압기(PT)
③ OVCRf   ④ 계기용 변류기(CT)

24 주전력변환장치(C/I)의 전력소자가 GTO에서 IGBT 소자로 바뀜에 따른 장점들 중 맞지 않는 것은?

① 환경 : 자연냉각방식으로 소음과 진동이 매우 작아졌다.

② 효율 : 스너버 회로가 없어 손실이 줄어들었다.

③ 제어 : 전압구동으로 제어가 용이해졌다.

④ 장애 : 고속 스위칭으로 유도장애가 증가했다.

해설 고속 스위칭으로 유도장애가 감소한다.

25 제동통의 복귀스프링에 의한 감소된 제동력과 회생제동력이 소멸될 때 공기제동 체결의 지연을 방지하는 기기는?

① 저크제어 기능

② BC 압력 히스테리시스 보정 기능

③ 인쇼트 기능

④ 안티스키드 기능

해설 회생제동이 소멸되어 공기제동으로 전환할 때 제동통 행정으로 인한 공기제동 체결의 지연을 해소한다.

26 제동제어기의 지령은 Step 패턴으로 인하여 제동취급 시 핸들위치에 따른 충격을 없애고 승차감을 확보하기 위하여 설치된 기능은?

① 저크제어 기능

② 응하중 기능

③ 안티스키드 기능

④ 인쇼트 기능

해설 저크제어는 가 · 감속도의 시간변화율을 가리키며 제동작용을 매끄럽고 유연하게 하여 승차감을 향상시킨다.

27 제동의 3작용 중 맞지 않는 것은?

① 제동작용

② 제동기기 보호작용

③ Lap 작용

④ 완해(풀기)작용

해설 제동의 3작용은 제동, 완해, 랩 작용이다.

28 전기동차의 분류가 아닌 것은?

① 저항제어 전기동차

② Chopper 제어 전기동차

③ VVVF 제어 전기동차

④ KNORR 제어 전기동차

해설 전기동차의 분류는 저항제어 전기동차, Chopper 제어 전기동차, VVVF 제어 전기동차 등이 있다.

29 보조전원장치(SIV) 구성부품 중 교류구간에서 교류 입력전원을 직류로 변환해주는 장치는 무엇인가?

① 직류전압검출기(DCPT)

② 평활리액터(SL)

③ 인버터 유닛

④ 보조정류기(ARF)

해설 보조정류기(ARF)는 교류구간에서 교류 입력 전원을 직류로 변환해주는 장치이며, 다이오드를 이용한 단상 전파류의 구조를 갖는다.

30 1호선 전기동차의 운용 최고속도는 몇 km/h인가?

① 110km/h

② 150km/h

③ 165km/h

④ 180km/h

정답 24. ④ 25. ③ 26. ① 27. ② 28. ④ 29. ④ 30. ①

31 TCMS의 기능이 아닌 것은 무엇인가?

① 열차에 설치된 각종 장치 감시 및 시험

② 자동운전 및 출입문 자동개폐

③ 차량의 운행상태 기록

④ 냉난방 자동운전 설정

해설 **TCMS의 주요 기능**
승무원 지원 기능, 검수 지원 기능, 차상시험 기능, 고전압장치, 추진장치, 제동장치, 보조전원장치 등의 상태 감시 및 제어를 수행한다.

32 TCMS의 적용 목적이 아닌 것은?

① 열차 검수시간 단축 및 단순화

② 열차에 설치된 각종 장치 감시 및 시험

③ 고장 인식 및 고장 정비 요령 지원

④ 열차 내 배선 복잡화

33 주변환장치 및 보조전원장치 등의 전력변환장치의 전력용 반도체에서 발생하는 열을 방출하기 위하여 사용되는 방열 부품을 무엇이라 하는가?

① 히트싱크(Heat Sink)

② CRe 저항

③ CCOS

④ 계기용 변류기(CT)

해설 히트싱크는 부품이나 소자로부터 열을 흡수하여 외부로 방산시키기 위한 냉각용 방열기를 뜻한다.

34 주전력변환장치의 구성요소로서 AC 전원을 DC 전압으로 변환하는 장치를 무엇이라고 부르는가?

① 인버터 ② 변압기

③ 컨버터 ④ PWM

해설 • 컨버터 : 교류를 직류로 변환시키는 전력변환장치
• 인버터 : 직류를 교류로 변환시키는 전력변환장치

35 철도차량 운전자가 수동으로 행하던 열차의 정거장 간 운전, 정위치 정차, 출입문 제어, 열차 출발 등을 컴퓨터와 소프트웨어 기술을 결합시켜 자동으로 열차 운행을 수행하는 장치로 맞는 것은?

① ATO(Automatic Train Operation)

② ATS(Automatic Train Stop)

③ ATP(Automatic Train Protection)

④ ATC(Automatic Train Control)

해설 ATO는 열차자동운전장치로 지상에서 열차의 운전조건을 차상으로 전송히여 열차의 출발, 정차, 출입문 개폐 등을 자동으로 동작하도록 하여 기관사 없이도 운행할 수 있는 장치이다.

CHAPTER

05

전기기관차

전기기관차

01 전기기관차 동력 전달과정

8000호대 전기기관차는 가선의 전원을 급전하기 위한 팬터그래프가 전·후 운전실 지붕에 설치되어 있으며 가선에서 팬터그래프를 통하여 집전된 전원은 고압회로차단기(DJ)를 경유하여 주변압기 1차 권선에 인가되며 변압기 2차측으로 1개의 1,500V 난방권선, 2개의 1,075V 견인권선과 967V의 보조변압기로부터 1개의 150V 발전제동여자권선, 1개의 260V 보조회로권선, 1개의 380V 보조회로권선에 전원을 유기하여 해당 기기에 전원을 공급한다.

견인권선의 AC 1,075V는 사이리스터와 다이오드로 구성된 주정류기에서 정류·제어되어 견인전동기에 공급하여 동력이 발생되고 이 동력은 치차를 거쳐 동륜에 전달된다.

① 150V 발전제동여자권선의 전원은 발전제동 시 직렬로 연결된 견인전동기의 각 계자에 전원을 공급하여 발전제동력 제어에 사용된다.

② 260V 보조회로권선의 전원은 운전실 선풍기, 운전실 보조난방의 전원으로 사용된다.

③ 보조정류기를 거친 DC 220V의 전원은 변압기유 냉각선풍전동기(MVRH), 주공기압축기전동기(MCP), 견인전동기 냉각송풍전동기(MVMT 1,2)의 구동 전원, 제동장치대 난방으로 사용된다.

④ 380V 보조회로권선의 전원은 운전실 난방(RA), 무전압계전기(Q30), 가선전압계, 변압기유펌프전동기(MPH), 정류기 냉각송풍전동기(MVSI 1-1, 1-2, 2-1, 2-2), 축전지 충전장치(CHBA)의 전원으로 사용된다.

⑤ 기관사의 주간제어기 취급에 따라 주간제어기 하부의 저항기(포텐숀메타)의 제어전압이 제어되고 이 전압은 전자제어함의 논리회로를 거쳐 주정류기 사이리스터를 제어함으로써 출력이 제어된다. 즉 사이리스터에 의한 위상제어방식을 채택하고 있다.

02 전기기관차의 특징 (8000호대)

① BO-BO-BO식(2축 3대차) 대차에 사이리스터 제어방식을 채택하고 있다.

BO-BO-BO식 대차 중 중간대차는 곡선 통과 시 좌우로 이동이 가능하게 되어 있다.

② AC 25kV, 60Hz 단상 전철구간에서 운영할 수 있게 제작되었다.

③ 최고시속 85km/h(치차비를 바꾸면 120km/h도 가능)로 화물열차 전용이고, 수대의 기관차를 중련운전할 수 있다.

④ 3개의 대차 각 축마다 설치된 견인전동기는 2개의 그룹으로 나누어 접속되어 6대가 모두 병렬로 접속되어 있다.

8100호대 전기기관차 특징

• BO-BO식 대차를 채택하고 있다.
• VVVF(가변전압 가변주파수) 인버터 제어방식이다.
• 견인전동기는 3상 교류전동기를 채용하고 대부분의 제어경로가 소프트웨어적으로 이루어진다.
• 최고속도는 150km/h로 여객화물을 수송하기 위한 다목적 기관차이다.

1972년 도입
- 견인전동기(직류전동기)
  - 출력 3,900kW(650kW×6조)
  - 치차비 6.4(96/15)

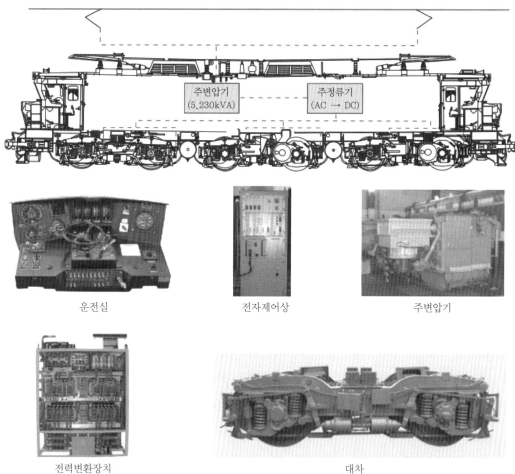

주변압기
(5,230kVA)

주정류기
(AC → DC)

운전실 전자제어상 주변압기

전력변환장치 대차

┃8000호대 전기기관차의 주요 장치┃

2002년 도입
• 견인전동기(유도기)
 – 출력 5,400kW(1,350kW×4조)
 – 치차비 6.294

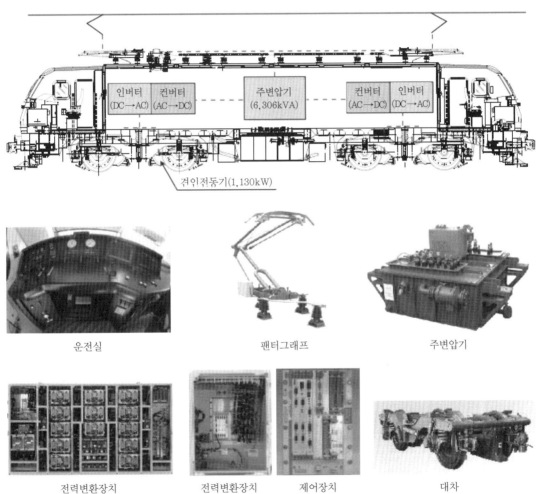

| 인버터 (DC→AC) | 컨버터 (AC→DC) | 주변압기 (6,306kVA) | 컨버터 (AC→DC) | 인버터 (DC→AC) |

견인전동기(1,130kW)

운전실

팬터그래프

주변압기

전력변환장치

전력변환장치

제어장치

대차

8200호대 전기기관차의 주요 장치

주요제원

도입량수 : 8001호 ~ 8094호 (94량)

일 반	
제작사	50C/S Group/대우중공업
크 기	20,730×3,060×4,495.5
중 량	132톤
전 원	25Kv, 60Hz
속 도	85Km/h
출 력	3,900Kw(5,300HP)
제어방식	싸리스타제어
견인력	426KN
전기제동력	20.8톤
대차배열	Bo-Bo-Bo
치차비	6.4 : 1(96 : 15)
집진장치	싱글암

전 장	
고압차단장치	공기차단
주변압기	5,230KVA
전력변환장치	2,526KVA×2
보조전원장치	115Kw×2
객차전원공급장치	
견인전동기	655Kw
견인제어, 진단장치	전자제어
신호/보안장치	ATS, 무전기 운전자경계, 방호, 후부
축전지	75Ah

기 계	
제동종류	상용, 발전, 비상, 수용
공기압축기	2,600 ℓ /분
휠/제동	1,250mm/답면
고정축거	2,900mm
대차중심거리	11,800mm
현수장치	코일스프링/고무블럭
연결기높이	870mm
연결기형식	AAR"E"형
완충기	고무완충기, 220톤
에어컨	7,500Kcal/h
기기배치	중앙배치, 좌·우측 통로

▌8000호대 전기기관차 외형 및 주요 제원 ▌

주 요 제 원

일 반		전 장		기 계	
제작사	Siemens/대우중공업	고압차단장치	1,000A	제동종류	상용, 회생, 비상, 주차
크 기	19,580×3,000×4,470	주변압기	6,306KVA		
중 량	88톤	전력변환장치	(1,300KVA×2)×2	공기압축기	2,400ℓ/분
전 원	25Kv, 60Hz	보조전원장치	80KVA×2 : Var 80KVA×2 : Con	휠/제동	1,250mm/디스크
속 도	운전 140, 최고 150Km/h	객차전원공급장치		고정축거	3,000mm
출 력	5,200Kw(7,000HP)	견인전동기	1,325Kw	대차중심거리	9,900mm
제어방식	VVVF제어	견인제어, 진단장치	SIBAS 32	현수장치	코일스프링/코일스프링
견인력	330KN			연결기높이	870mm
전기제동력	160KN	신호/보안장치	ATS, Radio, 운전자경계, 방호, 후부	연결기형식	AAR"E"형
대차배열	Bo-Bo			완충기	고무완충기, 220톤
치차비	6.29 : 1(107 : 17)			에어컨	5,600Kcal/h
집진장치	700A	축전지	80Ah	기기배치	좌우배치, 중앙통로

‖8100호대 전기기관차 외형 및 주요 제원‖

주요제원

도입량수 : 55량

일 반		전 장		기 계	
제작사	Siemens/로템	고압차단장치	1,000A	제동종류	상용, 회생, 비상, 주차
크 기	19,580×3,000×4,470	주변압기	6,316KVA		
중 량	88톤	전력변환장치	(1,300KVA×2)×2	공기압축기	2,400 ℓ /분×2ea
전 원	25Kv, 60Hz	보조전원장치	30KVA×2 : Var	휠/제동	1,250mm/디스크
속 도	최고 150Km/h	객차전원공급장치	450KVA×2	고정축거	3,000mm
출 력	5,200Kw(7,000HP)	견인전동기	1,325Kw	대차중심거리	9,900mm
제어방식	VVVF제어	견인제어, 진단장치	SIBAS 32	현수장치	코일스프링/코일스프링
견인력	320KN			연결기높이	880mm
전기제동력	216KN	신호/보안장치	ATS, Radio, 전차량설치, 경계	연결기형식	AAR"E"형
대차배열	Bo-Bo			완충기	고무완충기, 220톤
치차비	5.8947 : 1(112:19)			에어컨	5,600Kcal/h
집진장치	700A	축전지	100Ah	기기배치	좌우배치, 중앙통로

┃8200호대 전기기관차 외형 및 주요 제원 ┃

03 전기기관차 주요 장치의 구조 및 역할

1 팬터그래프(PT)

전차선으로부터 특고압 25kV를 집전하여 주변압기에 공급하는 싱글암형 집전장치로 전·후부 운전실 쪽 지붕 위에 기초대를 설치하고 절연애자 3개 위에 각 1개씩, 2개가 설치되어 있다.

형 식	8WLD 170 – 6YG56 싱글암형	전차선과 접촉압력	7kgf/cm^3
상승시간	6~10초	하강시간	5초
작용공기 최대압력	8kg/cm^2	작용 공기압력	5.5kg/cm^2
최초 상승작용 시 공급압력	1.4kg/cm^2	상승작용 정지 시 공급압력	2.8kg/cm^2

2 고압회로차단기(DJ)

전차선의 전원을 주변압기에 연결 또는 차단시키는 단극 공기취소차단기로 지붕 중앙부에 설치되어 있으며 고압부분과 기계실 내의 제어부가 있다. 고압회로차단기의 투입은 핀형애자 위에 설치된 횡거 콘텍타봉을 공기압력으로 70° 회전시켜 접촉편에 접촉시키며, 분리(차단) 시 발생되는 아크는 공기압력으로 소멸시킨다.

운전 중 300A 이상의 전류가 유입되거나 접지, 과부하 등 이상현상 발생 시 자동 차단되어 회로와 기기를 보호한다.

형 식	DBTF301 250형	차단전류	400A
아크 취소방식	공기취소식	차단 사이클	1~2 사이클 사이
투입 시 최소동작압력	4kg/cm^2	차단 시 최소동작압력	3.5kg/cm^2
공기탱크 용량	12L	회전각도	70°

3 보조공기압축기실

1번 운전실에만 설치되어 있으며, 주요 기기는 다음과 같다.

(1) 보조공기압축기와 전동기

① 축전지 전원에 의해 구동되는 보조공기압축기는 단기통 수직형으로 주공기 또는 비상공기통에 압력공기가 없을 경우 팬터그래프 상승 및 고압회로차단기를 동작시키기 위한 압축공기를 생성시키는 데 필요하다.

② 0bar에서 기동공기압력 5.5bar까지 상승시키는 데 소요되는 시분은 약 4분 13초이며, 안전변이 부착되어 6.75±0.1bar 이상이 되면 분출한다.

③ 전동기는 2극 직류전동기, 출력은 0.5HP, 운전속도는 3,000rpm이며 보조공기 압축 시 하부에 설치된 유면계는 유위가 항상 $\frac{1}{2}$ 이상 확보되어야 한다.

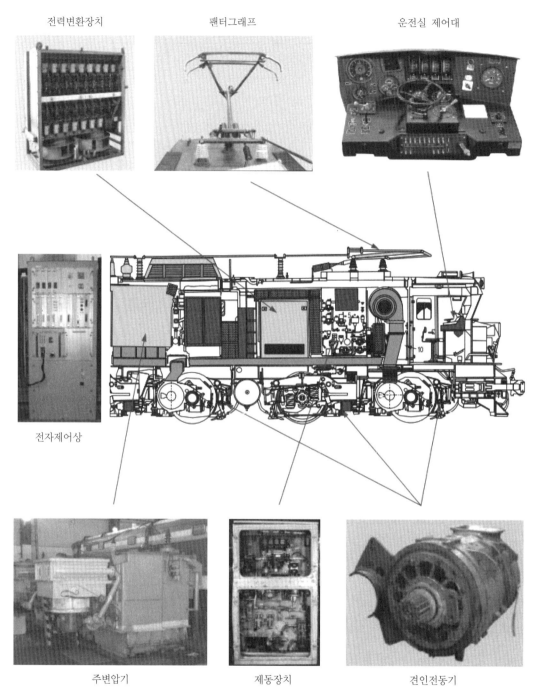

전력변환장치

팬터그래프

운전실 제어대

전자제어상

주변압기

제동장치

견인전동기

▌8000호대 전기기관차 주요 동력장치 블록도 ▌

운전실 제어대

팬터그래프

주변환장치

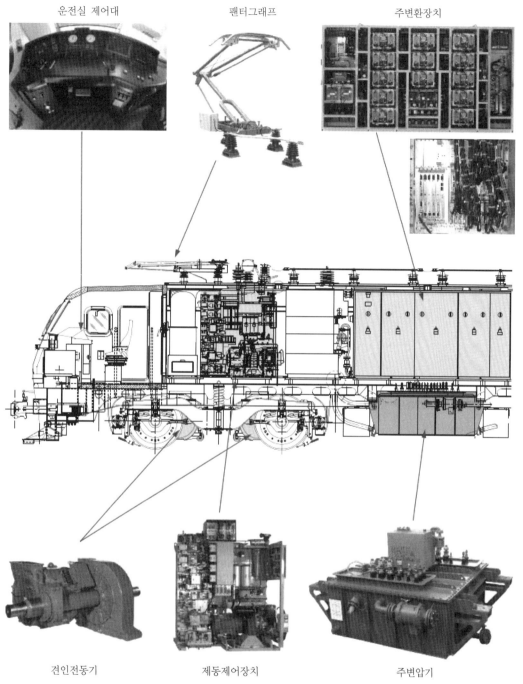

견인전동기

제동제어장치

주변압기

▌8200호대 전기기관차 주요 동력장치 블록도 ▌

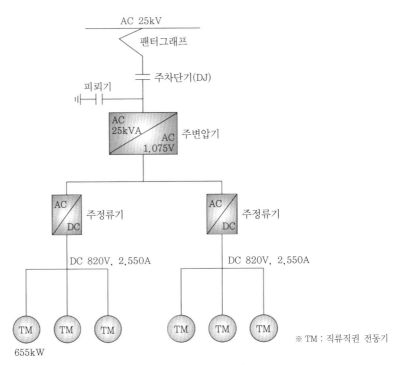

┃ 8000호대 전기기관차 전력계통도 ┃

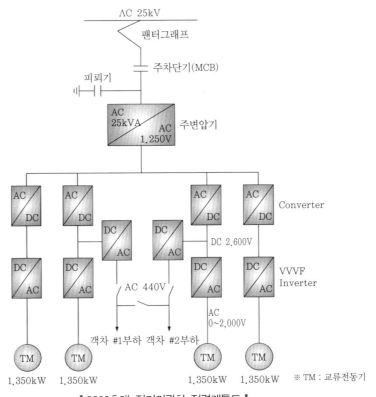

┃ 8200호대 전기기관차 전력계통도 ┃

(2) 비상공기통

기동 후 주공기통으로부터 압축공기를 공급받아 저장하였다가 비상시 보조공기압축기를 작동시키지 않아도 이 공기통의 공기를 이용하여 팬터(PT) 및 고압회로차단기(DJ)를 동작시켜 기관 기동을 할 수 있다. 운전 중에는 항상 팬터 주공기 차단콕을 개방하여 팬터 및 고압회로차단기 작용 공기관에 주공기압력을 공급하여야 한다.

(3) 고압회로차단기 압력스위치(QPDJ)

고압회로차단기 작용관에 취부되어 공기압력이 5.5bar 이상이 되면 접촉되어 기동을 가능하게 하고 3.0bar 이하로 강하되면 분리되어 기동이 정지된다.

04 기계실 장치

1 견인전동기 송풍기와 전동기

견인전동기 송풍전동기는 DC 220V 전원으로 구동되는 4극 직류직권, 2단 기동방식 전동기로서 기계실 내 전·후부에 2개가 설치되어 있다. 송풍기는 1대의 전동기에 양쪽으로 설치되어 있고, 한축에는 2대의 견인전동기를 냉각시키는 대형 송풍기를, 타축에는 1대의 견인전동기를 냉각시키는 소형 송풍기가 설치되어 있다.

MVMT1은 1, 2, 3번 견인전동기에, MVMT2는 4, 5, 6번 견인전동기에 공기도관을 통해 기계실의 공기를 송풍시켜 견인전동기를 강제 냉각시킨다.

2 주공기압축기와 전동기

주공기압축기는 조압기(RGCP)에 의해 자동제어 또는 수동스위치(BLCPD)에 의해 수동제어되며, 전동기는 신·구형 형식은 다르나 DC 220V로 구동되는 4극 직류직권 전동기로 퓨즈(CCCP-160A)로 보호된다.

신형 공기압축기는 YT 3000DM형으로 표준형 로터가 사용되었고 흡입된 공기와 기밀유지 및 냉각작용을 하는 윤활유를 함께 압축한 후 유분리기에서 윤활유를 완전 제거하고 공기만을 주공기통으로 보낸다. 전동기의 회전수는 3,000rpm, 출력은 22kW이며 유효방출량은 2,700L/min이다.

압축기의 정확한 유위를 확인하기 위하여 가동 후 3~5분 후, 정지 후 30분 경과 후 유면계를 확인한다(신형에 한함).

■3 발전제동 격자함

격자함에는 6대의 견인전동기로부터 발전되는 전원에 각각 부하를 걸어주도록 6개의 독립된 격자저항기(RF)와 2개의 송풍전동기(MVRF 1, 2)가 있다.

발전제동 격자저항기는 발전제동전류 590A(신형 628A)를 얻기 위하여 설치되어 있으며, 발전제동 격자 송풍전동기는 제동전류가 격자저항으로 흘러 1,260kW의 열로(신형 1,900kW) 방산될 때 기계실 내의 공기를 하부에서 흡입 저항함 내로 송풍시켜 저항기를 냉각시키고 지붕 위로 배출시킨다.

발전제동 격자함 하부에 발전제동격자 송풍전동기 차동계전기(QDF)가 설치되어 있으며 1번 TM과 4번 TM(신형은 2번 TM과 5번 TM)의 발전제동 부하전류차가 28A 이상일 때 동작되어 발전제동을 무효시켜 격자저항기를 보호한다.

■4 변압기군

주변압기는 전차선으로부터 공급된 AC 25kV의 전압을 1차로 하여 필요한 각종 전압으로 변압시키기 위한 기기로 부속기기가 유닛화되어 있다. 주변압기 유닛 내부에는 주변압기, 보조변압기, 평활리액터 코일이 내장되어 있으며 외측에는 변압기유 냉각송풍기와 전동기, 변압기유 펌프전동기 등 부속장치가 취부되어 있다.

(1) 주변압기 권선

단상 외철형으로 AC 25kV를 1차 권선으로 하여 1,500V 열차 난방권선 1개, 1,075V 견인권선 2개, 967V 보조변압기 가동용 보조권선 1개 등 모두 5개의 권선으로 구성되어 있다.

(2) 보조변압기 권선

단상 내철형으로 967V를 1차 권선으로 하여 150V 발전제동 여자권선 1개, 380V 보조회로권선 1개, 260V 보조회로권선 1개 등 모두 4개의 권선으로 구성되어 있다.

(3) 평활리액터(SL)

주정류기에서 정류된 전류는 맥류를 포함하고 있어, 이를 직류로 평활하기 위하여(코일의 인덕턴스 작용에 의해) 주정류기와 견인전동기 전기자 사이에 직렬로 연결되어 있으며, 손실에 의해 발생되는 열을 주변압기 코일과 함께 주변압기 절연유로 냉각시키기 위하여 주변압기 내부에 6개(SL 1~6)가 설치되어 있다.

(4) 변압기유 냉각송풍기와 전동기

전동기는 4극 직류직권전동기로 DC 220V에 의해 구동되며, 전동기축에 송풍기가 장착되어 있고 송풍기는 수직축의 원심형 송풍기로서 변압기 및 평활리액터의 코일에 의해 뜨거워진 변압기유가 유냉각기를 순환하는 동안 이를 냉각시켜 준다.

(5) 변압기유 펌프전동기

전동기는 AC 380V에 의해 구동되는 단상 교류 콘덴서 기동형 농형 3상 유도전동기이며, 전동기축에 장착된 펌프 임펠러의 회전에 의해 변압기 탱크 내의 변압기유를 냉각기로 보내고 냉각된 변압기유를 다시 탱크로 순환시키는 역할을 한다.

5 정류기

직류직권 견인전동기에 직류 전원을 공급하기 위한 주정류기와 직류 보조기기에 소요되는 직류 전원을 공급하기 위한 보조정류기를 같이 내장시키고 기계실 전·후부에 1개씩 2조가 장치되어 있으며 각 함에 2개의 송풍기로 하부에서 냉각시키도록 되어 있다.

주정류기는 사이리스터와 다이오드를 조합시킨 반도체 제어 단상 브릿지 결선이며, 보조정류기는 다이오드 단상 브릿지로 결선되어 있다.

(1) 주정류기(RDTH)

AC 1,075V를 변압기로부터 공급받아 DC 900V로 변환시키는 장치이다.

견인 운전 중에 1번 주정류기(RDTH1)는 1번, 3번, 5번 견인전동기에 전원을 공급하고, 2번 주정류기(RDTH2)는 2번, 4번, 6번 견인전동기에 전원을 공급한다.

발전제동 중에는 AC 150V를 보조변압기로부터 공급받아 1번 주정류기에서 정류된 전원이 직렬로 연결된 견인전동기 계자에 전원을 공급한다.

① 구형 결선 : 정류기당 사이리스터 보호용 18개, 다이오드 보호용 14개가 취부되어 있다. 사이리스터는 2직 9병렬, 다이오드는 2직 7병렬로 되어 있다.

② 신형 결선(1개 브릿지) : 사이리스터 보호용 6개, 다이오드 보호용 6개가 취부되어 있다. 사이리스터와 다이오드가 모두 2직 3병렬로 구성되어 있다.

소자 총수	사이리스터	36개(1량당 72개) – 구형	12개(1량당 24개) – 신형
	다이오드	28개(1량당 56개)	12개(1량당 24개)

(2) 보조정류기(RDA)

보조정류기는 4개의 다이오드로 구성되어 보조변압기에서 공급되는 AC 260V를 DC 220V로 변환시켜 직류 보조기기(MVRH, MCP, MVMT 등)에 전원을 공급하기 위하여 설치되었다.

(3) 주정류기 냉각송풍기 및 전동기

주정류기 냉각송풍전동기는 각 정류기함 하부에 2개씩 모두 4개 설치되어 주정류기 및 보조정류기를 냉각시킨다. 구형의 송풍기 구동용 전동기는 AC 380V 단상 전원을 상변환시켜 구동되는 3상 유도전동기로 $16\mu F$ 콘덴서에 의해 상변환이 이루어진다.

신형의 송풍기 구동용 전동기는 AC 380V를 사용한 단상 유도전동기로 콘덴서 기동형 전동기이다.

05 대차 및 주행장치

1 대차 일반

전기기관차의 대차는 2축용 3대차가 있으며 이들 대차가 차체의 하중을 지지하고 있다.

① 전·후 대차에는 1차 받침장치인 축상 스프링과 2차 받침장치인 고무로 된 에라스틱 베어링을 통해 축상 베어링 위에 차체를 실어 중량을 부담하며, 에라스틱 베어링의 작용으로 곡선 주행 시 측면 이동이나 방향전환을 할 수 있도록 하며 대차의 점차적인 복원운동과 직선운동 시 진동을 완화시켜 준다.

> **에라스틱 베어링의 특징**
>
> • 전·후 대차의 사이드 프레임 위에 2개를 1조로 하여 취부되어 차체의 수직하중을 직접 전달하고 있어 곡선반경 통과 시도 대차의 횡방향 변위를 허용함과 원위치 복귀작용이 고무블록으로 이루어진다.
> • 차체와 대차 간에 직접 가해지는 충격을 완화시켜 준다.
> • 활동부의 마모부분을 제거함은 물론 탈선 시 피해를 감소시키는 등 검수비용을 절감하도록 되어 있다.

② 중간 대차는 곡선 통과 시 변위가 많으므로 고무식 2차 받침장치 대신에 좌·우 습동이 가능한 2개의 롤러박스가 설치되어 있다. 즉 센터 프레임 양편(측량측)에 코일스프링을 설치하고 그 위에 볼스터 프레임을 설치하여 축상 스프링과 함께 차체에 하중을 지지하도록 하고 전·후 대차에서 발생되는 불규칙적인 충격을 흡수하도록 되어 있다. 중간 대차용 2차 받침장치는 볼스터 프레임, 코일스프링, 롤러박스로 구성되어 있다.

③ 전·후 대차에서는 견인력이 전달되는 센터핀이 차체에 고정되어 있지만 중간 대차에 삽입되는 센터핀은 대차의 좌·우 습동에 따라 좌·우로 유동이 될 수 있게 되어 있다. 그러므로 중간 대차는 곡선 통과 시 좌·우로 이동되면서 차체 하중을 원활히 전달하도록 구성되어 있다. 신품 차륜의 직경은 1,250±40mm이고, 사용한도는 1,170mm이다.

2 축상

축상은 주강으로 되어 있으며, 롤러 베어링 2개가 압입되어 있는 윤축과 조립되어 있다.

(1) 101 축상커버

아무 부속설비도 없는 축상커버로 축상커버 역할과 외측 베어링의 바깥링 고정 역할을 하며 전·후 대차에 각 1개, 중간 대차에 2개 모두 4개가 설치되어 있다.

(2) 102 축상커버

전류회귀장치를 설치할 수 있는 축상커버를 말하며, 이 커버를 통하여 차축에 직접 회귀전류가 흐르도록 되어 있으며 모든 대차에 2개씩 배열시켜 모두 6개가 있다.

(3) 103 축상커버

속도 기록 및 지시계용 DEUTA 발전기를 설치할 수 있는 축상커버를 말한다.

(4) 104 축상커버

103 축상커버와 같으나 DEUTA 발전기가 설치되어 있지 않은 축상커버를 말한다. 후부 대차에 1개가 취부되어 있다.

3 견인전동기(TM)

견인전동기는 직류직권전동기를 사용하며 평치차에 의해 차축치차에 동력을 전달한다. 냉각방식은 기계실에 설치된 송풍기로부터 송풍시켜 냉각시키는 강제 냉각방식이다. 6개의 TM이 있다.

각 견인전동기는 2개의 평축수에 의하여 차축에 취부되어 있고, 수직 취부장치에 의하여 대차의 일정한 자리에 고정되어 있다. 견인전동기가 취부되는 장소는 견인전동기 조정봉, 서포트 베어링, 에라스틱링에 의해 고정된다.

06 전력변환장치

전력변환장치는 전기기관차 견인전동기에 직류전원을 공급하기 위한 장치로써 6개의 사이리스터와 6개의 다이오드로 구성된 3병렬의 브릿지 회로로써 AC 1,075V 전원을 DC로 변환시켜 사이리스터 위상각 제어에 의해 적정 출력 전류를 견인전동기에 공급하는 장치이다.

07 제동장치(8000호대)

1 개요

8000호대 전기기관차의 제동장치는 PBL-2형으로 기계실 제2분전함 뒷면 제2정류기함과 2번 견인전동기 송풍전동기 사이에 설치되어 있으며, 기관사의 제동기기 취급에 따라 5개의 전자변(과충기 전자변, 랩 전자변, 계단완해 전자변, 계단제동 전자변, 전완해 전자변)이 여자 또는 무여자되어 공기를 공급·차단 또는 배출함으로써 제동 및 완해작용이 이루어진다.

자동제동변(MPFPB)을 제동위치로 했을 때 5개의 전자변이 무여자되어 균형공기가 감압되면, 주제어변의 작용에 의하여 제동관 공기가 대기로 배출되어 열차에 연결된 각 차량에 제동이 체결되는 한편, 기관차는 C-3-A 제어변의 작용으로 보조공기가 제1중계변 작용관을 통해 제1중계변의 막판을 밀어 올리면, 제1중계변 상부에 대기 중인 주공기가 제2중계변 작용관을 통하여 제2중계변 막판을 밀어 올리므로 제2중계변에 대기 중인 주공기가 제동통으로 공급되어 제동작용이 이루어진다. 또한, 자동제동변의 고장 등으로 인하여 자동제동변으로 전 열차의 제동 취급을 할 수 없는 경우에는 사방콕을 관통위치로 전환하면 직통제동변으로 전 열차의 제동 취급을 할 수 있다.

2 제동변 선택스위치

차단위치, 상용위치, 중립위치의 3개 위치가 있다.
① **차단위치** : 제동변 선택스위치를 삽입 또는 취거할 수 있는 위치로 축전지로부터 자동제동 변으로 공급되는 전기회로가 차단된다.
② **상용위치** : 완해 및 제동 취급이 가능한 운전위치로 축전지로부터 자동제동변으로 전기회 로가 구성된다.
③ **중립위치** : 공기누설 시험위치로 랩 전자변이 여자되어 충기 및 배기도 되지 않는 위치이다.

3 수제동기

기관차의 전동을 방지하기 위해 사용하는 수제동기는 1번 운전실 부기관사 측에 설치되어 있다. 이 수용제동기의 작용은 1번 대차 좌측 2개의 제동통 인장장치에 의하여 L1, 2의 차륜만 제동이 체결되며 36‰ 구배에서 기관차의 전동을 방지한다.

4 랩 전자변

제동변 선택스위치 중립위치, 비상제동 푸시버튼(비상제동스위치) 동작 시, ATS 동작으로 비상제동 체결 시, 랩 전자변 조임나사를 조였을 때 여자되어 주제어변의 차단변 및 토출변을 닫아 주공기 공급을 차단하고, 제동관의 배출을 차단한다.

5 주제어변

주제어변은 주공기를 공급받아 균형공기의 압력에 의해 제동관 공기를 균형공기 압력과 항상 동일하게 형성되도록 충기 또는 배기시키는 작용을 하며, 주막판 조립체, 신속 충기변, 충배기변, 차단변, 토출변, 자동변으로 구성되어 있다.

6 4방콕

변과 손잡이, 전기적인 접점을 가지고 있으며 단독위치와 관통위치의 2개 위치가 있다.
단독위치에서는 축전지로부터 제동변 선택스위치(452선)로 공급되는 전기회로가 구성되어 자동제동변을 사용하여 제동제어를 할 수 있다.
관통위치에서는 축전지로부터 자동제동변으로 공급되는 전기회로가 차단되고, 402선으로 전기회로가 구성되어 계단제동 전자변을 여자시켜 직통제동변으로 전 열차의 제동제어를 할 수 있게 된다.

(1) 단독위치

단독위치에서는 직통제동변과 제1중계변 작용관이 연결되어 직통제동변을 제동위치로 하면 주공기가 제1중계변 작용관으로 공급되고, 완해위치로 하면 제1중계변 작용관의 공기가 토출구로 배출되어 기관차 단독의 제동 및 완해작용이 이루어진다.

(2) 관통위치

① 관통위치에서는 직통제동변과 균형공기관이 연결되어 직통제동변을 제동위치로 하면 균형공기가 토출구로 배출되고, 완해위치로 하면 주공기가 균형공기관으로 충기되어 전 열차의 제동 및 완해 취급이 가능하다. 즉 직통제동변으로 자동제동변의 역할을 한다.

② 사방콕을 관통위치로 한 전 열차 제동취급 시 유의사항

    ㉠ 축전지 전압이 54V 이상일 것

    ㉡ 계단제동 전자변이 반드시 여자받을 것

    ㉢ 주제어변의 기능이 양호할 것

    ㉣ 제동변 선택스위치를 차단위치로 할 것

    ㉤ 압력계를 주시하여 균형공기 누설량만큼 수시로 조절할 것

    ㉥ 기관차만의 단독제동이 불가능하므로 구배선에서의 제동취급에 유의할 것

    ㉦ 직통제동을 체결한 상태에서 관통위치로 전환하면 기관차의 제동은 완해되지 않는다.

08 공기제동 (8100호대)

1 개요

① 8100호대 전기기관차에는 위치 의존형 제동핸들과 마이크로프로세서 제어, 메모리 프로그램형 크노르 형식 제동제어장치(HSM-MEP)를 갖추고 있으며, EP 제동을 사용할 수 있다.

② 시스템은 이중안전구조이며, 2개의 컴퓨터로 구성되어 있다.

③ 운전실의 모든 입력신호는 점유 운전실의 신호만 사용되며, 비점유 운전실의 신호는 무시된다(단, 비상제동은 어느 운전실에서나 사용 가능하다).

④ 제동 체결 시 제동밸브(FS42L)의 위치에 따른 제동지령은 이중안전구조의 ESRA-BUS를 통하여 제동제어장치(HSM-MEP)로 전송되며, MVB를 경유하여 중앙제어장치(CCU) 및 견인제어장치(TCU)로도 전송된다.

⑤ 요구된 제동력은 계기표시기(MFA)에 현시되고, 기관차는 전기(회생)제동이 우선적으로 체결되며 객·화차는 관련 모듈의 작용에 의해 공기제동이 체결된다.

- 전기제동
- 자동공기제동
- 전기식 자동공기제동 : EP 제동

2 활주방지장치

(1) 개요

차륜 활주방지와 제동거리 증가를 제한하기 위해 전자제어식 활주방지장치가 설치되었다.
활주방지장치 구성요소는 다음과 같다.

① 속도발전기(KMG-2H)

② 활주방지변(Ati-skid valve)

③ 활주방지제어장치(K-micro)

활주방지 기능은 공기제동 시 중앙제어장치(CCU)에 의해서 제어된다.

(2) 속도발전기

각 차륜에는 비접촉식 속도발전기가 설치되었으며, 폴 휠(Pole wheel)은 차축에 취부되고,
지정된 시간에 속도감지기를 통과하는 잇수에 의하여 회전속도를 표시한다.

(3) 활주방지변

① Anti-skid valve는 철도차량의 미끄럼방지 시스템에 사용되는 구성품으로 미끄럼방지
회로에서 작동부 역할을 한다. 활주현상은 GV12-1B형 활주방지변에 의하여 제동통 압력
을 조절하여 제어된다. 작동시간을 줄이기 위하여 활주방지변의 설치위치는 제동통에서
가능한 한 가까운 차체 하부에 설치한다.

② 각 축의 속도신호는 전자 제어함 내 활주방지제어장치(K-micro)에 의하여 활주방지변을
제어, 제동통 압력(C)을 단계적으로 감소시키거나 분배변의 압력수준(D)까지 증가시키는
작용을 한다.

③ 전자제어장치와의 결선은 3개의 심선으로 이루어진다.

④ Anti-skid valve에서 결선은 3 Pin plug로 되었다. 2개의 선 II와 III는 배기와 충기를
위한 전자석을 제어하기 위해서이고, I은 접지선이다.

3 비상제동

① 운전자 경계장치(SFIA)의 비상제동

② 축전지 전압에 이상이 있을 경우의 비상제동 : 제동관 압력의 급배기를 통해 비상제동이 체결
된다.

③ 열차 분리 시의 비상제동 : 열차가 분리될 경우에는 각 열차에 연결되어 있던 제동관이 서로 분리되어 이로 인해 비상제동이 체결된다.

④ 주행속도 100km/h 이상일 경우 단독제동 체결에 의한 견인력 차단 : 주행속도가 100km/h 이상 으로 주행하거나, 제동실린더 압력이 0.4bar 이상일 경우에 단독 제동장치를 작동하면 견인력이 차단된다.

⑤ 주차제동 작동 시의 비상제동 : 주행속도 5km/h 이상으로 주행 중 주차제동장치의 완해압력 에 이상이 있을 경우, 예를 들어 호스가 손상되었거나, 완해압력이 4.5bar 이하일 때는 견인력이 차단되면서 비상제동이 체결된다.

⑥ 주공기관(MR) 압력이 6bar 이하일 경우의 비상제동 : 주공기관 압력이 6bar 이하로 감소하면 견인력이 차단되면서 비상제동이 체결된다. 제동관 압력은 주공기통의 압력이 다시 7.0bar 이상으로 상승하고, 주간제어기를 중립위치 "0"으로 복귀시킬 때까지 계속 감소된 상태를 유지한다. 기관차에는 전기제동이 객차/화차에는 공기제동이 체결된다.

⑦ 열차자동정지장치(ATS)에 의한 비상제동 : 열차 운전의 안전성을 높이기 위하여 열차자동정 지장치(ATS)가 기관차에 설치된다.

신호장치는 선로에 설치되어, 선로의 위치에 대한 속도 정보를 기관차의 열차자동정지장치 (ATS)에 전송한다. 열차자동정지장치(ATS)는 열차의 실제속도를 기관차의 차상자에서 수신된 제한속도신호와 비교하여 과속일 경우, 경고음 발생 후 5초 이내에 확인조치가 취해지지 않을 경우 제동관을 배기하여 비상제동을 체결한다.

열차자동정지장치(ATS) 비상제동이 체결되었을 경우, 이러한 상태를 알리는 전기적 신호 가 제동제어장치(HSM-MEP) 및 MVB를 거쳐 견인제어장치(TCU)로 전송되어, 견인을 차단하는 신호로 사용된다.

단원 핵심정리 한눈에 보기

(1) 제동모드 스위치
- 제동모드 1 : 화차, 최대속도 110km/h, 단독완해, 삼동변(K2)
- 제동모드 2 : 고속화차, 최대속도 110km/h, UIC-제동장치, 계단완해, P4a 밸브
- 제동모드 3 : 객차, 최대속도 150km/h, UIC-제동장치, 계단완해, KE-밸브
- 제동모드 4 : 객차, 최대속도 150km/h, 계단완해, CK1P-제어밸브

(2) 전기기관차의 주변압기유 냉각송풍장치(MVRH)
- 구동전동기는 4극 직권전동기가 사용됨
- 공칭 송풍량은 $6.5m^3/s$임
- 전동기는 DC 220V에 의해 구동됨
- 최대 3,600rpm으로 회전함

(3) ATP 설비의 주요 역할
- 열차가 안전거리를 유지하도록 한다.
- 열차의 안전한 운행을 도와주는 설비이다.
- 분기구가 있는 역에서 하나의 열차를 차례대로 진입하도록 한다.

(4) 전기기관차를 연속 운전할 때 허용부하전류 : 850A

(5) 직류전력을 교류전력으로 변환하는 것 : 인버터

(6) 인버터 전기차의 운전모드 중 인버터 장치에서 소자의 Gate 지령은 정지되고 인버터 주파수와 Motor의 회전주파수가 동일한 영역 : 타행 영역

(7) 원통형 철심의 내면에 달린 Slot 사이에 3조의 Coil을 전기각 120° 간격으로 배치하고, 이 Coil을 각각 U, V, W상 권선이라 하고 3상 교류전류를 흘리는 것으로 고정자에 회전자계가 발생한다.

(8) 유도전동기의 속도제어에 사용되는 방법
- V/F 제어
- Slip 주파수 제어
- 벡터제어

(9) 인버터 전기차의 운전모드 중 Motor 전압이 1Plus – mode로 일정하고 Motor 전류도 일정하게 제어하는 영역 : 정전력 영역

(10) 유도전동기의 속도는 전원주파수와 극수로 결정되므로 전원주파수를 가변시키면 전동 기의 가변속 운전이 가능하게 된다. 이 주파수를 변화시킬 때 인버터 출력전압을 동시에 제어하는 것에 의해 전동기 자속을 일정하게 유지하고 광범위한 가변속 운전에 대해 전 동기의 효율 역률을 저하시키지 않도록 제어하는 방식 : V/F 제어

(11) 전동기의 속도를 검출하여 전원주파수를 전동기 회전자의 회전속도와 Slip 주파수의 더 하기가 되도록 제어하는 방법 : Slip 주파수 제어

(12) 정현파와 삼각파가 동기를 이루어 운전하는 것 : 동기식 PWM

(13) 유도전동기에서 고정자 전류를 자속성분과 토크성분으로 분리하여 각각을 독립적으로 제어함으로써 직류전동기와 같은 빠른 토크 응답 특성을 얻을 수 있는 제어방식
　　: 벡터제어

(14) 유도전동기의 제어를 위해 가변전압 가변주파수의 의미로 사용되는 인버터
　　: VVVF 인버터

(15) 스위칭 신호가 빠르고, 최근 철도차량에 많이 사용되는 소자 : IGBT

(16) PWM 컨버터
- 시이리스터 브릿지와 달리 GTO 방향이 역이지만 교류로부터 직류로 변환이 가능하다.
- 입력전압에 대해 출력전압이 상승한다.
- 교류회로에 리액턴스분이 있어도 역률 1.0으로 제어가 가능하다.
※ 주파수가 변하지 않기 때문에 역률의 임의 조정이 가능하다.

(17) 유도전동기에 있어서 회전자의 회전속도는 회전자계의 회전속도에 거의 추종하지 만 완전하게 일치하지 않는다. 이 일치하지 않는 부분을 슬립이라고 한다. 이는 유 도전동기에 있어서 중요한 제어요소가 된다.

(18) 주회로차단기(MCB) 차단
투입 제어선의 이상은 주회로차단기 차단에 영향을 준다. 다음 조건들 중 하나라도 만족되면 주차단기가 차단되거나 투입을 허용하지 않는다.
- 가선전압이 없거나 1초 이상 가선과 이선 시
- 가선전압이 30.0kV 초과 시(TCU에서 검지)
- 팬터그래프가 선택되어 있지 않거나 팬터그래프가 하강 중
- BCS(대차개방스위치)로 한 대의 견인전동기를 투입 또는 개방한 경우
- 투입 접촉기 동작 후에 1초 내에 주차단기 투입 응답이 없는 경우
- 견인제어장치(TCU) 또는 다른 영향(전선 파손 등)에 의해 주차단기가 차단될 경우
- 보조장치가 주차단기의 차단을 요구하는 경우

- CCU(중앙제어장치)와 TCU(견인제어장치)로 주회로차단기의 응답이 불규칙한 경우
- 냉각 순환계에서 수위를 검지하는 경우
- 주변압기의 냉각펌프 고장 시
- 보조기기류 접촉기 NFB의 차단 시
- 무부하 전류 루프가 개로된 경우(투입회로의 소자)
- 다음 중 하나의 조건이 검지될 경우
  - 주회로 과전류
  - 접지전류 검지
  - 무부하전류 검지
  - 부흐홀츠 계전기 경보(Alarm)

기출 · 예상문제

01 다음은 8200호대 전기기관차 일반 특성 및 성능에 관한 설명이다. 틀린 것은?

① 1,350kW의 3상 교류 전동기를 적용하였다.

② 주변환기 직류단의 전압은 2,400~2,600V이다.

③ 최고 150km/h의 운용속도로 운행하는 여객전용 전기기관차이다.

④ 현가장치는 1, 2차 모두 코일스프링을 사용한다.

> **해설** 최고 150km/h의 운용속도로 운행하는 여객과 화물을 수송하기 위한 다목적 기관차이다.

02 다음 중 전기기관차 상용제동의 종류로 적절하지 않은 것은?

① 전기제동(회생제동)

② 자동공기제동

③ 단독제동

④ 전기식 자동공기제동(EP 제동)

> **해설** 상용제동의 종류
> • 전기제동
> • 자동공기제동
> • 전기식 자동공기제동 : EP 제동

03 8500호대 전기기관차의 일반적 특성에 대한 설명으로 틀린 것은?

① 견인전동기는 1,100kW 3상 교류 유도전동기를 채용하고 있다.

② 가변전압 가변주파수 제어를 위하여 고효율의 GTO 소자를 적용하였다.

③ 25kV, 60Hz의 전철화 구간에서 운용할 수 있도록 설계·제작되었다.

④ 차축 배열은 고속주행에 적합하도록 Co-Co 방식을 적용하였다.

> **해설** 8500호대는 IGBT 소자를 적용하였다.

04 다음 중 8200호대 전기기관차 압축공기 공급장치의 공급순서로 적절한 것은 무엇인가?

① 주공기압축기 → 안전변(10.5bar) → 제습기 → 오일여과기 → 안전변(12bar) → 주공기통

② 주공기압축기 → 안전변(12bar) → 오일여과기 → 제습기 → 안전변(10.5bar) → 주공기통

③ 주공기압축기 → 안전변(12bar) → 제습기 → 안전변(10.5bar) → 오일여과기 → 주공기통

④ 주공기압축기 → 안전변(12bar) → 제습기 → 오일여과기 → 안전변(10.5bar) → 주공기통

05 다음 8200호대 활주방지장치(Anti-skid)의 구성요소가 아닌 것은?

① 속도발전기

② 활주방지밸브

③ 활주방지제어장치

④ 활주방지 제동모듈

정답 01. ③ 02. ③ 03. ② 04. ④ 05. ④

해설 **활주방지장치의 구성요소**
- 속도발전기
- 활주방지변(Anti-skid valve)
- 활주방지제어장치(K-micro)

06 다음 8200호대 전기기관차 팬터그래프의 제원에 대한 설명 중 틀린 것은?

① 주위온도 : -35~45℃
② 조작공기압력 : 5.0~9.0kgf/cm^2
③ 압상력 : 7.0±0.5kgf
④ 적용속도 : 200km/h

해설 공기압력은 4.0~8.0bar이다.

07 다음 8200호대 전기기관차 운전실 음성경고 출력 중 우선순위가 가장 높은 것은?

① 방호장치의 비상제동 체결
② SIFA - 비상제동
③ ATS 비상제동 체결
④ 절연구간 위치 검지

해설 신호장치가 가장 우선한다.

08 8200호대 기관사 제어대 공기압력계의 지침이 아닌 것은?

① 제동통 압력(BC)
② 균형공기압력(ER)
③ 주공기압력(MR)
④ 제동관 압력(BP)

해설 기관사 제어대에는 BC, BP, MR의 압력계가 설치되어 있다.

09 8000호대 구형 전기기관차 제동작용 흐름으로 맞는 것은?

① 전공전환변 → RH-2 → KE 분배변 → KR-5
② EPL → RV1D → YHD 분배변 → RV3D
③ 균형공기조정변 → 주제어변 → C-3-A 제어변 → 제1, 2중계변
④ EPL → RH-2 → C-3-A 제어변 → KR-5

해설 ① 8200호대
② 8500호대
③ 8000호대

10 축전지 스위치(TOS)의 위치가 아닌 것은?

① 구원운전   ② 꺼짐
③ 유지   ④ 켜짐

해설 **축전지 스위치(TOS) 위치**
구원운전 - 꺼짐 - 0 - 켜짐

11 주변압기 2차 권선에 대한 설명으로 맞는 것은?

① 견인권선 2개, 보조권선 4개
② 견인권선 4개, 보조권선 2개
③ 견인권선 4개, 보조권선 2개
④ 견인권선 3개, 보조권선 4개

해설 주변압기 2차 권선은 견인권선 4개, 보조권선 2개이다.

12 다음 중 8200호대 전기기관차의 2차 현수장치로 적절하지 않은 것은?

① 가이드봉   ② 코일스프링
③ 횡댐퍼   ④ 회전댐퍼

해설 가이드봉은 1차 현수장치이다.

13 8500호대 전기기관차 대차에 대한 설명으로 올바른 것은?

① 볼스터 대차
② Bo-Bo 대차
③ 주강구조의 대차 프레임 적용
④ Co-Co 대차

해설 • Co-Co 대차 : 1개 대차에 윤축이 3개이다.
• Bo-Bo 대차 : 1개 대차에 윤축이 2개이다.

14 8200호대 전기기관차의 특성이 아닌 것은?

① 1,350kW 3상 교류 전동기를 사용한다.
② 가변전압 가변주파수 VVVF 제어방식을 적용한다.
③ 최고운용속도는 180km/h이다.
④ 차축 배열방식은 Bo-Bo 방식이다.

해설 최고운용속도는 150km/h이다.

15 8200호대 전기기관차 운전실 기기가 아닌 것은?

① 보조주간제어기
② 공기조화기
③ 제동핸들
④ 보조공기압축기

해설 보조공기압축기는 기계실에 위치해 있다.

16 8200호대 전기기관차 옥상 기기가 아닌 것은?

① MCB
② ECT
③ HVPT
④ ES

해설 ECT(접지 변류기)는 상하 기기이다.

17 8200호대 전기기관차 팬터그래프 하강 조건으로 맞지 않는 것은?

① 팬터 상승 후 15분 이내에 MCB가 투입되지 않을 경우
② 보조공기압축기의 기동 후 15분이 경과한 후에도 충분한 압력이 발생되지 않을 경우
③ 선두차의 비점유된 운전실에서 팬터그래프 하강 명령이 있을 경우
④ 팬터그래프 차단콕 차단 시

해설 보조공기압축기의 기동 시는 PT가 하강상태이다.

18 차륜활주방지장치가 동작하는 경우가 아닌 것은?

① 제동통 압력이 0.6bar 이상
② 단독제동 체결 시
③ 전기제동이 공기제동에 부가해서 체결 시
④ 제동압력이 0.6bar 이상이고 상용공기제동이 체결되는 경우

해설 단독제동이 체결된 때에는 활주방지장치가 동작하지 않는다.

19 8200호대 전기기관차 전기제동 실패 시 감시하고 고장신호를 보내는 차상컴퓨터는?

① 중앙제어장치(CCU)
② 견인제어장치(TCU)
③ 제동제어장치(IBP)
④ 화면표시기(MMI)

해설 견인제어장치(TCU)가 전기제동 상태를 감시한다.

20 다음 중 기관차 접지방법에 대해 잘못 설명한 것은?

① 주회로차단기를 차단한다.

② 팬터그래프를 상승한다.

③ 제동패널에서 노란색 청색키를 탈거하여 접지스위치에 삽입한다.

④ 접지스위치의 제어레버를 당겨 접지위치로 위치시킨다.

해설 팬터그래프가 상승되어 있으면 유지보수를 위한 기관차 접지를 할 수 없다.

21 전기제동에 관한 설명 중 옳은 것은?

① 전기제동의 가장 큰 단점은 기계적 마모가 많아서 부품의 수명을 단축시킨다.

② 기관차에는 공기제동이 전기제동에 우선하여 체결된다.

③ 전기제동은 기관차에 설치된 4개의 주전동기를 발전기 모드로 바꾸어 운동에너지를 전기에너지로 변환하여 가선으로 회생시킨다.

④ 중련운전 시 후행 기관차의 전기제동의 요청이 선행 기관차로 전달된다.

22 창닦이의 동작모드가 아닌 것은?

① 꺼짐   ② 유지

③ 1단   ④ 2단

해설 창닦이 동작모드는 꺼짐 – 간헐 – 1단 – 2단이 있다.

23 다음 중 8500호대 전기기관차의 차량 간 충격 발생 시 연결기의 후단 볼트 전단에 의해서 차량의 언더 프레임 안쪽으로 이동하여 충격을 완화시키는 장치로 적절한 것은?

① 유압 완충기

② 센터링 장치

③ 머프 커플링

④ 쉐어 오프 시스템

해설 쉐어 오프 시스템은 슬리브 변형을 이용하여 에너지를 흡수하는 구조이며, 쉐어 오프가 발생하면 연결기 시스템은 차량 언더 프레임 안쪽으로 이동하게 된다.

24 다음 중 8200호대 전기기관차 동력의 전달순서를 설명한 내용으로 적절한 것은 무엇인가?

① 견인전동기 → 대차 → 센터 피봇 → 차축 → 차체 → 연결기

② 견인전동기 → 차축 → 대차 → 센터 피봇 → 차체 → 연결기

③ 견인전동기 → 대차 → 차축 → 센터 피봇 → 차체 → 연결기

④ 견인전동기 → 차축 → 센터 피봇 → 대차 → 차체 → 연결기

25 8200호대 객차 전원(HEP) 출력전압으로 맞는 것은?

① AC 110V   ② DC 110V

③ AC 440V   ④ DC 440V

26 8200호대 전기기관차 주변압기(MTR)의 모니터링은?

① 부흐홀츠 계전기 및 속도센서

② 부흐홀츠 계전기 및 압력센서

③ 부흐홀츠 계전기 및 온도센서

④ 온도센서 및 압력센서

해설 부흐홀츠 계전기(내부 가스 감지), 온도센서(권선온도)를 검지한다.

CHAPTER

06

철도차량공학

CHAPTER 06 철도차량공학

01 철도차량

1 개요

철도차량이란 전용의 궤도 위를 한 쌍의 차륜을 갖춘 2조 이상의 차축 위에 차체를 싣고 주행하는 구조물로서 그 기능에 있어 여객이나 화물의 운송을 목적으로 하는 차량과 이들 차량을 견인하기 위하여 동력을 갖추어 주행하는 차량을 총칭한다.

2 철도차량의 칭호

(1) 차종별의 약호

차종별	약 호
SL	증기기관차
EL	전기기관차
DL	디젤기관차
EC	전기동차
DC	디젤동차
PC	객차
FC	화차

(2) 전기동차의 세별 약호

차 별	내 용
TC	운전실, 총괄제어
M	동력차
M′	동력차, 팬터그래프 있는 차량
T	부수차
T1	부수차, SIV 있는 차량

02 열차

열차란 본 선로를 운행할 목적으로 조성된 차량 또는 차량군이 운행번호를 부여받고 본선 선로를 주행하는 차량을 말한다. 차량기지, 정차장에 유치된 차량은 열차가 아니다.

여객열차의 편성은 편성기준역, 지정된 종단역, 분기역 방향을 향하여 편성한다. 혼합열차는 그것을 견인하고 있는 기관차에 의해 중간역에서 화차의 해결이 이행되므로 역순으로 연결된 화차를 전부에, 객차를 후부에 연결한다.

03 열차속도

1 주행모드

(1) 역행모드(가속모드)

열차에 동력을 가하여 가속도가 ⊕방향으로 진행되는 상태로 역간 거리가 짧은 도시형 전차가 장거리형 전차보다 가속력이 크다.

(2) 타행모드

열차에 동력을 끊고 관성력으로 주행하는 상태로 목표속도에 도달하여 더 이상 가속을 필요로 하지 않는 운전상태이다. 열차 저항에 의해 속도는 서서히 감소한다.

(3) 제동모드

역 정지점을 앞두고 제동을 체결하여 가속도가 ⊖방향으로 진행되어 정차하고자 하는 목표지 점에 정확히 정지시키는 것으로 승차감이 직결되는 중요한 모드이다.

2 열차속도

(1) 최고운전속도(Maximum speed)

영업운전상의 최고속도로써 프랑스 TGV, 일본의 신간선 열차가 최고운전속도 경쟁을 하고 있으며 300km/h를 넘어서 350km/h에 도전하고 있다. 차륜식 철도의 속도한계는 일반적으로 350~380km/h로 알려져 있다.

(2) 균형속도

견인력과 열차저항이 똑같이 되는 속도로서 더 이상 속도를 증가시킬 수 없다. 최고운전속도는 바로 이 균형속도에 의해 좌우된다.

(3) 평균속도

열차가 A역을 출발하여 B역에 도달하려면 정지상태와 최고운전속도 사이에서 속도를 변화시키면서 운전한다.

$$\text{평균속도(A~B역 사이)} = \frac{\text{A~B역 간의 거리[km]}}{\text{A~B역 간의 소요시간[h]}}$$

(4) 표정속도

① 시발역부터 종착역까지 평균속도에 도중역에서의 정차시분도 계산에 넣어 표시한 것이다.

$$
\begin{aligned}
\text{표정속도} &= \frac{\text{구간거리[km]}}{\text{역 정차시간을 포함한 구간 소요시간[h]}} \\
&= \frac{\text{시발역과 종착역의 거리}}{\text{주행시간 + 정차시간}} \\
&= \frac{(n-1)L}{(n-2)t + T}
\end{aligned}
$$

여기서, L : 정거장 간격

n : 정거장 수

T : 전주행시간

t : 정차시간

② 표정속도 증가방법

㉠ 운전시분을 단축한다.

㉡ 정차역을 줄인다.

㉢ 정차시간을 짧게 한다.

㉣ 최고속도를 향상시킨다.

㉤ 가속도와 감속도를 모두 크게 한다.

(5) 최고허용속도 및 정격속도

모터가 허용하는 최고회전수에서의 속도로 실용적으로 의미가 없다. 열차의 정격속도는 모터 정격 회전수에서의 열차의 속도로 표시한다.

(6) 제한속도(Limits speed)

운전의 안전 확보를 위해 여러 가지 조건으로 보아 제한을 가한 속도로 선로의 등급, 차량의 종류, 제동축 비율, 하구배, 신호표시의 종류 등으로 제한된다.

04 치차비(기어비)

치차비는 소치차와 대치차의 비율을 말한다.

1 치차비의 관계

① 견인 인장력은 치차비에 비례한다.
② 기동가속도는 치차비에 비례한다.
③ 자유주행에 들어가는 속도, 즉 동일 전압, 전류에서 전차속도는 치차비에 반비례한다.
④ 자유주행 이후의 인장력은 동일 속도에 있어서 전동기 회전수가 높으므로 전동기 전류가 감소하여 치차비에 반비례한다.
⑤ 동일 속도에 있어서 전동기 회전수는 치차비에 비례한다.

2 치차비의 선정 제한

① 전동기 최대허용회전수에 의한 제한을 받는다.
② 차량한계의 제한을 받는다.
③ 치차비를 작게 하면 기동인장력 부족을 초래한다.

05 견인전동기 출력

1 회전력과 출력

반지름 $R[\mathrm{m}]$의 원주상에 작용하는 견인력을 $F[\mathrm{kg}]$이라 하면 회전력 $T[\mathrm{kg \cdot m}]$는 다음과 같다.

$$T = RF[\mathrm{kg \cdot m}], \;\; P = \frac{2\pi TN}{60}[\mathrm{kg \cdot m/s}] = T\omega$$

기어 및 축받이의 효율 μ을 고려하면, 다음 식과 같다.

$$P = \frac{TN}{975\mu}[\mathrm{kW}]$$

2 견인력과 출력

견인력(Tractive effort)이란 전기차의 주전동기에 전력이 공급됨으로써 그 전기자에 의해서 발생하는 회전력이 차륜에 전달되는 힘이다.
즉, 전차 인장력＝동륜을 회전시키는 힘

223

$$F = T G_r \eta \frac{2}{D} N [\text{kg}]$$

여기서, F : 차륜답면의 전동기 견인력, T : 전동기 회전력, G_r : 치차비,

η : 치차전달효율, D : 동륜직경, N : 전동기수(전동차 1량당)

$$\text{전동기 용량 } P = \frac{FV}{367 N \mu} [\text{kW}]$$

여기서, F : 견인력[kg], V : 속도[km/h], N : 전동기수, μ : 치차효율

3 마찰력과 견인력

차륜이 궤조면을 미끄러지지 않고 회전할 수 있는 것은 차륜과 궤조면 사이에 마찰력이 있기 때문이다. 이 마찰력은 견인력과 더불어 커지나 한도가 있어 견인력의 크기가 최대마찰력보다 커지면 차륜은 미끄러져서 공전하게 된다. 이때의 최대마찰력 F_a를 점착력, 최대마찰계수 μ를 점착계수라 한다. 일반적으로 차체의 중력(동륜상의 중량)을 $W_a(t)$라 하면,

$$F_a = 1,000 \mu W_a [\text{kg}] \ (\text{※ 단위에 주의할 것})$$

최대견인력을 F_m이라 하면 공전하지 않기 위해서는 $F_m < F_a$의 관계가 되어야 한다.

> **예제**
>
> 열차의 차체 중량이 75톤이고, 동륜상의 중량이 50톤인 기관차가 열차를 끌 수 있는 최대견인력
> 은 몇 kg인가? (단, 궤조의 점착계수는 0.3으로 한다.)
>
> [풀이] $F_m = 1,000 \mu W_a = 1,000 \times 0.3 \times 50 = 15,000 \text{kg}$

06 열차저항

열차를 운전할 때 열차의 진행을 억제하는 여러 가지 저항이 있는데 이를 총칭하여 열차저항 (Train resistance)이라고 한다.

열차저항은 선로상태와 차량상태에 따라 구분할 수 있는데 구배, 곡선, 레일 형상, 침목 배치 수, 도상의 두께, 레일면 상태 등의 선로상태와 차량의 구조, 보수상태, 윤활유 종류 등이 차량의 상태에 따라 달라진다.

1 출발저항(기동저항, Starting resistance)

열차가 정지로부터 출발할 때 차축과 베어링, 치차와 치차 사이에서 유막이 얇아짐으로 인해 금속과 금속이 접촉하여 발생하는 것으로 비교적 큰 저항이 걸린다. 정지상태에 있는 열차가 출발할 때 발생하는 저항이다.

$$Rs = 8 - 1.5V + 0.093V^2 \, [\text{kg/t}]$$

2 주행저항(Running resistance)

(1) 주행 시에 차축과 베어링, 차륜과 레일 간의 마찰저항과 주행 시의 공기저항을 합한 것으로 열차가 수평한 직선궤도를 등속도로 운전 시 발생하는 저항이다.

$$Rr = (a + bV) + cSV^2 / W \, [\text{kg/t}]$$

(2) 공기저항 감소 방안

① 선두부 형상을 유선형으로 설계
② 열차 외부 돌출부를 최대한 줄이고, 차체 사이 연결부도 차체 외부와 같은 평면으로 제작
③ 팬터그래프 공력설계와 팬터그래프 사용수 감소
④ 차체 단면적 감소
⑤ 두 차체 사이의 간격을 축소하고 상대운동을 감소

3 구배저항(경사저항, Grade resistance)

열차의 중력방향과 반대로 구배를 오를 때 받는 저항으로 이때는 주행저항 이외에 견인력이 필요한데 이 저항을 구배저항이라 한다. 경사궤도를 운전 시 중력에 의해 발생하는 저항이다. 경사를 천분율 $G[\text{‰}]$로 나타내면, 차량 1[t]당 경사저항은 다음과 같다.

$$Rg = G[\text{kg/t}] \qquad \therefore \quad F = RgW[\text{kg}]$$

예제

50[t]의 전동차가 $\dfrac{30}{1,000}$의 경사를 올라가는 데 필요한 견인력[kg]은? (단, 열차의 저항은 무시한다.)

[풀이] 견인력 $F = 50 \times 1,000 \times \dfrac{30}{1,000} = 1,500 \text{kg}$

4 곡선저항(Curve resistance)

열차가 곡선궤도를 통과 시 원심력 및 양궤도의 길이차로 인한 차륜과 레일 간의 마찰에 의해 발생하는 저항으로 곡선저항은 궤조곡선의 반지름(곡선반경)에 반비례한다.

$$R_c = \frac{1,000\mu(G + L)}{2R} \, [\text{kg/t}]$$

여기서, R : 곡률 반지름[m], L : 차륜의 고정축 간의 거리[m]
μ : 차륜과 궤조의 마찰계수, G : 궤간[m]

5 가속저항(Accelerating resistance)

정지하고 있던 열차가 출발하여 어느 일정한 속도에 도달하면 저항과 견인력이 같아지게 되는데 이때 열차는 등속도 운동을 하게 되며, 이 상태에서 속도를 더 높이려면 견인력이 필요하다. 이 여분의 견인력을 발생하게 하는 저항을 가속도 저항이라 한다.

열차가 가속 시 발생하는 저항으로 운동의 제1법칙에 의하여

$$F = R_a W = 31\,WA\,[\text{kg}]$$
$$F = ma = 28.35\,WA\,[\text{kg}]$$

여기서, A : 가속도[km/h/s], a : 가속도[m/s^2], W : 차량의 중량[t]
$\quad\quad$ m : 차량의 질량[kg], F : 가속력[kg], R_a : 가속저항[kg]

열차에는 회전부분이 있으므로 관성능률 때문에 관성계수 x를 고려하면,

$$F = 28.35(1 + x)\,WA\,[\text{kg}]$$

전동차에서는 $x = 0.1$, 객차에서는 $x = 0.05$
전동차인 경우 $F = 31\,WA\,[\text{kg}]$, 객차인 경우 $F = 30\,WA\,[\text{kg}]$이다.

> **예제**
>
> 중량 50t의 전동차에 3km/h/s의 가속도를 주는 데 필요한 힘[kg]은? (단, 전동차의 관성계수는 0.1로 한다. 편성열차인 경우 : $F = 30.54\,WA\,[\text{kg}]$)
>
> [풀이] $F = 28.35(1 + x)\,WA\,[\text{kg}] = 28.35(1 + 0.1) \times 50 \times 3 = 4{,}677\,\text{kg}$

6 터널저항(Tunnel resistance)

① 공기저항은 터널주행 시 더욱 증가하게 되는데 그 크기는 터널 단면적과 차량 단면적의 비에 의해 달라지며 터널 단면적이 클수록 적어진다.
② 터널 내에서 공기저항에 영향을 주는 요인 : 열차의 주행속도, 터널의 단면적 및 길이, 열차의 형상 및 단면적과 길이 등이 있다.

07 운전곡선

열차가 발차하여 다음 역에 정거할 때까지 각 시각에 있어서의 속도, 주행거리 또는 전류 등의 변화를 시간의 경과와 더불어 나타낸 곡선을 말한다.

08 전식

지중에 매설된 금속이 누설전류의 전기분해작용에 의해 부식되는 현상을 말한다.

1 패러데이의 법칙

전기분해에 의해 전극에 석출되는 물질의 양은 전해액을 통과하는 총전기량에 비례하고, 그 물질의 화학당량에 비례한다.

전류 I[A]가 시간 t[s]간 흘렀을 때의 전해된 양을 M[g]이라고 하면,

$$I = \frac{Q}{t}, \ M = ZIt \, [\text{g}]$$

여기서, Z는 1C의 전기량으로 석출시킬 수 있는 물질의 양으로 전기화학당량[g/C]이라 한다.
$Z = \dfrac{\text{화학당량}}{\text{패러데이 상수}} = \dfrac{\text{화학당량}}{96,500}$ 이다.

2 전식 방지법

① 전차선의 전압을 승압하여 전체 전류를 감소시킨다.
② 귀선의 전압강하를 감소시킨다.
③ 레일의 절연저항을 크게 한다.
④ 보조귀선을 사용한다.
⑤ 크로스 본드를 실시한다.
⑥ 귀선은 부극성으로 한다.
⑦ 변전소의 간격을 축소한다.

> **스코트 결선(T결선) : 단상전철에서 3상 전원의 평형을 위한 방법**
>
> 단상전철에서 급전계통이 3상일 때에는 직접 큰 부하의 단상전력만을 쓰게 되기 때문에 3상 계통에 불평형이 생긴다. 이와 같은 폐단을 감소시키기 위하여 3상에서 2상으로 변환하는 스코트 결선(T결선)을 하여 3상 측에 평형부하가 걸리게 하는 방법을 쓴다.

09 유간

온도의 변화에 대한 궤조의 신축에 대응하기 위하여 이음장소에 적당한 간격을 두는데 이것을 유간이라 한다.

10 고도 (캔트)

곡선부에서 원심력 때문에 차체가 외측으로 넘어지려는 것을 막기 위하여 외측 궤조를 약간 높여주는데, 이 내외 궤조 높이의 차를 고도라 한다.

$$h = \frac{GV}{127R}$$

여기서, G : 궤간[mm], V : 열차의 평균속도[km/h]
R : 곡선반지름[m], h : 캔트[mm]

11 확도 (슬랙)

확도는 곡선궤도를 운행할 때 차륜 연부와 궤조두부의 측면 사이의 마찰을 피하기 위하여 내측 궤조의 궤간을 넓히는 정도를 말한다.

$$S = \frac{L^2}{8R}$$

여기서, S : 확도[mm], R : 곡선반지름[m], L : 고정차축 거리[m]

$$W = \frac{50,000}{R}$$

여기서, W : 궤도 중심선의 각 축에 확대할 치수[mm]

12 선로의 분기

1 전철기

① 도입궤조(리드레일, Lead rail) : 선단레일과 철차 사이의 원곡선으로 된 부분을 말하며, 전철기와 철차 사이를 연결하는 곡선궤조이다.
② 궤도의 분기개소에서 철차가 있는 곳은 궤조가 중단되므로 원활하게 차체를 분기선로로 유도하기 위해서는 반대 궤조측에 홈궤조(Guide rail)를 설치하여야 한다.
③ 종곡선(Vertical curve) : 수평궤도에서 경사궤도로 변화하는 부분을 말한다.
④ 완화곡선(Tranition curve) : 곡선에서 직선으로 옮기는 경우에 차량의 동요를 방지하기 위하여 완화곡선을 사용한다. 그러므로 직선궤도에서 곡선궤도로 이용하는 곳에 있다.
⑤ 복진지 : 궤도가 열차의 진행과 반대방향으로 이동하는 것을 막는 것을 말한다.

▨2 철차각과 철차번호

철차각은 철차부에서 기준선과 분기선이 교차하는 각도를 말한다.

$$철차번호 \ N = \frac{1}{2} \times \frac{\cot\theta}{2} = \cot\theta$$

N의 번호가 작을수록 교차 또는 분기하는 각도는 커진다.

13 고정축거, 전륜축거

① 고정축거 : 한 대차의 최전부 차축과 최후부 차축의 중심 수평거리로서, 국유철도 건설규칙에 의해 4.75m 이내로 제한한다(차량의 곡선통과를 원활하게 하기 위함).
② 전륜축거 : 한 차량의 전후 양단에 있는 차축의 중심 수평거리를 말한다.
③ 대차 중심 간 거리 : 한 차량의 전후 대차의 중심 수평거리를 말한다.

차종별 고정축거

- 전동차 고정축거 : 2,100mm, 전동차 전축거 : 13.8m
- ITX 새마을 고정축거 : 2.5m
- KTX 고정축거(관절대차) : 3.0m
- 표준 레일 : 25m, 장대 레일 : 200m(고속열차용)
- 표준 궤간 : 1,435m

14 한계

▨1 차량한계

차량을 운행 중 국유철도 건설규칙에 의해 건조된 구조물에 접촉되지 않도록 차량의 단면, 즉 폭과 높이에 대하여 제한한 것을 말한다.
① 제한치수는 평탄, 직선궤도상의 정지상태에서 차량 중심선과 궤도 중심선이 일정한 치수이다.
② 지상에 있는 건조물 및 시설물과 접촉하지 않도록 차량한계의 바깥에는 건축한계가 설정된다.
③ 공차상태 및 최대하중 적재 시에도 차량한계를 침범해서는 안 된다.
④ 차량의 조우, 상하동요 등을 고려해 건축한계와의 간격을 200~300mm 정도 유지한다.
⑤ 차량한계와 건축한계는 철도건설의 맨 처음에 결정된다.
⑥ 차량한계는 기본적으로 궤간에 의해 좌우된다.

⑦ 차량한계는 각 철도의 규정으로 정해져 있다.

⑧ 차량한계는 구간별, 각 철도별로 결정되므로 여러 종류가 있다.

2 건축한계

궤조면상의 중심에서 건축한계의 내부, 즉 안쪽으로는 어떠한 구조물도 열차의 안전운행상 설치할 수 없도록 국유철도 건설규칙에 제정되어 있는 한계를 말한다.

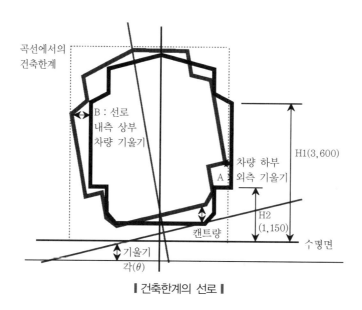

┃ 건축한계의 선로 ┃

15 편의

1 개요

차량의 길이가 긴 차량이 반경이 작은 곡선을 통과할 때 궤도의 중심선과 차량의 중심선이 일치되지 않고 차체의 중앙부는 곡선의 안쪽으로, 양단부는 곡선의 바깥쪽으로 벗어나는 현상을 말한다. 이러한 현상을 방지하기 위하여 곡선로에는 확대치수(W)가 부여된다.

$$W = \frac{50,000}{R}$$

여기서, W : 궤도 중심선의 각 축에 확대할 치수[mm]

과도한 편의가 발생되면 차량한계를 벗어나는 경우가 발생되며 중량이 가벼운 차량은 탈선의 우려가 있다.

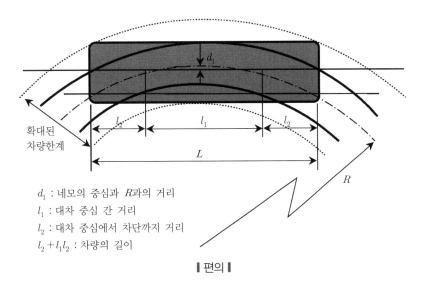

d_1 : 네모의 중심과 R과의 거리
l_1 : 대차 중심 간 거리
l_2 : 대차 중심에서 차단까지 거리
$l_2 + l_1 l_2$: 차량의 길이

‖ 편의 ‖

2 편의를 일으키는 원인

① 양측 볼스터스프링이 균등하게 탄약되지 못한 경우
② 양측 축스프링이 균등하게 탄약되지 못한 경우
③ 적재물의 중량이 균등하게 적재되지 못한 경우에 발생

🔎 터널 미기압파와 가진력

- 터널 미기압파 : 열차의 선두부가 터널에 진입하면 터널 내에 압축파가 형성되며 이것이 터널 내를 전파하여 반대측의 갱구에 도달하고 외부에 펄스 모양의 압력파를 방사하는 것을 말한다.
- 가진력 : 레일 이음매 또는 불규칙 이상 두부면 통과, 견인시스템 교란, 차륜들 간의 지지력 불균형 등으로 인하여 발생하는 힘을 말한다.

16 탈선계수 (Nadal식)

차량의 선로상을 주행할 때 수직력(P)과 횡압(Q)이 작용하며, 횡압이 크면 차륜이 탈선한다. 수직압력에 비하여 횡압의 비가 0.94일 때는 탈선하게 되는데 차륜, 레일 주행상태가 일정치 않으므로 $\dfrac{Q}{P} < 0.7 \sim 0.8$이어야 탈선을 피할 수 있다.

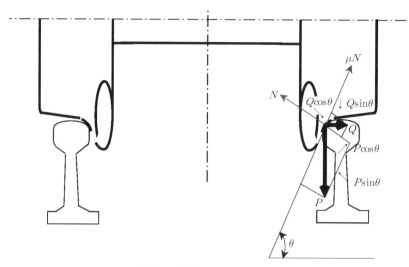

┃ 차륜답면에 걸리는 횡압 ┃

(1) Nadal식

① $\dfrac{Q}{P} = \dfrac{\tan\theta - \mu}{1 + \mu\tan\theta}$: 타오르기 탈선

② $\dfrac{Q}{P} = \dfrac{\tan\theta + \mu}{1 - \mu\tan\theta}$: 미끄러져 오르기 탈선

(2) 횡압(Q)의 증대

① 곡선반경이 적은 경우 : 궤도에 큰 뒤틀림이 있는 경우
② 차량의 고정축거가 큰 경우 : 차량의 심한 좌우진동, 특히 사행동을 일으키는 경우
③ 차륜과 레일 사이에 마찰계수가 큰 경우
④ 차축의 경우 평행도가 나쁜 경우
⑤ 차륜의 좌우 직경차가 큰 경우
⑥ 차륜의 레일에 대한 주행각이 큰 경우

17 스프링 및 공기스프링

1 스프링

(1) 기본 특성

동적으로 고유진동을 가지고 충격을 완화하든지 진동을 방지하는 기능이 있다.

(2) 철도차량에 사용되는 스프링

단순한 물체의 탄성변형을 이용하는 것 외에 에너지의 흡수 또는 축적을 목적으로 하며, 그 탄성을 이용한 것으로 변형에 대하여 충분한 강도를 갖춘 재료를 사용한다.

(3) 철도차량 스프링의 구비조건

① 하중과 변형의 관계가 가급적 일정할 것

② 탄성에너지의 흡수 또는 축적이 가능할 것

③ 고유진동의 성질을 가질 것

④ 외부의 진동을 절연하고 충격을 완화할 것

(4) 하중과 변형과의 관계

하중과 변형은 비례관계이며, 이 비례정수는 스프링을 어떤 단위만큼 변형시키는 데 필요한 하중을 스프링정수라 한다.

$$P = k\mu, \quad k = \frac{P}{\mu}$$

여기서, P : 하중, μ : 변형량, k : 스프링정수

2 공기스프링

(1) 개요

공기스프링은 모든 방향에 대하여 유연성을 갖고 있어 종래 대차의 스위벨, 볼스터와 차체 지지의 기능을 수행하며 하부에 설치된 보조고무스프링은 수평운동을 감소시킴과 동시에 곡선반경이 작은 구간의 곡선주행을 용이하게 하는 기능을 갖고 있다.

(2) 공기스프링의 장점

① 내구성이 우수하다.

② 자동제어가 가능하다.

③ 서징 현상이 없다.

④ 스프링상수를 낮게 취할 수 있다.

⑤ 방음효과가 높다.

⑥ 고주파 진동에 절연성이 높다.

> **방진고무의 특성**
>
> 방진고무는 스프링 대용뿐만 아니라 방진, 방음, 완충의 3가지 목적으로 사용된다.
> • 내부마찰이 크고 진동을 감쇄시키는 데 효과가 있다.
> • 고주파 진동의 흡수능력이 좋다.
> • Spring constant가 비선형이다.
> • 큰 탄성변형을 줄 수 있다.
> • 소형으로 취급이 용이하고 염가이다.

18 철도차량의 진동(Vibration)

1 철도차량의 진동

① 차체가 강체로 되어 진동하는 것 : 좌우운동, 상하운동, 전후운동, 사행동(Yawing)
② 차체가 탄성체로 되어 진동하는 것 : 차체의 비틀림, 굴곡

> **회전운동**
>
> • Rolling(롤링) : X축을 중심으로 회전
> • Pitching(피칭) : Y축을 중심으로 회전
> • Yawing(요잉, 사행동) : Z축을 중심으로 회전

2 차량진동의 원인

① 궤조구조상 : 레일의 요철, 경사, 이음매, 도상구조상의 원인
② 차량 : 차륜답면의 구배, 축중, 스프링에 의한 복합적인 원인

3 진동의 종류

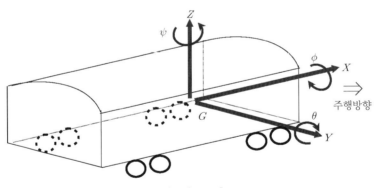

❙ 진동의 종류 ❙

(1) 고유진동과 공진

① 고유진동 : 탄성체 자체의 진동으로 탄성체가 가지고 있는 고유의 진동주기이다.
② 공진 : 외력에 의해 발생하는 진동과 탄성체의 고유진동이 합치되는 주기 진동현상을 말한다. 공진현상이 발생하면 진동이 크게 되며 레일의 장대화로 방지할 수 있다.

(2) 차체의 전후진동

① 대차의 피칭은 레일 이음매에 있어서 차륜의 침하에 의해 일어나기 때문에 대차의 중량이 무거운 차량이 짧은 레일 구간을 고속으로 주행하는 경우에 문제가 된다.

② 해결방안

㉠ 볼스터 앵커를 사용할 것

㉡ 대차의 센터 플레이트를 낮출 것

㉢ 대차에 있어서 차체를 전후방향에 탄성적으로 지지할 것

㉣ 축스프링부에 댐퍼를 설치할 것

(3) 차체의 상하진동

① 차체의 센터 플레이트 부근에서 아주 크게 일어나며 멀어질수록 적어진다.

② 경감방안

㉠ 대차의 스프링을 유연하게 한다.

㉡ 판스프링 대신에 코일스프링과 오일댐퍼를 사용한다.

㉢ 대차 습동부의 마찰을 적게 한다.

㉣ 방진제(고무) 및 공기스프링을 이용한다.

㉤ 장대레일을 사용한다.

(4) 차체의 좌우진동

① 종류

㉠ 요잉 : 차체의 중심 아래에서 발생

㉡ 롤링 : 차체의 중심 위에서 발생

② 경감방인

㉠ 차체의 대차 프레임에 횡방향의 탄성지지를 할 것

㉡ 차륜의 답면구배를 적게 할 것

㉢ 상볼스터의 횡동에 대하여 오일댐퍼를 사용할 것

㉣ 차체의 중심을 가능한 한 낮출 것

㉤ 스윙 볼스터 행거를 길게 할 것

(5) 사행동(Yawing, 요잉)

① 차륜답면에는 구배가 있기 때문에 한번 윤축 중심이 레일 중심으로부터 벗어나면 차륜 직경이 다른 좌우 답면으로 주행하게 된다. 윤축은 일체구조이기 때문에 차륜직경이 큰 쪽의 차륜이 빨리 진행되고 차륜이 레일에 대하여 어느 정도 각을 발생시켜 차체가 편의되는 현상이 반복되는 것을 말한다.

🛒 윤축운동

철도차량의 윤축은 한 쌍의 좌우 차륜답면으로 구성되며, 차륜답면은 테이퍼로 되어 있고 레일상을 구르며 주행할 때 좌우로 기울어진 경우에는 복원력이 작용된다.

② 차륜 답면구배를 1/40 단일구배로 삭정하여 방지한다.

③ 사행동은 열차의 속도와는 무관하다. 그러나 속도를 높이면 진동 관성력이 작용하여 주행 조건이 더욱 악화된다.

④ 사행동 방지책
　　㉠ 사행동 파장을 길게
　　㉡ 궤간을 넓게
　　㉢ 차륜직경을 크게
　　㉣ 답면구배를 작게
　　㉤ 대차로부터의 윤축지지를 강하게(Spring 및 댐퍼 사용)

테이퍼 효과

- 곡선을 통과할 때에 외측 차륜은 내측 차륜보다 긴 거리를 주행하게 되지만 테이퍼에 의해 무리없이 진행된다.
- 좌·우 차륜의 직경 마모나 제작 정도에 의한 약간의 차이를 보완하여 무리없이 진행된다.
- 일단 한쪽으로 치우친 윤축은 복원되어 평형이 되면서 주행한다.

19 동력배열방식

열차편성에서 동력을 가진 동축을 어떻게 설치하느냐에 따라 열차의 편성 및 성능을 크게 좌우한다. 동력집중식(Push-pull type), 동력분산식(Electric multiple unit)에 대한 분명한 정의는 없지만 기관차로 견인하는 객차 열차는 동력집중식이 대표적이다. 편성 중 복수의 차량에 동력을 분산·배치할 수 있는 열차를 동력분산식으로 구분하고 있다.

1 동력분산식 열차의 장점(동력집중식 열차의 단점)

① 구동축이 많으므로 견인력을 크게 하는 것이 용이하고 높은 가속력을 얻을 수 있다. 따라서 역간 거리가 짧은 구간에서 표정속도 향상의 중요한 요소가 되므로 통근차를 동력분산식 열차편성으로 하는 것도 이러한 이유이다.

② 동력분산식 열차는 차량편성을 분할하거나 병합하는 것이 용이하고 속도 향상과 더불어 운용성이 높고 구간의 수송밀도의 변화에도 쉽게 적용할 수 있다.

③ 대도시 통근과 같은 승객의 대량수송(Mass transportation)에는 절대적이다. 또한 소단위 수송에도 유리하다.

④ 기관차 열차는 기관차 부분만큼의 열차길이가 길어져야 하지만, 분산식 열차는 기관차가 필요 없어 열차길이가 짧다.

⑤ 편성열차 1량당 동력을 크게 하는 것이 가능하므로 산악이 많은 나라나 선로구배가 많은 철도에 유리하다.

⑥ 열차의 전후 끝단 운전실에서 조종할 수 있으므로 기관차를 바꾸어 방향전환할 필요가 없다.

⑦ 견인력은 동축과 그것에 가해지는 중량에 의해 결정되므로 동력집중으로 하면 동축에 동력을 집중시키는 것이 되어 축중이 무겁게 된다. 궤도 교량 등 지상설비의 강화를 필요로 하지만 분산식으로 분산하면 궤도의 건설 및 유지보수 측면에서 유리하게 된다.

⑧ 차량고장의 경우 고장차만 빼내는 것이 가능하므로 열차를 도중에서 운전 중지하는 일이 없다. 또 중도역에서의 중련 및 분리가 용이하며 단시간에 할 수 있다.

⑨ 전차의 경우 제동할 때에는 전기제동을 상용제동으로 사용할 수 있으므로 공기제동만을 사용할 때 불합리한 점을 보완할 수 있다.

❙ 동력분산식과 동력집중식 고속열차의 비교 ❙

구 분	분산식	집중식
환경조건	△	◎
동일 성능에서 열차편성의 유연성	◎	×
단거리 운행(짧은 역들 사이)	◎	△
운행 빈도	◎	×
승차감	○	◎
점착성	◎	△
발차, 주행, 제동(구배)	◎	△
가속 및 감속 시	◎	×
주행한계 속도 시	◎	△
저축중	○	×
열차무게의 균등분배	◎	×
곡선구배 시 안정성	○	△
선로에 대한 효과	○	△
교통성	○	△
좌석 용량	○	△
짧은 열차길이	○	△
운행열차 정지 가능성	◎	△
전기제동의 효용	◎	△
빈번한 제동 시	◎	×
팬터그래프 수	△	◎

구 분	분산식	집중식
승객 및 화물에 대한 서비스	×	◎
역주행성	○	×
제동장치 유지보수	◎	△
기타 유지보수(제동장치 제외)	△	◎

※ ◎ : 아주좋다, ○ : 좋다, △ : 보통, × : 나쁨

2 동력집중식 열차의 장점(동력분산식 열차의 단점)

① 동력분산식 열차는 상하의 동력기기에 의한 진동, 소음 때문에 승차감의 저하를 피할 수 없다.

② 동력분산식 열차는 동력장치의 수가 많아 점검, 정비 범위도 광범위하여 정비 보수비용이 많이 든다.

③ 동력분산식 열차는 팬터그래프의 수가 많아 가선의 마모를 증대시키고 집전 소음이 증가한다.

④ 화물열차는 장래에도 기관차 견인방식일 것으로 예상되므로 동력분산식 여객열차의 보급에 있어서 기관차의 운용효율은 저하한다.

⑤ 여객·화물열차에 공통 사용이 가능하므로 차량의 운용이 용이하고 사용효율이 높다.

⑥ 객차·화차의 구조가 간단하므로 제작비가 저렴하고 기타 설비가 필요없다.

20 제동

1 개요

(1) 제동의 목적

주행차량을 효과적으로 속도를 제어하면서 목적지에 정지하기 위함이다.

① 상용제동 : 정지의 필요에 따라 정상적인 속도제어로 정지

② 비상제동 : 차량 앞에 돌발적인 사태가 발생 시 신속하게 비상정지

(2) 제동장치 유의사항

① 가장 높은 속도로 운행한다(최고속도제동 성능).

② 속도변화가 크다(제동과 완해가의 신속작용).

③ 접착계수보다 마찰계수가 상대적으로 높다(차륜 미끌림 발생).

④ 공·영차 중량이 다르다(영·공차 제동력 불균형).

(3) 기초 제동장치 조건

① 차량 및 차륜에 균등히 제동력이 가해질 것
② 제동력은 어느 축 중에 대하여 한도를 넘지 않을 것
③ 상용제동 시에는 원활하게, 비상제동 시는 급격히 제동 체결
④ 제동력을 취하지 않을 때 제동력은 0일 것
⑤ 온도상승은 일정한 범위를 넘지 않을 것
⑥ 열차 분리 시 자동으로 제동작용될 것

(4) 제동장치가 갖추어야 할 조건

① 신뢰성 확보
② 신속성 확보
③ 안전성 확보
④ 고흡수에너지의 용량
⑤ 제어성 확보
⑥ 내마모성 확보

2 공기압력

① 절대압력 : 진공상태를 0으로 한 압력
② 상용압력, 게이지압력 : 대기압을 기본으로 한 압력

3 제동력

열차 또는 차량에 대하여 제동효과를 나타내는 힘

$$B = 마찰계수 \times 제륜자가\ 차륜을\ 누르는\ 힘 = \mu P$$

여기서, B : 제동력
　　　　μ : 마찰계수
　　　　P : 제륜자가 차륜을 누르는 힘

4 제동배율(레버비)

제동통 또는 인력에 의해서 얻어지는 힘이 몇 배가 되어 제륜자에 가해지는 비율

$$제동배율 = \frac{전\ 제륜자가\ 차륜을\ 누르는\ 힘(제륜자\ 총\ 압부력)}{제동통\ 피스톤에\ 작용하는\ 힘(제동\ 총원력)}$$

(1) 제동원력 계산식

$$W = A \times p = \frac{\pi d^2}{4} \times p$$

여기서, W : 제동원력[kgf]

A : 피스톤의 단면적

p : 피스톤에 작용하는 유효공기압력

d : 반지름

(2) 제동배율(N) 계산

① 2축 화차

$$N = \frac{a}{b} \times \frac{c+d}{d} \times 4$$

② 2축 객차

$$N = \frac{a}{b} \times \frac{c}{d} \times 8$$

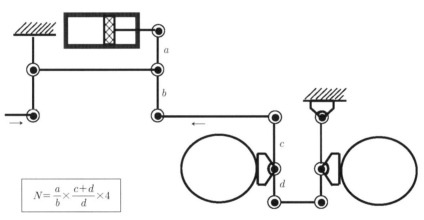

$$N = \frac{a}{b} \times \frac{c+d}{d} \times 4$$

┃2축 대차 화차┃

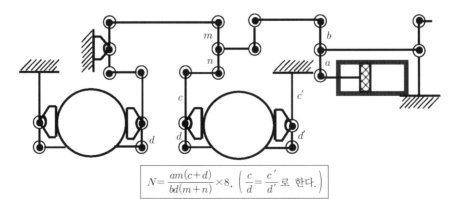

$$N = \frac{am(c+d)}{bd(m+n)} \times 8, \left(\frac{c}{d} = \frac{c'}{d'} \text{로 한다.} \right)$$

┃2축 대차 객차┃

(3) 차종별 제동배율

① 객화차 : 5∼9(8 정도가 적당)

② 전기기관차 : 6∼9

③ 전동차 : 8∼12

(4) 제동배율에 의한 일의 양 계산

제동배율은 제동통의 총압력과 제륜자 총압력과의 비이다. 피스톤이 한 일의 양과 제륜자가 한 일의 양은 이론상 같다.

$$피스톤\ 총압력 \times 피스톤\ 행정 = 제륜자\ 총압력 \times 제륜자의\ 평균\ 이동거리$$

$$제륜자\ 평균\ 이동거리 = \frac{피스톤\ 총압력 \times 피스톤\ 행정}{제륜자\ 총압력} = \frac{피스톤\ 행정}{제동배율}$$

(5) 제동배율의 증감에 따라

① 제동배율이 크면 : 약간의 제륜자 압력으로도 큰 피스톤 행정이 늘어나게 되며, 제동통 압력을 저하시켜 피스톤 행정 조정 빈도가 증가하게 된다.

② 제동배율이 작으면 : 제륜자와 차륜 간의 적당한 간격에 대하여 피스톤 행정이 너무 작게 되어 적당한 제동력의 가감이 곤란하다.

5 제동률

제동률은 제륜자 압력과 축중과의 비이며, 제동률이 너무 높으면 차륜이 활주한다.

(1) 제동률 계산식

일반적으로 전 제동률과 축 제동률은 같기 때문에 제동률이라 함은 축 제동률을 말한다. 일반적으로 차륜활주를 방지하기 위하여 제동통 압력을 $3.5kg/cm^2$로 제한한다.

$$전\ 제동률 = \frac{전\ 제륜자\ 압력}{전\ 차륜\ 축중} \times 100\%$$

$$축\ 제동률 = \frac{축에\ 작용하는\ 제륜자\ 압력}{제동축의\ 축중} \times 100\%$$

① 객화차 제동률(공차상태) : 80%

② 전동차 제동률(공차상태) : 95%

(2) 제동률 변화 조건

① 제동통의 직경

② 제동통 압력

③ 기초 제동장치의 제동배율

④ 기초 제동장치의 효율

■ 6 마찰계수의 특성

① 마찰계수는 제륜자 압력이 증가함에 따라 작아진다.

② 마찰계수는 속도의 증가에 따라 작아진다.

③ 마찰계수는 온도가 상승함에 따라 작아진다.

④ 마찰계수는 속도가 0이 되기 직전 급격히 증가하고 평균치의 1.5~2배에 달한다.

⑤ 주철제륜자는 일반적으로 마찰계수 0.32를 채용한다.

⑥ 레진제륜자는 속도에 따라 마찰계수 변화가 적으며, 고속역까지 약 0.28 정도의 평행한 특성을 나타낸다.

■ 7 제동효율

보통 50~90%이다.

$$제동효율 = \frac{\text{전 제륜자가 실제에 차륜을 누르는 힘}}{\text{제동통 피스톤에서 나오는 힘} \times 제동배율} \times 100\%$$

∴ 제륜자 총압부력(제동압력)

= 제동배율 × 제동효율 × 제동통 피스톤에서 나오는 힘(제동 총원력)

■ 8 제동관 감압과 제동통 압력관계

(1) 개요

① 제동통 행정 200mm일 때 제동통과 보조공기통 용적비 1 : 3.25

② 제동통 행정 200mm일 때 제동통과 부가공기통 용적비 1 : 7.8

③ 제동통 완해스프링 장력 : 0.35kg/cm² 이상 – 제동력 계산 시는 제동통 공기압력에서 제동통 완해스프링 장력(저항력)을 빼고 계산해야 한다.

④ 통상의 경우 제동관의 최소감압량 : 0.4kg/cm² 이상

(2) 제동통 내의 게이지 압력

① 게이지 압력

$$PI = \frac{\text{보조공기통 용적}}{\text{제동통 용적}} \times 제동관\ 감압량 - 1 = \frac{A}{C}r - 1$$

즉, 제동통 압력은 보조공기통과 제동통 용적비와 제동관 감압량에 비례한다.

② 피스톤 행정 200mm일 때 제동통 압력

$$PI = 3.25r - 1$$

③ 피스톤 행정 200mm 이외일 때 제동통 압력

$$PI = 3.25r \times \frac{200}{l} - 1$$

여기서, r : 제동관 감압량[kg/cm^2]

　　　　l : 제동관 피스톤 행정[mm]

(3) 무효감압

보조공기통과 제동통의 압력이 같게 된 후 그 이상의 감압, 즉 제동관 압력 5kg/cm^2, 피스톤 행정 200mm일 때 1.4kg/cm^2 이상의 감압을 무효감압이라 한다(LN 제동장치에서 상용제동 시 제동통 압력 3.6kg/cm^2, 비상제동 시 제동통 압력 4.5kg/cm^{2}이다).

9 제동력

제동력 = 마찰계수×제륜자 압력

(1) 점착력과 제동력의 상관관계

점착력 = μW, 제동력 = fP, $\mu W < fP$ → 차륜활주　　∴ $\mu W > fP$

$$\frac{P}{W} < \frac{\mu}{f} \ \text{또는} \ B = \frac{P}{W} \quad \therefore \ B = \frac{\mu}{f}$$

여기서, P : 제륜자 압력, μ : 점착계수, W : 차륜상 중량

　　　　B : 제동률, f : 제륜자 마찰계수

상기 식에 마찰계수를 대입해 보면 제동률은 125% 이상 할 수 없다. 즉 제동률은 $\frac{\mu}{f}$ 보다 작게 설계되어 있다. 제동력이 점착력보다 크면 활주할 가능성이 있으므로 제동력이 점착력보다 항상 작게 설계되어야 한다.

(2) 제동력 계산

공기제동 2축 대차 객차

$a = 290$mm, $b = 510$mm, $c = 250$mm, $d = 150$mm

$D = \phi 305$mm, $p = 3.5$kg/cm^2, $n = 0.9$, $\mu = 0.2$

제동배율 $N = \dfrac{a}{b} \times \dfrac{c}{d} \times 8 = \dfrac{290}{510} \times \dfrac{250}{150} \times 8 = 7.6$

피스톤이 밀어내는 힘 $PI = \dfrac{\pi}{4} \times 30.5^2 \times 3.5 = 2{,}556$ kg

∴ 제동력 $F = 2{,}556 \times 7.6 \times 0.9 \times 0.2 = 3{,}497$ kg

10 제동거리, 제동시간

(1) 공주거리, 공주시간

제동 수배를 한 후 제동효과가 나타나기까지의 시간과 그 사이에 주행하는 거리이다.

$$\text{공주거리}(S_1) = \frac{\text{제동초속도}(V_1)}{3.6} \times t = \frac{V_1}{3.6} \times t$$

여기서, S_1 : 공주거리, V : 제동초속도[km/h], t : 공주시간[sec]

공주거리는 제동초속도와 공주시간에 비례한다.

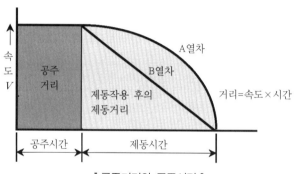

▎공주거리와 공주시간 ▎

(2) 실제동거리, 실제동시간

제동이 충분히 작용하면서부터 정지까지의 제동거리, 제동시간을 각각 실제동거리, 실제동시간이라 한다.

① 실제동거리$(S_2) = 4.17 \times \dfrac{WV^2}{F}$

② 실제동시간$(t_2) = 30 \times \dfrac{WV}{F}$

여기서, S : 실제동거리[m], W : 열차중량[ton], V : 제동초속도[km/h], F : 총제동력[kg]

🖈 열차저항을 적용한 실제동거리, 실제동시간

- 실제동거리$(S_2) = 4.17 \times \dfrac{V^2}{1,000\mu B + R_r \pm R_g + R_c}$

- 실제동시간$(t_2) = 30 \times \dfrac{V}{1,000\mu B + R_r \pm R_g + R_c}$

여기서, B : 제동률, R_r : 주행저항, R_g : 구배저항, R_c : 곡선저항, V : 제동초속도[km/h]

③ 실제동거리의 특징

    ㉠ 열차중량에 비례한다.

    ㉡ 제동초속도의 제곱에 비례한다.

    ㉢ 제동력에 반비례한다.

(3) 전제동거리, 전제동시간

① 전제동거리 = 공주거리 + 실제동거리 = $S_1 + S_2$

② 전제동시간 = 공주시간 + 실제동시간 = $t_1 + t_2$

11 공기제동 원리

(1) 부품

> 제동관 – 제어밸브 – 공기류 – 제동통

(2) 제동작용

① 완해 및 충기 작용 : 차량 간에 연결된 제동관에 의해서 압축공기가 송기되어 제어밸브 피스톤을 밀어 협로를 만들고 이 통로를 통하여 보조공기류에 충기되며 동시에 제동통의 압축공기는 대기 중으로 배출되는 이른바 제동완해와 충기가 동시에 이루어진다.

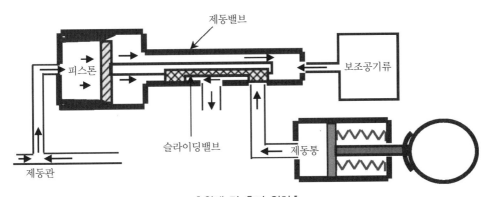

┃완해 및 충기 위치┃

② 제동작용 : 제동밸브의 조작에 의해 제동관의 압축공기를 대기에 배출·감압하면 제어밸브 피스톤은 보조공기류측의 압력과 제동관측의 압력차에 의하여 보조공기류의 압축공기가 제동통 내로 유입되어 제동체결한다.

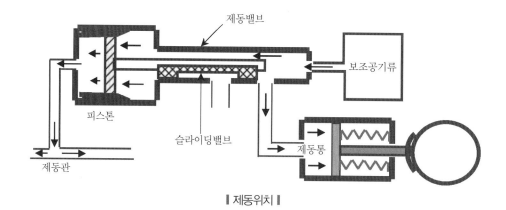

‖ 제동위치 ‖

③ 랩 위치(Lap position) : 제동관 감압을 중지하면 제동관, 보조공기, 제동통 3자의 연결이 차단되고 제동이 걸린 상태를 유지한다.

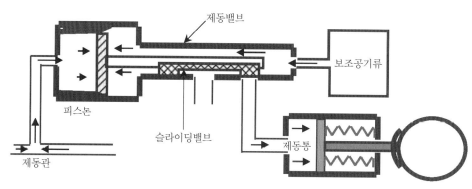

‖ 제동 랩 위치 ‖

21 제동장치

1 동력원에 의한 분류

① 수용제동 : 기계적인 장치를 이용한 제동장치
② 진공제동 : 피스톤쪽 → 진공, 반대쪽 → 공기공급
③ 공기제동 : 공기압을 이용한 제동장치
④ 전기제동 : 전기자의 역토크를 발생시켜 제동력을 얻는다(발전기의 원리). 발전된 전기를 저항기에서 소비하는 "저항제동방식"과 가공 전차선으로 보내어 변전소 또는 다른 차량에 회기시키는 "회생제동방식"이 있다.
⑤ 컨버터 제동 : 디젤동차에서 액체식 토크 컨버터를 통하여 에너지를 흡수하는 방식이다. 디젤기관의 엔진브레이크와 함께 고속용으로 사용되고 있으나 제동력이 크지 않다.

2 기계적인 제동장치

① 수용제동 : 사람의 힘으로 레버를 작동시켜 제동력을 얻는 방식으로 제동력이 약하기 때문에 보조적인 제동으로 사용한다.

② 증기제동 : 증기압을 이용하여 제동력을 작용시킨다.

③ 진공제동 : 진공과 대기와의 압력차($1.0336kg/cm^2$)를 이용하여 제동력을 작용시키는 것이다.

④ 공기제동 : 공기압력을 이용하여 제동력을 작용시키는 것으로 여러 가지 장점이 있어 제동장치의 표준으로 사용되어 왔다. 공기제동장치에는 직통제동, 자동제동, 전자자동제동 및 전자직통제동 등이 있다.

ㄱ 직통제동장치 : 주공기통(MR)과 제동변직통관(BP) 및 제동통(BC)을 연결하여 제동변 조작에 의해 압력공기를 직통관을 경유하여 제동통 내에 공급함으로써 제동작용을 하는 것이며, 장치가 간단하고 다양한 제동제어가 이루어지나 직통관이 절손되면 제동이 체결되지 않는 결점이 있다. 그리고 장대한 열차 편성인 경우에도 제동전달시간이 오래 걸린다.

ㄴ 자동제동장치 : 전 열차에 관통제동장치를 설치하여 여기에 일정한 압력공기를 관통하여 관통된 압력공기를 감압함으로서 자동적으로 제동이 체결되는 것이다. 여기에 전자 급배변의 전기회로를 설치하여 동기작용을 확실하게 할 수 있도록 전자자동제동이 채택되고 있다.

ㄷ 전자직통제동장치 : 직통제동에서 사용하는 직통관으로부터 직접 제동통에 압력공기를 공급 또는 배출시켜 제동작용을 시키나 직통과의 급배기를 전기적으로 하면 각 차에 시간적 차이가 없어져 장대한 편성이라도 다양한 제동제어가 가능하게 된다.

3 제동력 발생방법에 의한 분류

(1) 마찰저항

① 답면제동 : 차륜답면에 직접 마찰작용(단식, 복식)

② 디스크제동 : 답면제동의 차륜마모를 보완한 것으로 차축에 디스크 설치

③ 드럼제동 : 차축에 고정되어 있는 제동드럼을 내·외측에서 브레이크라이닝을 확장하여 조여 제동함

(2) 레일제동

'트랙 브레이크'라고도 하며 브레이크슈를 직접 레일에 밀어 붙여 레일과 브레이크슈 간 마찰력을 이용한다.

4 제동장치의 구비조건

① 신뢰성 : 제동작용이 2~3중으로 안전대책이 요구됨
② 신속성 : 열차 안전을 위하여 필수적
③ 안전성 : 안전성을 고려한 적절한 제동력
④ 고흡수에너지 용량 : 마찰제동에 의한 열을 흡수, 발산능력이 커야 함
⑤ 제어성 확보 : 전차량에 제동제어 가능

5 발전제동과 회생제동

전기제동은 주전동기에 의해 제공되며, 감속도는 가속 시와 같이 운전 요구치, 속도, 승객하중 등 현 상태를 수합하여 컴퓨터 연산에 의하여 조절된다.

역행 시에는 전동기의 역할, 제동 시에는 발전기로 작용하며 여기서 발생하는 전력을 소비하는 방식에 따라 전력을 저항기에서 열에너지로 소비하는 방식을 발전제동이라 하고, 발전전압을 가선으로(전차선) 되돌려 보내지는 방식을 회생제동이라 한다.

(1) 발전제동

발전제동으로서는 전동기 회로에 주저항기를 접속하여 전기적 에너지를, 다시 주저항기로서 열에너지로 바꾸어 대기에 발산시킨다.

① 원리 : 발전기가 회전하여 전압을 유기하면 전압을 유기한 전기자 선륜보다 더 많은 자력선을 절단하기 때문에 플레밍에 의하여 회전력이 생긴다. 회전력은 최초의 회전력 반대방향으로 생긴다. 이 회전력을 역토크라 하고 발전제동에 응용한다. 좌측 방향으로 회전한다고 하여 N측에는 ⓧ, S측에는 ⊙의 방향에 전압이 유기된다. 이때 전압을 유기한 선륜은 더 많은 자력선을 절단하기 때문에 좌측 방향으로 회전한다. 이 회전력을 제동력으로 사용한다. 이것은 역행일 때의 회전력과 같은 자력선수와 전류의 곱에 비례한다. 따라서 역행 시 손실되는 철손 및 기계손이 발전제동일 때는 유효한 제동력이 된다.

② 장점
　㉠ 차륜 이완 및 찰상이 발생하지 않음
　㉡ 공주시간 단축, 고속에서 균일한 제동력
　㉢ 마찰제동 시 발생하는 철분에 의한 전기기기 오염방지 및 자재 절약, 사고 방지
　㉣ 연속 하구배에서 속도제어가 용이하고 구조가 간단함

③ 단점
　㉠ 전기제동의 고장 및 저속도 시 제동력이 약함
　㉡ 공기제동의 병설 필요
　㉢ 저항기가 별도로 필요
　㉣ 견인전동기 부하율이 높아지기 때문에 견인전동기의 용량을 크게 할 필요가 있음
　㉤ 전기회로가 복잡함

(2) 회생제동

① 원리 : 견인전동기는 제동력에 의해 발전기로 작용하고, 제동력은 최대속도에서 매우 낮은 속도까지 작용하며, 발전전력은 가능한 한 AC 25kV 전압이 가선측으로 되돌려 보내진다. 이때 가선 및 과전압 저항기에서 충분히 수용되어야만 가능할 것이며, 만일 그렇지 못할 경우 전기제동은 차단되며 곧바로 공기제동으로 전환된다. 제동모드에서 VVVF 인버터는 전동기의 속도보다는 적은 주파수를 발생하고 전동기는 (−)슬립과 (−)토크를 발생하는 것이 전기제동이다. 전동기는 발전기로 작용하고 발전된 유도전압은 VVVF 인버터 → LFC(Line Filter Capacitor) → 가선으로 보내진다. 만일 가선이 LFC(Line Filter Capacitor) 전압을 수용하지 못하면 전차 내 과전압 Chopper 장치가 동작하여 제동전원은 과전압 저항기로 흡수시키고 공기제동으로 전환한다. 가선의 수용상태는 타 차량의 역행, 제동모드에 따라 순간 변화할 것이며, 다시 가선이 전기제동 전원을 수용할 때에는 LFC (Line Filter Capacitor) 전압은 떨어질 것이며 과전압 Chopper는 Turn off된다.

② 특징

㉠ 발전기 단자 전압은 전차선 전압에 의하여 결정된다.

㉡ 소속 주행 중 제동 체결 시에는 계자를 약하게 하여야 하므로 제동력 부족분을 보조 제동력으로 충당한다.

㉢ 속도가 저하될 때 계자를 강하게 하지 않으면 전차선 전압보다 높은 발전전압이 유지되지 않으므로 부득이 계자를 강하게 하여야 한다.

③ 문제점 : 계자제어 범위 확대 − 보상권선의 실용화에 의해 해결하고 제어장치가 복잡하다.

④ 견인과 회생

㉠ 유도전동기는 슬립이 ⊕일 때 견인, ⊖일 때 제동토크가 발생한다.

㉡ 유도전동기를 걸려고 할 때에는 전동기 회전수보다 인버터 주파수를 낮춰주면 전동기는 발전기가 되며 제동체결이 된다.

6 와전류 제동

(1) 와전류 레일 제동

① 레일과 차륜 간의 점착에 의존하지 않는 비접촉식 제동방식으로써 최근 각 국의 초고속열차에서 시험 중인 새로운 제동시스템이다.

② 레일에 근접하고 내부에 전자석을 내장한 브레이크편을 장비하여 제동작용 시 여자된 전자석과 레일과의 상대유동에 의해 레일면에 유기되는 와전류에 의해 발생하는 제동력을 이용한다.

③ 점착에 의존하지 않기 때문에 이론적으로 자유롭게 제동력을 얻지만 레일과의 틈에 한도가 있고, 제동 시에 레일의 온도가 상승되고 대차 프레임에 부착되므로 차량의 무게가 상승하는 요인이 되기도 하며 일반적으로 제동력의 30% 정도 부담한다.

④ 레일 절손 시 대책(레일이 브레이크편에 흡착할 우려) 및 중량 문제가 해결되어야 실용화가 가능하다.

(2) 와전류 디스크 제동

① 동일한 원리로 (와전류 레일 제동) 레일 대신 차축의 디스크로 이행하는 방식으로 디스크 제동과 달리 마찰부분이 없기 때문에 항상 안정된 제동력을 얻는다.

② 디스크 열응력 관점에서는 바람직하나 설치장소 문제 및 가격 등에서 불리하다.

③ 그 밖에 전자 흡착 제동은 레일과 차상 브레이크편을 전기적으로 압착하는 방식이고, 기계적으로 압착하는 카보런덤(Carborundum) 제동이 급구배 일부 철도에서 사용하고 있다.

단원 핵심정리 한눈에 보기

(1) 차종별의 약호

차종별	약 호
SL	증기기관차
EL	전기기관차
DL	디젤기관차
EC	전기동차
DC	디젤동차
PC	객차
FC	화차

(2) 주행모드

- 역행모드(가속모드)
- 타행모드
- 제동모드

(3) 열차속도

- 최고운전속도(Maximum speed) : 영업운전상의 최고속도
- 균형속도 : 견인력과 열차저항이 똑같이 되는 속도
- 평균속도

$$평균속도(\text{A} \sim \text{B역 사이}) = \frac{\text{A} \sim \text{B역 간의 거리[km]}}{\text{A} \sim \text{B역 간의 소요시간[h]}}$$

- 표정속도 : 시발역부터 종착역까지 평균속도에 도중역에서의 정차시분도 계산에 넣어 표시한 것

$$표정속도 = \frac{\text{구간거리[km]}}{\text{역 정차시간을 포함한 구간 소요시간[h]}}$$

(4) 제한속도(Limits speed)

운전의 안전확보를 위해 여러 가지 조건으로 보아 제한을 가한 속도

(5) 표정속도 증가방법

- 운전시분을 단축한다.
- 정차역을 줄인다.
- 정차시간을 짧게 한다.
- 최고속도를 향상시킨다.
- 가속도와 감속도를 모두 크게 한다.

(6) 열차저항

- 출발저항(기동저항, Starting resistance) : 열차가 정지로부터 출발할 때 차축과 베어링, 치차와 치차 사이에서 유막이 얇아짐으로 인해 금속과 금속이 접촉하여 발생하는 것
- 주행저항(Running resistance) : 주행 시에 차축과 베어링, 차륜과 레일 간의 마찰저항과 주행시의 공기저항을 합한 것
- 구배저항(경사저항, Grade resistance) : 열차의 중력방향과 반대로 구배를 오를 때 받는 저항
- 곡선저항(Curve resistance) : 열차가 곡선궤도를 통과 시 원심력 및 양궤도의 길이차로 인한 차륜과 레일 간의 마찰에 의해 발생하는 저항
- 가속저항(Accelerating resistance) : 정지하고 있던 열차가 출발하여 일정한 속도에 도달하면 저항과 견인력이 같아지게 되는데, 이때 열차는 등속도 운동을 하게 된다. 이 상태에서 속도를 높이려면 견인력이 필요한데, 이 여분의 견인력을 발생하게 하는 저항
- 터널저항(Tunnel resistance) : 터널주행 시 발생하는 저항

(7) 고도(Cant)

곡선부에서 원심력 때문에 차체가 외측으로 넘어지려는 것을 막기 위하여 외측 궤조를 약간 높여주는 것

(8) 확도(Slack)

확도는 곡선궤도를 운행할 때 차륜 연부와 궤조두부의 측면 사이의 마찰을 피하기 위하여 내측 궤조의 궤간을 넓히는 것

(9) 고정축거, 전륜축거

- 고정축거 : 한 대차의 최전부 차축과 최후부 차축의 중심 수평거리
- 전륜축거 : 한 차량의 전후 양단에 있는 차축의 중심 수평거리
- 대차 중심 간 거리 : 한 차량의 전후 대차의 중심 수평거리

(10) 차량한계

차량을 운행 중 국유철도 건설규칙에 의해 건조된 구조물에 접촉되지 않도록 차량의 단면, 즉 폭과 높이에 대하여 제한한 것

(11) 건축한계

궤조면상의 중심에서 건축한계의 내부, 즉 안쪽으로는 어떠한 구조물도 열차의 안전 운행상 설치할 수 없도록 국유철도 건설규칙에 제정되어 있는 한계

(12) 편의

차량의 길이가 긴 차량이 반경이 작은 곡선을 통과할 때 궤도의 중심선과 차량의 중심선이 일치되지 않고 차체의 중앙부는 곡선의 안쪽으로, 양단부는 곡선의 바깥쪽으로 벗어나는 현상

(13) **탈선계수** : 수직압력에 대한 횡압의 비

(14) **Nadal식**

- $\dfrac{Q}{P} = \dfrac{\tan\theta - \mu}{1 + \mu\tan\theta}$: 타오르기 탈선

- $\dfrac{Q}{P} = \dfrac{\tan\theta + \mu}{1 - \mu\tan\theta}$: 미끄러져 오르기 탈선

(15) **철도차량 스프링의 구비조건**
- 하중과 변형의 관계가 가급적 일정할 것
- 탄성에너지의 흡수 또는 축적이 가능할 것
- 고유진동의 성질을 가질 것
- 외부의 진동을 절연하고 충격을 완화할 것

(16) **공기스프링의 장점**
- 내구성이 우수하다.
- 자동제어가 가능하다.
- 서징 현상이 없다.
- 스프링상수를 낮게 취할 수 있다.
- 방음효과가 높다.
- 고주파 진동에 절연성이 높다.

(17) **회전운동**
- Rolling(롤링) : X축을 중심으로 회전
- Pitching(피칭) : Y축을 중심으로 회전
- Yawing(요잉, 사행동) : Z축을 중심으로 회전

(18) **사행동 방지책**
- 사행동 파장을 길게
- 궤간을 넓게
- 차륜직경을 크게
- 답면구배를 작게
- 대차로부터의 윤축지지를 강하게(Spring 및 댐퍼 사용)

(19) **동력분산식 열차의 장점(동력집중식 열차의 단점)**
- 구동축이 많으므로 견인력을 크게 하는 것이 용이하고 높은 가속력을 얻을 수 있다.
- 동력분산식 열차는 차량편성을 분할하거나 병합하는 것이 용이하다.
- 대도시 통근과 같은 승객의 대량수송(Mass transportation)에는 절대적이다.
- 열차길이가 짧다.

- 편성열차 1량당 동력을 크게 하는 것이 가능하므로 산악이 많은 나라나 선로구배가 많은 철도에 유리하다.
- 방향전환할 필요가 없다.
- 동력을 분산하면 궤도의 건설 및 유지보수 측면에서 유리하다.
- 중도역에서의 중련 및 분리가 용이하며 단시간에 할 수 있다.

⑳ 동력집중식 열차의 장점(동력분산식 열차의 단점)

- 진동, 소음 때문에 승차감의 저하가 적다.
- 유지보수 비용이 적게 든다.
- 가선의 마모와 집전 소음이 적다.
- 여객·화물열차에 공통 사용이 가능하므로 차량의 운용이 용이하고 사용효율이 높다.
- 객차·화차의 구조가 간단하므로 제작비가 저렴하고 기타 설비가 필요없다.

㉑ 제동장치가 갖추어야 할 조건

- 신뢰성 확보
- 신속성 확보
- 안전성 확보
- 고흡수에너지의 용량
- 제어성 확보
- 내마모성 확보

㉒ 공주거리

제동 수배를 한 후 제동효과가 나타나기까지의 시간과 그 사이에 주행하는 거리

$$공주거리(S_1) = \frac{제동초속도(V_1)}{3.6} \times t = \frac{V_1}{3.6} \times t$$

㉓ 제동작용

- 완해 및 충기작용
- 제동작용
- 랩 위치(Lap position)

㉔ 발전제동과 회생제동

- 발전제동 : 전동기 회로에 주저항기를 접속하여 전기적 에너지를, 다시 주저항기로서 열에너지로 바꾸어 대기에 발산시킨다.
- 회생제동 : 전동기는 발전기로 작용하고 발전된 유도전압은 VVVF인버터 → LFC (Line Filter Capactor) → 가선으로 보내진다.

기출 · 예상문제

01 다음 중 회생제동에 대한 설명은?

① 전자석을 내장한 브레이크편을 장비하여 제동작용 시 여자된 전자석과 레일과의 상대유동에 의해 레일면에 유기되는 와전류에 의해 발생하는 제동력을 이용하는 제동

② 브레이크슈를 직접 레일에 밀어 붙여 레일과 브레이크슈 간 마찰력을 이용

③ 전동기 회로에 주저항기를 접속하여 전기적 에너지를 다시 주저항기로서 열에너지로 바꾸어 대기에 발산

④ 견인전동기는 제동력에 의해 발전기로 작용하고 발전된 전압은 가선으로 되돌려주는 제동

해설 견인전동기는 제동력에 의해 발전기로 작용하고, 제동력은 최대속도에서 매우 낮은 속도까지 작용하며, 발전전력은 가선측으로 되돌려 보내진다.

02 표정속도 증가방법의 내용이 아닌 것은?

① 운전시간 단축
② 정차역을 줄임
③ 최고속도 향상
④ 정비품질 향상

해설 표정속도 증가방법
• 운전시분을 단축한다.
• 정차역을 줄인다.
• 정차시간을 짧게 한다.
• 최고속도를 향상시킨다.
• 가속도와 감속도를 모두 크게 한다.

03 차종별 약호로 바르지 않은 것은?

① EL : 전기기관차 ② DL : 디젤기관차
③ DC : 디젤동차 ④ FC : 객차

해설 차종별 약호

차종별	약 호
SL	증기기관차
EL	전기기관차
DL	디젤기관차
EC	전기동차
DC	디젤동차
PC	객차
FC	화차

04 차량한계에 대한 설명이 아닌 것은?

① 차량의 단면, 즉 높이와 넓이에 대하여 제한한 것이다.
② 차량이 궤도에 대하여 경사지지 않을 때 차량의 어떠한 부분도 이 한계 외로 나오지 못하도록 되어 있다.
③ 차량의 운전에 지장이 없도록 궤도상에 일정 공간을 유지하기 위한 한계이다.
④ 정지 시 열린 문에 대해서는 한계 외로 나가도 된다.

05 차량 진동에 대한 설명이 바르지 않은 것은?

① Rolling(롤링) : X축을 중심으로 회전
② Pitching(피칭) : Y축을 중심으로 회전
③ Yawing(요잉) : Z축을 중심으로 회전
④ 사행동 : Y축을 중심으로 좌·우로 회전

정답 01. ④ 02. ④ 03. ④ 04. ④ 05. ④

해설 사행동

윤축은 일체구조이기 때문에 차륜직경이 큰 쪽의 차륜이 빨리 진행되고, 차륜이 레일에 대하여 어느 정도 각을 발생시켜 차체가 편의되는 현상이 반복되는 것을 말한다.

06 점착력에 대한 설명 중 바르지 않은 것은?

① 답면과 레일 간의 접촉면의 마찰저항이다.
② 동륜이 레일 위를 누르는 힘이다.
③ $T = \mu \times W$로 표현할 수 있다.
④ 점착력보다 견인력이 크면 공전이 일어난다.

해설 점착력이란 차륜답면과 레일 접촉면과의 마찰력을 말한다.

07 열차의 속도에 대한 설명 중 표정속도를 표현한 것은?

① 영업운전상의 최고속도
② 견인력과 열차저항이 똑같이 되는 속도
③ 평균속도에 도중역에서의 정차시간도 계산에 넣은 속도
④ A~B역 간의 거리를 A~B역 간의 소요기간으로 나눈 속도

해설 표정속도
시발역부터 종착역까지 평균속도에 도중역에서의 정차시분도 계산에 넣어 표시한 것을 말한다.

08 열차의 사행동을 감소하기 위한 방안으로 적합하지 않은 것은?

① 궤간을 넓게 한다.
② 차륜경을 크게 한다.
③ 차륜답면 구배를 완만하게 한다.
④ 속도를 증가시킨다.

해설 사행동 방지책
• 사행동 파장을 길게
• 궤간을 넓게
• 차륜직경을 크게
• 답면구배를 작게
• 대차로부터의 윤축지지를 강하게(Spring 및 댐퍼 사용)

09 열차저항은 다음 식으로 표현될 수 있다. 식의 상수 a, b, c의 값으로 바르지 않은 것은?

$$TR = a + bV + cV^2$$

① a는 기계부분의 마찰저항이다.
② b는 플랜지와 레일 사이의 마찰저항이다.
③ c는 공기저항이다.
④ a는 차량의 동요에 의한 저항이다.

해설 열차저항
$TR = a + bV + cV^2$
여기서, a : 기계부분의 마찰저항
　　　 b : 플랜지와 레일 사이의 마찰저항
　　　 c : 공기저항

10 열차 속도에 대한 표현 중 균형속도를 의미하는 것은?

① 영업운전상의 최고속도
② 견인력과 열차저항이 똑같이 되는 속도
③ 역간 거리를 소요시간으로 나눈 속도
④ 평균속도에 도중역에서 정차시간도 포함한 속도

해설 균형속도
견인력과 열차저항이 똑같이 되는 속도로서 더 이상 속도를 증가시킬 수 없다. 최고운전속도는 바로 이 균형속도에 의해 좌우된다.

11 열차 사행동의 원인이 되는 것은?

① 차륜답면의 구배
② 열차의 속도
③ 레일의 구배
④ 축 중심의 불일치

12 동력분산식의 단점에 해당되지 않는 것은?

① 견인력이 크고 큰 가속력을 얻을 수 있다.
② 승차감의 저하를 피할 수 없다.
③ 정비 보수비용이 많이 든다.
④ 팬터수의 증가로 가선의 마모를 증대시
키고 집전소음이 증가한다.

[해설] 동력분산식 열차의 단점
• 동력분산식 열차는 상하의 동력기기에 의한
진동·소음 때문에 승차감의 저하를 피할
수 없다.
• 동력분산 열차는 동력장치의 수가 많아 점
검·정비 범위도 광범위하여 정비 보수비용
이 많이 든다.
• 동력분산식 열차는 팬터그래프의 수가 많아
가선의 마모를 증대시키고 집전소음이 증가
한다.

13 차축발열의 원인이 아닌 것은?

① 과적 및 편적
② 빗물이 축상 내에 침입
③ 저널면 불량
④ 차륜직경 감소

[해설] 차륜직경 감소는 차축발열과 관계 없다.

14 대차의 역할이 아닌 것은?

① 차체의 하중 지지
② 견인력과 제동력 전달
③ 승차감 및 안정성 유지
④ 점착력 향상

[해설] 대차의 역할
• 차체의 하중 지지
• 견인력과 제동력 전달
• 승차감 및 안정성 유지

15 열차저항 중 주행하는 것에 따라 발생하
는 것이 아닌 것은?

① 출발저항
② 구배저항
③ 주행저항
④ 가속도저항

[해설] 구배저항은 열차의 중력방향과 반대로 구배
를 오를 때 받는 저항이다.

16 견인력, 점착력, 제동력의 관계에서 공
전이 발생하는 이유는?

① 제동력 > 점착력
② 제동력 < 점착력
③ 견인력 > 점착력
④ 견인력 < 점착력

[해설] • 견인력 > 점착력 : 공전 발생
• 제동력 > 점착력 : 활주 발생

CHAPTER

07

안전관리

CHAPTER 07 안전관리

01 산업안전 일반

1 안전의 정의

안전이란 일반적으로 위험이 없거나 위험하지 않은 상태를 말한다. 넓은 의미로 안전은 공중시설이나 사회적 시설물이 위험으로부터 안전한 상태를 말하는 것으로 사회적 안전이라고 하며, 협의적인 의미로 안전은 산업현장의 안전, 즉 산업안전을 말한다.

2 안전관리의 정의

안전관리는 생산성의 향상과 재해로부터 손실의 최소화를 위하여 비능률적 요소인 사고가 발생하지 않은 상태를 유지하기 위한 활동이며, 재해로부터 인간의 생명과 재산을 보호하기 위한 계획적이고 체계적인 활동을 의미한다.

3 산업안전의 목적

산업안전의 목적은 인명존중, 즉 인도주의 이념에서 출발한다. 산업활동에서 일어나는 모든 위험요소를 제거하여 사고를 예방하며 또 과학과 기술 혁신으로 수반되는 새로운 형태의 유해·위험요인을 사전에 제거함으로써 근로자는 물론 모든 사람이 안전하고 쾌적한 여건에서 행복한 생활을 누릴 수 있도록 하는 데 목적을 둔다.

4 산업안전 용어

(1) 안전사고(Accident)

안전사고란 고의성이 없는 어떤 불안전한 행동이나 불안전한 상태로 인해 작업능률을 떨어뜨리거나 직·간접적으로 인명이나 재산상의 피해와 손실을 가져올 수 있는 사건(Event, Occurrence)을 말한다.

(2) 재해(Accident, Injury)

재해란 사고의 결과로서 일어난 인명이나 재산상의 손실을 가져올 수 있는 계획되지 않거나 예상하지 못한 사건을 말한다. 재해 중에서 인명의 상해를 수반하는 경우가 대부분인데 이 경우를 상해라 하고, 인명 상해나 물적손실 등 일체의 피해가 없는 사고를 아차사고라 한다.

(3) 산업재해

근로자가 업무에 관계되는 건설물, 설비, 원재료, 가스, 증기, 분진 등이나 작업, 기타 업무에 의해 사망, 부상 또는 질병에 걸리는 것을 말한다.

(4) 산업재해율(%)

$$\frac{재해자수}{전체\ 근로자수} \times 100$$

(5) 도수율(빈도율)

$$\frac{재해건수}{근로\ 총시간수} \times 1,000,000$$

(6) 강도율

$$\frac{근로손실일수}{근로\ 총시간수} \times 1,000$$

(7) 아차사고

인적 피해가 없는 무(無)인명상해와 물적 피해가 없는 무(無)재산손실 사고를 말한다.

(8) 중대재해

화학공장의 폭발, 건설공사에서의 추락, 붕괴사고 등과 같이 근로자를 사망에 이르게 하거나 일시에 다수의 사상자를 유발하는 재해를 말한다.

① 사망자가 1인 이상 발생한 재해
② 3월 이상의 요양을 필요로 하는 부상자가 동시에 2인 이상 발생한 재해
③ 부상자 또는 질병자가 동시에 10인 이상 발생한 재해

(9) 페일 세이프(Fail safe)

인간 또는 기계의 과오나 오작동이 있어도 사고 및 재해가 발생하지 않도록 2중, 3중으로 안전장치를 한 엄격한 안전시스템을 말한다.

(10) 풀 프루프(Fool proof)

기계나 기기를 사용하는 사람이 실수할 수 없도록 사전에 예방장치를 마련하는 개념을 풀 프루프라 한다.

5 안전기준 및 재해

(1) 안전기준

산업체 종사원의 안전을 유지하고 재해를 방지하기 위한 시설 설비와 그 취급에 관해 준수해야 하는 규칙을 말한다.

(2) 산업재해의 정의

① 법적 정의 : 노무를 제공하는 사람이 업무와 관계되는 건설물·설비·원재료·가스·증기·분진 등에 의하거나 작업 또는 그 밖의 업무로 인하여 사망 또는 부상하거나 질병에 걸리는 것을 말한다.

② 1962년 국제노동기구(ILO ; International Labor Organization)의 정의 : 사고란 사람이 물체나 물질 또는 타인과의 접촉에 의해서 물체나 작업조건 속에 몸을 두었기 때문에 또는 근로자의 작업동작 때문에 사람에게 상해를 주는 사건이 일어나는 것을 말한다.

(3) 산업재해의 분류

① 상해 종류별 분류
- 골절 : 뼈가 부러진 상해
- 동상 : 저온물 접촉으로 생긴 동상 상해
- 부종 : 국부의 혈액순환의 이상으로 몸이 퉁퉁 부어오르는 상해
- 찔림(자상) : 칼날 등 날카로운 물건에 찔린 상해
- 타박상(뻠, 좌상) : 타박, 충돌, 추락 등으로 피부 표면보다는 피하조직 또는 근육부를 다친 상해
- 절단(절상) : 신체 부위가 절단된 상해
- 중독, 질식 : 음식물, 약물, 가스 등에 의한 중독이나 질식된 상해
- 찰과상 : 스치거나 문질러서 피부가 벗겨진 상해
- 베임(창상) : 창, 칼 등에 베인 상해
- 화상 : 화재 또는 고온물 접촉으로 인한 상해
- 뇌진탕 : 머리를 세게 맞았을 때 장해로 일어난 상해
- 익사 : 물속에 추락하여 익사한 상해
- 피부병 : 직업과 연관되어 발생 또는 악화되는 모든 피부질환
- 청력장애 : 청력이 감퇴 또는 난청이 된 상해
- 시력장애 : 시력이 감퇴 또는 실명된 상해

② 재해 발생형태
- 떨어짐
  - 높이가 있는 곳에서 사람이 떨어짐
  - 사람(인력)에 의하여 건축물, 구조물, 가설물, 수목, 사다리 등의 높은 장소에서 떨어지는 것
- 넘어짐
  - 사람이 미끄러지거나 넘어짐
  - 사람이 거의 평면 또는 경사면, 층계 등에서 구르거나 넘어지는 경우
- 깔림, 뒤집힘
  - 물체의 쓰러짐이나 뒤집힘

– 기대어져 있거나 세워져 있는 물체 등이 쓰러져 깔린 경우 및 지게차 등의 건설기계 등이 운행 또는 작업 중 뒤집어진 경우

• 부딪힘, 접촉
  – 물체에 부딪힘, 접촉
  – 재해자 자신의 움직임, 동작으로 인하여 기인물에 접촉 또는 부딪히거나, 물체가 고정 부에서 이탈하지 않은 상태로 움직임(규칙, 불규칙) 등에 의하여 접촉한 경우

• 맞음
  – 날아오거나 떨어진 물체에 맞음
  – 고정되어 있던 물체가 고정부에서 이탈하거나 또는 설비 등으로부터 물질이 분출되어 사람을 가해하는 경우

• 끼임
  – 기계설비에 끼이거나 감김
  – 두 물체 사이의 움직임에 의하여 일어난 것으로 직선운동하는 물체 사이의 끼임, 회전 부와 고정체 사이의 끼임, 롤러 등 회전체 사이에 물리거나 또는 회전체 돌기부 등에 감긴 경우

• 무너짐
  – 건축물이나 쌓인 물체가 무너짐
  – 토사, 건축물, 가설물 등이 전체적으로 허물어져 내리거나 또는 주요 부분이 꺾어져 무너지는 경우

• 감전(전류 접촉) : 충전부 등에 신체의 일부가 직접 접촉하거나 유도전류의 통전으로 근 육의 수축, 호흡곤란, 심실세동 등이 발생한 경우 또는 특별고압 등에 접근함에 따라 발생한 섬락 접촉, 합선, 혼촉 등으로 인하여 발생한 아크에 접촉된 경우

• 이상온도 노출, 접촉 : 고·저온 환경 또는 물체에 노출, 접촉된 경우

• 유해·위험물질 노출, 접촉 : 유해·위험물질에 노출, 접촉 또는 흡입하였거나 독성동물 에 쏘이거나 물린 경우

• 산소 결핍, 질식 : 유해물질과 관련 없이 산소가 부족한 상태, 환경에 노출되었거나 이물질 등에 의하여 기도가 막혀 호흡기능이 불분명한 경우

• 소음 노출 : 폭발음을 제외한 일시적, 장기적인 소음에 노출된 경우

• 이상 기압 노출 : 고·저기압 등의 환경에 노출된 경우

• 유해광선 노출 : 전리 또는 비전리 방사선에 노출된 경우

• 폭발 : 건축물, 용기 내 또는 대기 중에서 물질의 화학적·물리적 변화가 급격히 진행되어 열, 폭음, 폭발 압력이 동반하여 발생하는 경우

• 화재 : 가연물에 점화원이 가해져 비의도적으로 불이 일어난 경우를 말하며, 방화는 의도 적이기는 하나 관리할 수 없으므로 화재에 포함한다.

• 부자연스러운 자세 : 물체의 취급과 관련 없이 작업환경, 설비의 부적절한 설계, 배치로 작업자가 특정한 자세, 동작을 장시간 취하여 신체의 일부에 부담을 주는 경우

- 과도한 힘, 동작 : 물체의 취급과 관련하여 근육의 힘을 많이 사용하는 경우로서 밀기, 당기기, 지탱하기, 들어올리기, 돌리기, 잡기, 운반하기 등과 같은 행위, 동작
- 반복적 동작 : 물체의 취급과 관련하여 근육의 힘을 많이 사용하지 않는 경우로서 지속적 또는 반복적인 업무 수행으로 신체의 일부에 부담을 주는 행위, 동작
- 신체 반작용 : 물체의 취급과 관련 없이 일시적이고 급격한 행위, 동작, 균형 상실에 따른 반사적 행위 또는 놀람, 정신적 충격, 스트레스 등
- 압박, 진동 : 재해자가 물체의 취급 과정에서 신체 특정 부위에 과도한 힘이 편중, 집중, 눌린 경우나 마찰 접촉 또는 진동 등으로 신체에 부담을 주는 경우
- 폭력 행위 : 의도적인 또는 의도가 불분명한 위험 행위(마약, 정신질환 등)로 자신 또는 타인에게 상해를 입힌 폭력, 폭행을 말하며, 협박, 언어, 성폭력 및 동물에 의한 상해 등도 포함한다.

6 안전보건표지

❙ 안전 · 보건표지의 종류와 형태(제38조 제1항 관련, 산업안전보건법 시행규칙 [별표 6]) ❙

1. 금지표지

101 출입금지	102 보행금지	103 차량통행 금지	104 사용금지	105 탑승금지	106 금연	107 화기금지	108 물체이동 금지

2. 경고표지

201 인화성물질 경고	202 산화성물질 경고	203 폭발성물질 경고	204 급성독성 물질 경고	205 부식성물질 경고	206 방사성물질 경고	207 고압전기 경고	208 매달린 물체 경고

209 낙하물 경고	210 고온 경고	211 저온 경고	212 몸균형 상실 경고	213 레이저광선 경고	214 발암성 · 변이원성 · 생식 독성 · 전신독성 · 호흡기 과민성 물질 경고		215 위험장소 경고

3. 지시표지

301 보안경 착용	302 방독마스크 착용	303 방진마스크 착용	304 보안면 착용	305 안전모 착용	306 귀마개 착용	307 안전화 착용	308 안전장갑 착용	309 안전복 착용

4. 안내표지

401 녹십자표지	402 응급구호표지	403 들것	404 세안장치	405 비상용 기구	406 비상구	407 좌측비상구	408 우측비상구

5. 관계자외 출입금지

501 허가대상물질 작업장	502 석면 취급/해체 작업장	503 금지대상물질의 취급 실험실 등
관계자외 출입금지 **(허가물질 명칭) 제조/사용/보관 중** 보호구/보호복 착용 흡연 및 음식물 섭취 금지	**관계자외 출입금지** **석면 취급/해체 중** 보호구/보호복 착용 흡연 및 음식물 섭취 금지	**관계자외 출입금지** **발암물질 취급 중** 보호구/보호복 착용 흡연 및 음식물 섭취 금지

6. 문자추가시 예시문

- 내 자신의 건강과 복지를 위하여 안전을 늘 생각한다.
- 내 가정의 행복과 화목을 위하여 안전을 늘 생각한다.
- 내 자신의 실수로써 동료를 해치지 않도록 안전을 늘 생각한다.
- 내 자신이 일으킨 사고로 인한 회사의 재산과 손실을 방지하기 위하여 안전을 늘 생각한다.
- 내 자신의 방심과 불안전한 행동이 조국의 번영에 장애가 되지 않도록 하기 위하여 안전을 늘 생각한다.

[비고] 아래 표의 각각의 안전·보건표지(28종)는 다음과 같이 「산업표준화법」에 따른 한국산업표준(KS S ISO 7010)의 안전표지로 대체할 수 있다.

안전·보건표지	한국산업 표준	안전·보건표지	한국산업표준
102	P004	302	M017
103	P006	303	M016
106	P002	304	M019
107	P003	305	M014
206	W003, W005, W027	306	M003
207	W012	307	M008
208	W015	308	M009
209	W035	309	M010
210	W017	402	E003
211	W010	403	E013
212	W011	404	E011
213	W004	406	E001, E002
215	W001	407	E001
301	M004	408	E002

02 기기 및 공구에 대한 안전

1 기계 및 기기 취급

- 동력전달부 및 구동부 말림에 의한 협착 위험 : 방호덮개 설치
- 절삭공구 등 회전하는 회전체에 협착 위험 : 장갑 착용 금지
- 점검·보수작업 시 고소작업 중 추락 위험 : 고소작업 시 안전성 확보

(1) 방호덮개 설치
동력전달부 및 구동부 방호덮개 부착
(키, 핀 등의 기계요소는 묻힘형 설치)

(2) 장갑 착용 금지
절삭공구 등 회전체 작업 시 장갑 착용 금지(가죽제 장갑 허용)

(3) 고소작업 시 안전성 확보
기계 상부 안전난간 설치 또는 안전대 착용

V-belt 동력전달부	기어 구동부
○	○
면장갑 착용	안전난간 설치, 보호구 착용
×	○

■■2 전동 및 공기공구

(1) 전동공구

① 전동기기는 작업 목적에 적합한 것을 사용

② 스위치, 플러그, 피복 손상, 접지선 등 작업 시작 전에 기기의 이상 유무 점검

③ 작업장 조명, 작업공간, 가연성물질 존재 여부 등 작업장의 환경조건 점검

④ 감전방지용 누전차단기를 접속하고 동작상태에 이상이 있는 누전차단기는 즉시 교체

⑤ 전기용품안전관리법에 의한 이중절연구조 또는 이와 같은 수준 이상으로 보호되는 전기기계기구를 사용

(2) 공기공구

① 압력이 가해진 공기는 심각한 위험을 초래할 수 있다.

② 에어 툴을 사용하지 않을 때, 액세서리를 교체하거나 유지·보수를 수행할 때 에어 소스를 끄고 에어 툴과 에어 소스 커넥터의 플러그를 뽑는다.

③ 공기 덕트 배출구가 자신이나 다른 사람에게 직접 향하지 않도록 한다.

④ 배관이 엉키면 심각한 위험이 발생할 수 있으니 언제든지 에어배관을 점검하고 적절한 위치에 설치한다.

⑤ 공기압력은 공기 도구 명판에 표시된 압력을 초과해서는 안 된다.

■■3 수공구

수공구(망치, 스패너, 드라이브 등을 총칭)에 의한 재해를 방지하기 위한 일반적인 사항은 다음과 같다.

① 공구는 반드시 사용 전에 점검하고 불완전한 것은 절대로 사용하지 말 것

② 불량 수공구(공구 사용 도중 고장이 나거나 구부러지는 것)는 즉시 교체

③ 공구는 일정한 장소에 두어 작업장이 어지럽지 않도록 할 것

④ 공구를 기계 위나 떨어지기 쉬운 장소에 두어서는 안 됨

⑤ 수공구가 기름에 묻었을 때에는 깨끗하게 닦음

⑥ 수공구에는 각각의 용도가 정해져 있으므로 해당 크기에 맞는 올바른 공구를 선택해서 사용해야 함

⑦ 공구를 사용하고 난 후 원래의 개수를 조사해 상태가 나쁘지 않은 것을 확인하고 정리정돈 할 것

4 작업환경

(1) 작업별 조도기준(안전보건규칙)

초정밀작업	750lux 이상	보통작업	150lux 이상
정밀작업	300lux 이상	그 밖의 작업	75lux 이상

(2) 작업점의 방호

① 방호장치를 설치할 때 고려할 사항 : 신뢰성, 작업성, 보수성
② 작업점의 방호방법 : 작업점과 작업자 사이에 장애물(차단벽이나 망 등)을 설치하여 접근 방지
③ 동력기계의 표준 방호덮개 설치 목적
  ㉠ 가공물 등의 낙하에 의한 위험방지·위험부위와 신체의 접촉방지
  ㉡ 방음이나 집진

03 작업상의 안전

1 작업장 일반안전 수칙

① 작업을 할 때는 규정된 복장 및 안전보호구를 착용하여야 한다.
② 시설 및 작업기구는 점검을 완료 후 사용하여야 한다.
③ 작업장 주변 환경을 항상 정리하여야 한다.
④ 인화물질 또는 폭발물이 있는 장소에는 화기취급을 금지한다.
⑤ 위험표시 구역은 담당자 외 무단출입을 금지한다.
⑥ 담배는 지정된 흡연장소에서 피워야 한다.
⑦ 모든 기계는 담당자 이외의 취급을 금지한다.
⑧ 음주 후 작업을 금지한다.
⑨ 현장 내에서는 장난을 하거나 뛰어다녀서는 안 된다.
⑩ 작업장 내에서 체육활동을 하지 않는다.
⑪ 모든 전선은 전기가 통한다고 생각하고 주의하여야 한다.
⑫ 기계가동 중 기계에 대한 청소, 정비 및 칩 등을 제거하지 않는다.
⑬ 사전 승인이 없는 화기취급은 절대 금지한다.
⑭ 책상, 캐비닛 등은 사용 후 서랍을 꼭 닫도록 하여야 한다.

2 이동식 전차선(KTX) 작업 수칙

① 허가받은 기계운전 취급자 외 취급을 하지 않는다.
② 이동식 전차선 취급 전 다음의 사항을 반드시 확인하여야 한다.

ⓖ 단로기 차단

ⓛ 열차 유무

ⓒ 천정기중기 정위치

ⓡ 상부 작업대 작업자 없음(상부 작업대 출입문 열쇠(Key)와 연계)

ⓜ 안전스위치(L/P) 전환(종속 패널의 운전허용 모드)

3 고속차량 작업장 수칙

① 전차선이 가압된 장소에서 차량 지붕 위에 절대로 올라가지 않는다.

② 감전사고 예방을 위하여 다음 사항은 지정자 외 타인이 취급하지 않는다.

　　ⓖ 차량 기동 시 팬터그래프 작동

　　ⓛ 차단기 투입 및 차단

　　ⓒ 옥상작업대 출입 시 출입문 개·폐

　　ⓡ 단로기 및 접지봉 취급

③ 구내 시운전 시에는 지정자 외에는 운전취급을 하지 않는다.

④ 전차선 밑에서는 팬터그래프 하강 및 기동정지 후 작업하여야 한다.

⑤ 출입문 점검 시에는 갑작스런 개방 또는 발판 작동으로 떨어지지 않도록 작업자 간 협의를 철저히 하여야 한다.

⑥ 무빙플레이트의 작동상태를 확인 후 상부작업을 시행하여야 한다.

⑦ 기동상태에서 작업하는 경우, 각종 충전부에 신체가 접촉되지 않도록 주의하여 작업하여야 한다.

4 객·화차 작업장 수칙

① 작업 전 차량전동방지 조치를 철저히 하여야 한다.

② 지정장소 외의 작업 시에는 차량 앞뒤에 "정지" 표지를 하여야 한다.

③ 해체작업은 순서에 따라 실시하여야 하며, 부속품은 해체 순서대로 진열하여야 한다.

④ 공구를 사용한 후에는 반드시 공구 보관함에 보관하여야 한다.

⑤ 차량옥상작업 시에는 안전대 등 안전보호구를 착용하고 작업하여야 한다.

⑥ 자동연결기 분해 및 조립 시에는 반드시 재크 또는 기중기를 사용하여야 한다.

⑦ 옥상작업대 출입문은 사용 전·후 반드시 쇄정 조치를 하여야 한다.

⑧ 작업 완료 후 낙유 등 바닥상태를 확인하고 청소하여야 한다.

5 전기차 및 전기동차 작업장 수칙

① 전차선이 가압된 장소에서는 차량 지붕 위에 절대로 올라가지 않아야 한다.

② 감전사고 예방을 위하여 다음 사항은 지정자 외 타인이 취급하지 않는다.

    ㉠ 차량 기동 시 팬터그래프 작동

    ㉡ 차단기 투입 및 차단

    ㉢ 옥상작업대 출입 시 출입문 개·폐

    ㉣ 단로기 및 접지봉 취급

③ 구내 시운전 시 지정자 외에는 운전취급을 하지 않는다.

④ 기능시험 취급자를 지정하고 운전대에서 확인하여야 한다.

⑤ 전차선 밑에서는 팬터그래프 하강 및 기동정지 후 작업하여야 한다.

⑥ 작업 전 전기회로 확인 및 축전지 방전공구를 사용하여야 하며, 잔류전압을 방전시켜야 한다.

⑦ 출입문 점검 시에는 갑작스런 개방 또는 발판 작동으로 떨어지지 않도록 작업자 간 협의를 철저히 하여야 한다.

⑧ 전기기관차 운전실 출입 시에는 작업공구 등을 손에 들고 승하차 하지 않아야 한다.

⑨ 기동상태에서 작업하는 경우, 각종 충전부에 신체가 접촉되지 않도록 주의하여 작업하여야 한다.

⑩ 차량 기동 시에는 운전실에서 반드시 차내·외로 실시간 방송을 송출하여야 한다.

■6 연삭숫돌을 사용할 때의 안전수칙

① 연삭숫돌을 교환한 후에는 시운전을 3분 이상하고 작업을 시작하여야 한다.

② 그라인더(연삭숫돌)에서 받침대와 숫돌 사이의 간격은 3.0mm 이상 떨어지면 안 된다.

③ 숫돌을 교환할 때 나무해머로 두들겨 균열 유무를 점검한다.

④ 안전커버를 떼고서 작업해서는 안 된다.

⑤ 플랜지가 숫돌차에 일정하게 밀착하도록 고정시킨다.

⑥ 숫돌차의 회전속도를 규정 이상으로 빠르게 하면 숫돌차가 파손될 우려가 있다.

⑦ 보안경을 반드시 사용한다.

⑧ 일감을 연삭숫돌에 세게 누르지 않는다.

⑨ 연삭작업을 할 때 숫돌차의 측면에 서서 작업을 하여야 한다.

단원 핵심정리 한눈에 보기

(1) 산업안전보건제도

근로자가 일하고 있는 사업장의 산업재해를 예방하고 쾌적한 작업환경을 조성하여 근로자의 생명과 신체의 안전을 도모하고 질병을 방지하며, 건강을 유지·증진시키기 위한 근로자 보호제도를 말한다.

(2) 안전의 정의

- 안전이란 일반적으로 위험이 없거나 위험하지 않은 상태를 말한다.
- 넓은 의미로 안전은 공중시설이나 사회적 시설물이 위험으로부터 안전한 상태를 말하는 것으로 사회적 안전이라고 하며, 협의적인 의미로 안전은 산업현장의 안전, 즉 산업안전을 의미한다.

(3) 안전관리의 정의

안전관리는 생산성의 향상과 재해로부터 손실의 최소화를 위하여 비능률적 요소인 사고가 발생하지 않은 상태를 유지하기 위한 활동이며, 재해로부터 인간의 생명과 재산을 보호하기 위한 계획적이고 체계적인 활동을 의미한다.

(4) 안전사고(Accident)

안전사고란 고의성이 없는 어떤 불안전한 행동이나 불안전한 상태로 인해 작업능률을 떨어뜨리거나 직·간접적으로 인명이나 재산상의 피해와 손실을 가져올 수 있는 사건 (Event, Occurrence)을 의미한다.

(5) 재해(Accident, Injury)

재해란 사고의 결과로서 일어난 인명이나 재산상의 손실을 가려올 수 있는 계획되지 않거나 예상하지 못한 사건을 말한다.

(6) 산업재해

- 근로자가 업무에 관계되는 건설물, 설비, 원재료, 가스, 증기, 분진 등이나 작업, 기타 업무에 의해 사망, 부상 또는 질병에 걸리는 것을 말한다.
- 산업재해 관련 식

  - 산업재해율(%) : $\dfrac{\text{재해자수}}{\text{전체 근로자수}} \times 100$

  - 도수율(빈도율) : $\dfrac{\text{재해건수}}{\text{근로 총시간수}} \times 1,000,000$

  - 강도율 : $\dfrac{\text{근로손실일수}}{\text{근로 총시간수}} \times 1,000$

(7) 페일 세이프(Fail safe)
어느 시스템 또는 기기 부품이 고장났을 때 안전장치가 작동하는 것

(8) 풀 프루프(Fool proof)
기계나 기기를 사용하는 사람이 실수할 수 없도록 사전에 예방장치를 마련하는 것

(9) 기기 및 공구에 대한 안전(기계 및 기기 취급)
- 동력전달부 및 구동부 말림에 의한 협착 위험 → 방호덮개 설치
- 절삭공구 등 회전하는 회전체에 협착 위험 → 장갑 착용 금지
- 점검 · 보수작업 시 고소작업 중 추락 위험 → 고소작업 시 안전성 확보

(10) 전동 및 공기공구
- 전동공구
  - 전동기기는 작업 목적에 적합한 것을 사용
  - 스위치, 플러그, 피복 손상, 접지선 등 작업 시작 전에 기기의 이상 유무 점검
  - 작업장 조명, 작업공간, 가연성물질 존재 여부 등 작업장의 환경조건 점검
  - 감전방지용 누전차단기를 접속하고 동작상태에 이상이 있는 누전차단기는 즉시 교체
  - 전기용품안전관리법에 의한 이중절연구조 또는 이와 같은 수준 이상으로 보호되는 전기기계기구를 사용
- 공기공구
  - 압력이 가해진 공기는 심각한 위험을 초래할 수 있다.
  - 에어 툴을 사용하지 않을 때, 액세서리를 교체하거나 유지 · 보수를 수행할 때 에어 소스를 끄고 에어 툴과 에어 소스 커넥터의 플러그를 뽑는다.
  - 공기 덕트 배출구가 자신이나 다른 사람에게 직접 향하지 않도록 한다.
  - 배관이 엉키면 심각한 위험이 발생할 수 있으니 언제든지 에어배관을 점검하고 적절한 위치에 설치한다.
  - 공기압력은 공기 도구 명판에 표시된 압력을 초과해서는 안 된다.

(11) 수공구(핸드공구)
수공구에 의한 재해를 방지하기 위한 일반적인 사항
- 공구는 반드시 사용 전에 점검하고 불완전한 것은 절대로 사용하지 말 것
- 불량 수공구(공구 사용 도중 고장이 나거나 구부러지는 것)는 즉시 교체
- 공구는 일정한 장소에 두어 작업장이 어지럽지 않도록 할 것
- 공구를 기계 위나 떨어지기 쉬운 장소에 두어서는 안 됨
- 수공구가 기름에 묻었을 때에는 깨끗하게 닦음

- 수공구에는 각각의 용도가 정해져 있으므로 해당 크기에 맞는 올바른 공구를 선택해서 사용해야 함
- 공구를 사용하고 난 후 원래의 개수를 조사해 상태가 나쁘지 않은 것을 확인하고 정리정돈할 것

(12) 작업상의 안전(작업장 일반안전 수칙)

- 작업을 할 때는 규정된 복장 및 안전보호구를 착용하여야 한다.
- 시설 및 작업기구는 점검을 완료 후 사용하여야 한다.
- 작업장 주변 환경을 항상 정리하여야 한다.
- 인화물질 또는 폭발물이 있는 장소에는 화기취급을 금지한다.
- 위험표시 구역은 담당자 외 무단출입을 금지한다.
- 담배는 지정된 흡연장소에서 피워야 한다.
- 모든 기계는 담당자 이외의 취급을 금지한다.
- 음주 후 작업을 금지한다.
- 현장 내에서는 장난을 하거나 뛰어다녀서는 안 된다.
- 작업장 내에서 체육활동을 하지 않는다.
- 모든 전선은 전기가 통한다고 생각하고 주의하여야 한다.
- 기계가동 중 기계에 대한 청소, 정비 및 칩 등을 제거하지 않는다.
- 사전 승인이 없는 화기취급은 설대 금지한다.
- 책상, 캐비닛 등은 사용 후 서랍을 꼭 닫도록 하여야 한다.

(13) 재해발생의 매커니즘

- 하인리히의 도미노 이론(사고발생의 연쇄성)

1단계	사회적 환경 및 유전적 요소(기초원인)
2단계	개인적 결함(간접요인)
3단계	불안전한 행동 및 불안전한 상태(직접원인) → 제거(효과적임)
4단계	사고
5단계	재해

※ 3단계 불안전한 상태를 제거하면 재해로 이어지지 않는다.

- 하인리히의 법칙
  1(중상 또는 사망) : 29(경상) : 300(무상해사고)

(14) 보호구 선정 시 유의사항

- 용도에 맞게 선택할 것
- 안전인증을 받고 성능(기능)이 보장될 것

- 작업에 방해가 되지 않을 것
- 착용이 쉽고, 크기 등이 사용자에게 편리할 것
- 외관이 화려(수려)할 것 – ×(해당 사항 없음)

(15) 안전보건표지의 색채 및 용도

색 채	용 도	사 용
빨간색	경고/금지	정지신호, 소화설비, 화학물질 취급장소에서의 유해 위험경고
노란색	경고	화학물질 취급장소에서의 유해 위험경고 이외의 위험경고
파란색	지시	특정 행위의 지시 및 사실의 고지
녹색	안내	비상구 및 피난소, 사람 또는 차량의 통행표지

(16) 작업별 조도기준 (안전보건규칙)

초정밀작업	750lux 이상	보통작업	150lux 이상
정밀작업	300lux 이상	그 밖의 작업	75lux 이상

(17) 작업점의 방호

- 방호장치를 설치할 때 고려할 사항 : 신뢰성, 작업성, 보수성
- 작업점의 방호방법 : 작업점과 작업자 사이에 장애물(차단벽이나 망 등)을 설치하여 접근 방지
- 동력기계의 표준 방호덮개 설치 목적
  - 가공물 등의 낙하에 의한 위험방지·위험부위와 신체의 접촉방지
  - 방음이나 집진

(18) 연삭숫돌을 사용할 때의 안전수칙

- 연삭숫돌을 교환한 후에는 시운전을 3분 이상하고 작업을 시작하여야 한다.
- 그라인더(연삭숫돌)에서 받침대와 숫돌 사이의 간격은 3.0mm 이상 떨어지면 안 된다.
- 숫돌을 교환할 때 나무해머로 두들겨 균열 유무를 점검한다.
- 안전커버를 떼고서 작업해서는 안 된다.
- 플랜지가 숫돌차에 일정하게 밀착하도록 고정시킨다.
- 숫돌차의 회전속도를 규정 이상으로 빠르게 하면 숫돌차가 파손될 우려가 있다.
- 보안경을 반드시 사용한다.
- 일감을 연삭숫돌에 세게 누르지 않는다.
- 연삭작업을 할 때 숫돌차의 측면에 서서 작업을 하여야 한다.

기출 · 예상문제

01 다음 중 안전관리의 목적으로 가장 적합한 것은?

① 사회적 안정을 기하기 위하여

② 우수한 물건을 생산하기 위하여

③ 최고경영자의 경영관리를 위하여

④ 생산성 향상과 생산원가를 낮추기 위하여

해설 안전 및 안전관리

(1) 안전의 정의 : 일반적으로 위험이 없거나 위험하지 않은 상태를 말한다. 넓은 의미로 안전은 공중시설이나 사회적 시설물이 위험으로부터 안전한 상태를 말하는 것으로 사회적 안전이라고 하며, 협의적인 의미로 안전은 산업현장의 안전, 즉 산업안전을 말한다.

(2) 안전관리의 정의(목적) : 안전관리는 생산성의 향상과 재해로부터 손실의 최소화를 위하여 비능률적인 요소인 사고가 발생하지 않은 상태를 유지하기 위한 활동이며, 재해로부터 인간의 생명과 재산을 보호하기 위한 계획적이고, 체계적인 활동을 말한다.

02 산업안전 표지 종류에서 비상구 등을 나타내는 표지는?

① 금지표지 ② 경고표지

③ 지시표지 ④ 안내표지

해설 화재나 자연재해 발생 시 비상구 표시 및 안전지대 표시는 사람들의 이동경로를 지정해주는 안내표지판이다. 기본적으로 도로표지판도 안내표지에 속한다. 표지판 색은 녹색으로 표시된다.

03 줄작업 시 주의사항이 아닌 것은?

① 몸쪽으로 당길 때에만 힘을 가한다.

② 공작물은 바이스에 확실히 고정한다.

③ 날이 메꾸어지면 와이어 브러시로 털어낸다.

④ 절삭가루는 솔로 쓸어낸다.

해설 줄작업을 할 때는 밀 때만 힘을 가한다.

04 작업장에서 중량물 운반수레의 취급 시 안전사항으로 틀린 것은?

① 적재중심은 가능한 한 위로 오도록 한다.

② 화물이 앞뒤 또는 측면으로 편중되지 않도록 한다.

③ 사용 전 운반수레의 각부를 점검한다.

④ 앞이 안 보일 정도로 화물을 적재하지 않는다.

해설 적재중심이 높아지면 무게중심이 쉽게 흔들리므로 무게중심은 낮게 위치하도록 한다.

05 드릴작업 중 유의할 사항으로 틀린 것은?

① 작은 공작물이라도 바이스나 크램을 사용하여 장착한다.

② 드릴이나 소켓을 척에서 해체시킬 때에는 해머를 사용한다.

③ 가공 중 드릴 절삭부분에 이상음이 들리면 작업을 중지하고 드릴 날을 바꾼다.

④ 드릴의 탈착은 회전이 완전히 멈춘 후에 한다.

정답 01. ④ 02. ④ 03. ① 04. ① 05. ②

해설 드릴이나 소켓을 척에서 해체시킬 때에는 반드시 전용 해체공구를 사용한다.

06 안전모와 안전대의 용도로 적당한 것은?

① 물체 비산 방지용이다.
② 추락재해 방지용이다.
③ 전도 방지용이다.
④ 용접작업 보호용이다.

07 공구의 취급에 관한 설명으로 틀린 것은?

① 드라이버에 망치질을 하여 충격을 가할 때에는 관통 드라이버를 사용하여야 한다.
② 손망치는 타격의 세기에 따라 적당한 무게의 것을 골라서 사용하여야 한다.
③ 나사 다이스는 구멍에 암나사를 내는 데 쓰고, 핸드 탭은 수나사를 내는 데 사용한다.
④ 파이프렌치 안에는 이가 있어 상처를 주기 쉬우므로 연질 배관에는 사용하지 않는다.

해설 암나사 절삭은 탭, 수나사 절삭은 다이스를 사용한다.

08 정(Chisel)의 사용 시 안전관리에 적합하지 않은 것은?

① 비산 방지판을 세운다.
② 올바른 치수와 형태의 것을 사용한다.
③ 칩이 끊어져 나갈 무렵에는 힘주어서 때린다.
④ 담금질한 재료는 정으로 작업하지 않는다.

해설 칩이 끊어져 나갈 무렵, 무리한 힘으로 타격하면 비산되어 눈이나 신체를 다칠 수 있다.

09 수공구 사용방법 중 옳은 것은?

① 스패너에 너트를 깊이 물리고 바깥쪽으로 밀면서 풀고 죈다.
② 정작업 시 끝날 무렵에는 힘을 빼고 천천히 타격한다.
③ 쇠톱작업 시 톱날을 고정한 후에는 재조정을 하지 않는다.
④ 장갑을 낀 손이나 기름 묻은 손으로 해머를 잡고 작업해도 된다.

10 전체 산업재해의 원인 중 가장 큰 비중을 차지하는 것은?

① 설비의 미비
② 정돈상태의 불량
③ 계측공구의 미비
④ 작업자의 실수

11 기계운전 시 기본적인 안전수칙에 대한 설명으로 틀린 것은?

① 작업 중에는 작업 범위 외의 어떤 기계도 사용할 수 있다.
② 방호장치는 허가 없이 무단으로 떼어놓지 않는다.
③ 기계운전 중에는 기계에서 함부로 이탈할 수 없다.
④ 기계 고장 시는 정지, 고장표시를 반드시 기계에 부착해야 한다.

12 전동공구작업 시 감전의 위험성을 방지하기 위해 해야 하는 조치는?

① 단전
② 감지
③ 단락
④ 접지

정답 06. ② 07. ③ 08. ③ 09. ① 10. ④ 11. ① 12. ④

13 다음 중 일반 공구의 안전한 취급방법이 아닌 것은?

① 공구는 작업에 적합한 것을 사용한다.

② 공구는 사용 전 점검하여 불안전한 공구는 사용하지 않는다.

③ 공구는 옆 사람에게 넘겨줄 때에는 일의 능률 향상을 위하여 던져 신속하게 전달한다.

④ 손이나 공구에 기름이 묻었을 때에는 완전히 닦은 후 사용한다.

14 사고발생의 원인 중 정신적 요인에 해당되는 항목으로 맞는 것은?

① 불안과 초조

② 수면부족 및 피로

③ 이해부족 및 훈련미숙

④ 안전수칙의 미제정

15 다음 중 소화방법으로 건조사(고체)를 이용하는 화재는?

① A급   ② B급

③ C급   ④ D급

해설 소화기의 A, B, C, D 화재유형 분류

화재유형	화재 분류	가연성 종류
A	일반적인 가연성 물질에 의한 화재	종이, 나무, 섬유 등
B	인화성 액체 및 가스에 의한 화재	기름, 연료, 소화기유 등
C	전기장치에 의한 화재	전기기기, 소켓, 전선 등
D	금속에 의한 화재	알루미늄, 마그네슘, 티타늄 등

※ 화재유형 분류는 소화기 선택 및 사용방법을 결정하는 데 중요한 역할을 한다.

16 다음 중 전기화재 시 사용하는 소화기로 알맞은 것은?

① A급

② B급

③ C급

④ D급

17 해머작업 시 안전수칙으로 틀린 것은?

① 사용 전에 반드시 주위를 살핀다.

② 장갑을 끼고 작업하지 않는다.

③ 담금질된 재료는 강하게 친다.

④ 공동해머 사용 시 호흡을 잘 맞춘다.

해설 담금질된 재료는 단단하여 충격에 약하다. 강하게 치면 Chip이 비산되어 신체부위를 타격하여 매우 위험하다.

18 기계설비의 본질적 안전화를 위해 추구해야 할 사항으로 가장 거리가 먼 것은?

① 풀 프루프(Fool proof)의 기능을 가져야 한다.

② 안전기능이 기계설비에 내장되어 있지 않도록 한다.

③ 조작상 위험이 가능한 한 없도록 한다.

④ 페일 세이프(Fail safe)의 기능을 가져야 한다.

19 도시교통 시스템 비교를 위한 평가항목 중 이용자 관점이 아닌 것은?

① 여행시간의 길고 짧음

② 승강·환승의 용이성

③ 경관의 좋음

④ 쾌적성

정답 13. ③   14. ①   15. ④   16. ③   17. ③   18. ②   19. ③

20 사람이 평면 또는 경사면, 층계 등에서 구르거나 넘어짐 또는 미끄러짐으로 인해 발생되는 재해를 의미하는 것은?

① 전도재해   ② 추락재해

③ 충돌재해   ④ 감전재해

해설 사람이 평면 또는 경사면 등에서 넘어지거나 미끄러지는 것을 전도라 하며, 전도로 발생한 재해를 전도재해라 한다.

21 보호구를 선택 시 유의사항으로 적절하지 않은 것은?

① 용도에 알맞아야 한다.

② 품질이 보증된 것이어야 한다.

③ 쓰기 쉽고, 취급이 쉬워야 한다.

④ 겉모양이 화려하여야 한다.

해설 안전보호구

(1) 정의 : 작업자 개인이 사용하는 보호구로서 근로자가 신체에 직접 착용하고 각종 물리적, 기계적, 화학적 위험요소로부터 자신을 보호하기 위한 장비이다.

(2) 안전보호구 구비요건
- 착용이 간편하고, 작업에 방해가 되지 않을 것
- 유해·위험요소에 대한 방호성능이 충분할 것
- 보호구의 원재료의 품질 검토가 충분할 것
- 구조와 끝마무리가 양호할 것
- 쉽게 벗겨지거나 움직이지 않을 것
- 겉모양과 표면이 섬세하고 외관상 보기가 좋을 것

22 기계설비에서 일어나는 사고의 위험점이 아닌 것은?

① 협착점   ② 끼임점

③ 고정점   ④ 절단점

23 취급 부주의로 작업자가 화상을 입었을 때 응급처치 방법으로 적당하지 않은 것은?

① 냉수를 이용하여 화상부의 화기를 빼도록 한다.

② 물집이 생겼으면 터뜨리지 말고 그냥 둔다.

③ 기계유나 변압기유를 바른다.

④ 상처부위를 깨끗이 소독한 다음 상처를 보호한다.

해설 화상

(1) 정의 : 뜨거운 물이나 불에 접촉하여 피부가 손상을 입은 상태이다.

(2) 화상 응급처치 방법
- 즉시 물로 닦기(화상 부위를 냉수로 10분 이상 흐르게 하여 열을 흩어주고 통증 완화)
- 상처를 위한 처치 → 통증 완화를 위한 처치 → 상처를 방어하기 위한 처치 → 의료진 진료

  ※ 단, 1도, 2도, 3도 화상별 조치

24 안전사고의 원인으로 불안전한 행동(인적 원인)에 해당하는 것은?

① 불안전한 상태 방치

② 구조재료의 부적합

③ 작업환경의 결함

④ 복장 보호구의 결함

25 줄작업 시 안전사항으로 틀린 것은?

① 줄의 균열 유무를 확인한다.

② 부러진 줄은 용접하여 사용한다.

③ 줄은 손잡이가 정상인 것만을 사용한다.

④ 줄작업에서 생긴 가루는 입으로 불지 않는다.

정답 20. ①   21. ④   22. ③   23. ③   24. ①   25. ②

26 해머(Hammer)의 사용에 관한 유의사항으로 거리가 가장 먼 것은?

① 쇄기를 박아서 손잡이가 튼튼하게 박힌 것을 사용한다.

② 열간 작업 시에는 식히는 작업을 하지 않아도 계속해서 작업할 수 있다.

③ 타격면이 닳아 경사진 것은 사용하지 않는다.

④ 장갑을 끼지 않고 작업을 진행한다.

27 재해예방의 4가지 기본원칙에 해당되지 않는 것은?

① 대책선정의 원칙

② 손실우연의 원칙

③ 예방가능의 원칙

④ 재해통계의 원칙

28 산업용 로봇직업 전 점검시항이 아닌 것은?

① 비상정지장치 및 제동장치의 기능 점검

② 매니플레이터 작동의 이상 유무 점검

③ 외부전선의 피복, 외장의 손상 유무 점검

④ 제작사 및 담당자 이력 점검

해설 매니플레이터(Manipulator)

인간의 팔과 유사한 동작을 제공하는 기계적인 장치이다. 주요 기능은 팔 끝에서 공구가 원하는 작업을 할 수 있도록 특별한 로봇의 동작을 제공한다. 로봇의 움직임은 일반적으로 팔과 몸체(어깨와 팔꿈치) 운동, 손목관절 운동의 2가지 종류로 나눌 수 있다.
Manipulator는 물리적으로 작업을 수행하는 로봇의 일부분으로 Manipulator가 구부리고 미끄러지고 회전하는 점들은 관절 또는 위치 좌표축(Position axis)으로 불린다.

④ 제작사 및 담당자 이력 점검은 산업용 로봇 고장 및 예방점검을 위한 사항에 해당한다.

29 다음 보기 중 장갑을 사용하여도 무방한 작업은?

① 선반작업   ② 드릴링작업

③ 밀링작업   ④ 용접작업

해설 선반작업, 밀링작업, 드릴링작업은 공작물 또는 공구가 회전하기 때문에 장갑이 말려 들어가 다칠 우려가 매우 높아 장갑 착용이 금지되어 있다.

30 다음 연삭숫돌의 파괴원인에 해당하지 않는 것은?

① 숫돌의 회전속도가 너무 과대할 때

② 숫돌에 과대한 충격을 줄 때

③ 숫돌의 정면을 사용하는 경우

④ 숫돌의 측면을 사용하는 경우

해설 • 플랜지의 직경이 숫돌에 비해 현저히 적을 때, 파괴의 원인이 된다.

• 숫돌 자체에 균열이 있을 때

※ 연삭숫돌을 사용하는 직업의 경우 작업을 시작하기 전에 1분 이상 교체한 후에 3분 이상 시운전을 하고 해당 기계에 이상이 있는지 확인해야 한다.

31 다음 중 안전한 작업자의 행동으로 볼 수 없는 것은?

① 칩을 제거할 때는 장갑을 끼고 브러시나 칩클리너를 사용한다.

② 기계의 회전을 손이나 공구로 멈추지 않는다.

③ 기계 위에 공구나 재료를 올려놓지 않는다.

④ 절삭공구는 길게 장착하여 절삭 시 접촉면을 크게 한다.

해설 절삭공구는 짧게 장착하고, 절삭 시 최대한 접촉면을 작게 한다(마찰을 줄이기 위함).

정답 26. ② 27. ④ 28. ④ 29. ④ 30. ③ 31. ④

32 다음 중 냉매의 구비조건에 대한 설명으로 옳지 않은 것은?

① 응축압력과 응고온도가 높아야 한다.
② 증기의 비체적이 작아야 하고, 부식성이 없어야 한다.
③ 증발잠열이 크고, 저온에서도 증발압력이 대기압 이상이어야 한다.
④ 임계온도가 높고, 상온에서 액화가 가능해야 한다.

해설 냉매의 구비조건
• 비열비가 작아야 한다.
• 증기의 비체적이 작아야 한다.
• 점도와 표면장력이 작아야 한다.
• 화학적으로 안정성이 있어야 하고, 부식성이 없어야 한다.

33 드릴링작업 시 얇은 철판이나 구멍을 뚫는 받침기구로 가장 옳은 것은?

① 각목(나무) ② 플라스틱
③ 철판 ④ 유리

해설 얇은 철판이나 동판에 구멍을 뚫을 때 흔들리기 쉬우므로 각목을 밑에 깔고 기구로 고정한다.

34 국가별 표준규격 명칭과 규격기호가 틀리게 짝지어진 것은?

① 한국산업표준 – KS
② 미국 – SAE
③ 일본 – JIS
④ 독일 – DIN

해설 국가별 표준규격 명칭
• 미국 – ASME
• 영국 – BS
• 유럽 – EN
• 중국 – GB

35 기계위험방지기술 중 드릴링작업의 안전수칙으로 옳지 않은 것은?

① 손으로 잡고 구멍을 뚫지 말아야 한다.
② 장갑을 끼고 작업해도 무방하다.
③ 스핀들에서 드릴을 뽑아낼 때에는 드릴 아래 손을 내밀지 않는다.
④ 쇳가루가 날리기 쉬운 작업은 보안경을 착용한다.

해설 드릴링작업 시 안전수칙
• 장갑착용 금지
• 칩 제거는 와이어 브러시로 제거한다.
• 작업시작 전 척 렌치를 반드시 뺀다.
• 작고, 길이가 긴 물건을 바이스로 고정하고 작업한다.
• 구멍 끝 작업에는 절삭압력을 주어서는 안 된다.

36 윤활유의 사용 목적으로 다른 하나는 무엇인가?

① 윤활작용
② 마멸작용
③ 세척작용
④ 냉각작용

해설
• 윤활작용 : 고체마찰을 마찰저항이 작은 유체마찰로 변화시켜 준다.
• 냉각작용 : 마찰열을 외부로 방출한다.
• 세척작용 : 내연기관이나 공기압축기와 같이 누출을 방지한다.
• 녹, 부식방지작용 : 금속 표면에 유막을 만들어 물이나 공기의 접촉을 방지한다.
• 세척분산작용 : 윤활부 불순물을 유동 과정에서 흡수하여 윤활부를 깨끗이 한다.
• 소음완화작용 : 마찰, 충돌에 의한 소음이 발생하는 것을 완화해 준다.

정답 32. ① 33. ① 34. ② 35. ② 36. ②

37 윤활유의 구비조건으로 다른 하나는 무엇인가?

① 온도에 따른 점도 변화가 적고, 유성이 클 것
② 인화성이 낮고, 발열이나 화염에 인화되지 않을 것
③ 발생열을 흡수하여 열전도율이 좋을 것
④ 적당한 점도가 있고, 유막이 강할 것

해설 인화점
외부로부터 불씨가 있는 환경에서 불이 붙을 수 있는 가연성 증기를 발생할 수 있는 최저온도

38 동료들끼리 몸을 맞대거나 손을 맞잡고 위험포인트를 지적하고, 실천을 다짐하는 활동을 무엇이라고 하나?

① Touch & Call
② 지적 확인
③ One point
④ Tool box meeting

39 다음 중 경고표시 중 인화성물질 경고표지로 옳은 것은?

① 　②

③ 　④

해설 산화성물질 경고표지

40 다음 중 지시표지 중 안전모 착용 표지에 해당되는 것은?

① 　②

③ 　④

해설 안전보건표지
위험장소 또는 위험물질에 대한 경고, 비상시에 대처하기 위한 지시 또는 안내, 기타 근로자의 안전보건의식을 고취하기 위한 사항 등을 그림·기호 및 글자 등으로 표시하여 근로자의 판단이나 행동의 착오로 인한 재해발생 위험 작업장의 특정장소·시설 또는 물체에 설치 또는 부착하는 표지이다.
① 방진마스크 착용 표지
③ 보안면 착용 표지
④ 방독마스크 착용 표지

41 다음 중 동력을 이용하지 않고 수동(손)으로 직접 사용하는 공구에 해당하지 않는 것은?

① 스패너　　② 바이스
③ 탁상 드릴 머신　④ 니퍼

42 다음 중 산업재해율(%)의 공식으로 옳은 것은?

① $\dfrac{재해자수}{전체\ 근로자수} \times 100$

② $\dfrac{재해건수}{근로\ 총시간수} \times 1{,}000{,}000$

③ $\dfrac{근로손실일수}{근로\ 총시간수} \times 1{,}000$

④ $\dfrac{재해자수}{전체\ 근로자수} \times 10{,}000$

정답 37. ②　38. ①　39. ③　40. ②　41. ③　42. ①

43 다음 중 고속열차의 비상잠금해제장치
의 사각열쇠 정상위치로 옳은 것은?

① 　②

③ 　④

최신판

철도차량정비 기능사 필기

2024. 3. 6. 초 판 1쇄 인쇄
2024. 3. 13. 초 판 1쇄 발행

검
인

지은이 | 박태용·최상락
펴낸이 | 이종춘
펴낸곳 | BM (주)도서출판 성안당

주소 | 04032 서울시 마포구 양화로 127 첨단빌딩 3층(출판기획 R&D 센터)
10881 경기도 파주시 문발로 112 파주 출판 문화도시(제작 및 물류)

전화 | 02) 3142-0036
031) 950-6300

팩스 | 031) 955-0510
등록 | 1973. 2. 1. 제406-2005-000046호
출판사 홈페이지 | **www.cyber.co.kr**
ISBN | 978-89-315-8650-6 (13550)
정가 | 28,000원

이 책을 만든 사람들

기획 | 최옥현
진행 | 박경희
교정·교열 | 이은화
전산편집 | 유해영
일러스트 | 임정애
표지 디자인 | 임흥순
홍보 | 김계향, 유미나, 정단비, 김주승
국제부 | 이선민, 조혜란
마케팅 | 구본철, 차정욱, 오영일, 나진호, 강호묵
마케팅 지원 | 장상범
제작 | 김유석